MAKE IT NEW

設計聖殿

從HP、Apple、Amazon、Google到Facebook，
翻轉創意思維和科技未來的矽谷設計史

The History of
Silicon Valley
Design

Barry M. Katz 貝瑞‧凱茲

洪慧芳——譯

本書謹獻給過去、現在、未來的矽谷設計圈。
他們帶給我的，遠不止於簡潔的線條和直觀的介面。

Foreword
by John Maeda

序言

　　在最近一次麻省理工學院的活動中，我有機會聽到尼古拉斯・尼葛洛龐帝教授（Professor Nicholas Negroponte）講述許多有關麻省理工媒體實驗室（MIT Media Lab）的創立故事，包括他在遊輪上偶遇巴克敏斯特・富勒（Buckminster Fuller）並共進晚餐，剛來美國時認識威廉・米契爾（William J. Mitchell）的經過，以及一九八〇年代初期與擔任麻省理工學院校長的恩師傑羅姆・威斯納（Jerome Wiesner）一起創立媒體實驗室的冒險歷程。

　　不過，坦白講，當時我很難專注聆聽那些故事，因為他刻意縮短了自己的演講時間，讓我上台分享我到矽谷冒險的經歷。每次遇到這種跟恩師同席的場面，我總是有點緊張，尤其是受邀與他們一起同台演講的時候。接著，尼葛洛龐帝講述一個故事時，提到一個我剛熟悉不久的人名：鮑勃・諾伊斯（Bob Noyce）。

　　於是，我突然專心了起來，因為最近我努力增補我對矽谷歷史的了解時，遇到一個很像的名字：羅伯特・諾伊斯（Robert Noyce）。

　　在我的職業生涯中，我對科技業的理解，基本上都是透過麻省理工學院的角度。我在麻省理工讀電機系和資工研究所。矽谷對我來說太遠了，遠在天邊。以前我最接近矽谷的經歷，是大二暑假實習的時候，因為我得到去羅姆公司（Rolm）實習的機會，那是我當時的第二志願（我剛剛上 Google 搜尋了一下，因為我發現後來我再也沒聽過那家公司了）。不過，後來我是去德州儀器（Texas Instruments）實

Foreword by
John Maeda

Acknowledgments

Introduction

The Valley of
Heart's Delight

Research and
Development

Sea
Change

The Genealogy of
Design

Designing
Designers

The Shape of
Things to Come

Conclusion

習，之後的每年夏天也是。接著，我人生的下一站是離開美國，前往日本學習設計，學成後又回到麻省理工。

我有機會去矽谷造訪一些媒體實驗室的贊助者，但我的活動範圍大多是在歐洲、亞洲、紐約的設計界。現在我年近五十了，我很遺憾我沒有花更多的時間在加州。某種程度上來說，現在我把絕大多數的精力都放在加州，是想盡可能彌補那個遺憾。

我受到的教育是，遇到任何不懂的事情，就去了解與學習。我瀏覽了無數的網頁，看了無數小時的紀錄片，認識了矽谷生態系統中的無數人物，後來逐漸明白一個道理：設計不是現在才在矽谷壯大起來的，設計在矽谷一直很大，但大家始終未能充分了解設計在矽谷的角色。我現在知道，我要是先讀了貝瑞·凱茲這本書，可以幫我省下許多理解這一切的時間。

拜讀貝瑞的這本大作，重新燃起了我對惠普（HP）的喜愛。現代人可能只把 HP 當成一家個人電腦或印表機公司，但以前在我們這些麻省理工怪咖的眼裡，那是一家最會製造示波器和計算機的公司。一九八〇年代，HP 的計算機是眾人眼中的絕代逸品，不僅是因為功能優越，更是因為設計出色。當時，我對設計這個字眼一無所知，但是看貝瑞描述 HP-35 計算機的故事，想像當時的人不再需要隨身攜帶計算尺的解放感，那東西在當年的技客圈裡真的簡直就像今天的 iPhone。

這是貝瑞書中每個故事回歸的起點：高科技公司每個設計導向的創新，結合了矽谷每家設計事務所或設計顧問公司的誕生，結合了附近學術機構的每次轉變（不只是史丹佛，還有聖荷西州立大學等學校），促成矽谷創新生態系統的一兩個關鍵傑作。隨著書中遇到的每位人類學家、遊戲設計師、金融家，或大膽的英國年輕人比爾·摩格理吉（Bill Moggridge）（他只是因為隱約認為那個「電腦玩意兒」可

能會有大紅大紫的一天，而在遠離祖國的矽谷，冒險開了一家事務所），真正重要與不朽的是，他們每個人在那裡投注的數十年歲月，都是整個大局中不可或缺的一部分。

矽谷的設計生態系統是由一個真正的大熔爐孕育出來的，那個大熔爐融合了許多創意學科和出色的技術專家。正因為有那個設計生態系統，賈伯斯才能多次撂出那具招牌語「one more thing」（還有一件事），並博得滿堂彩——不只是喜愛電腦的科學家和教授喝采，還有業餘技客、大學生、平面設計師、建築師、大大小小的事業、祖父母輩，以及全球各地形形色色的人種也齊聲喝采。貝瑞親身經歷及深入研究了矽谷的演化，使矽谷生態系統的多元特質躍然紙上。他活靈活現地描述他訪問過的每個人（有些人如今已離世），然後娓娓道出矽谷的設計發展史，這本身就證明了這本書的實質重要性。

回到前面提及的羅伯特・諾伊斯，目前我在凱鵬華盈創投公司（Kleiner Perkins Caufield & Byers, KPCB）擔任合夥人，我是在研究這家公司的源起時遇到這個名字。貝瑞在這本書裡提到，凱鵬華盈座落在神祕的「沙丘路」（Sand Hill Road）上，當初年輕的賴利・佩吉（Larry Page）和謝爾蓋・布林（Sergey Brin）就是來這家公司取得資金，創立他們的搜尋引擎公司 Google。研究凱鵬華盈的歷史時，我讀到快捷半導體（Fairchild Semiconductor）的創立故事，還有所謂的「八叛徒」（Traitorous Eight）——尤金・克萊爾（Eugene Kleiner，即凱鵬華盈中的 K）也在其中。我從研讀凱鵬華盈的歷史中得知，這八人之首就像電影《瞞天過海》裡的喬治・克隆尼那樣，是一位充滿魅力又傑出的科技專家，名叫羅伯特・諾伊斯，他後來與人合創了英特爾（Intel）。

尼葛洛龐帝分享了在媒體實驗室的前身打造特殊圖像技術的最早回憶。他說，當時他們總是很缺記憶體，因為那時的記憶體很貴，也

Foreword by
John Maeda

Acknowledgments

Introduction

The Valley of
Heart's Delight

Research and
Development

Sea
Change

The Genealogy of
Design

Designing
Designers

The Shape of
Things to Come

Conclusion

很難取得。幸好，他在半導體產業有個「救星」，那個人是他在麻省理工認識的朋友，偶爾會來探望他。「鮑勃・諾伊斯偶爾會順道過來麻省理工，隨手遞給我一個皺巴巴的牛皮紙袋，裡面裝滿了記憶體，就好像叔叔隨手送你一包糖果似的。」當下，我突然靈光乍現，就像兩塊板塊頓時碰撞在一起，衝撞出火花，串連了起來。我立刻感覺到我的麻省理工世界和矽谷是緊密相連的。我連上尼葛洛龐帝，尼葛洛龐帝連上羅伯特・諾伊斯，諾伊斯連上尤金・克萊爾，而克萊爾又透過凱鵬華盈連回矽谷的我。

　　也是在那個靈光乍現的時刻，我終於明白幾個月前我剛搬到矽谷時，為什麼貝瑞見到我會那麼興奮。我本來不認識貝瑞，他安排我們在史丹佛大學的教師會館共進晚餐，慶祝我加入凱鵬華盈成為「設計合夥人」——其實我根本不知道那個職位的重要性。當晚我們主要是聊到我們的共同好友：已故的摩格理吉。但貝瑞聊著聊著總是會回頭提到，我加入矽谷一家非常特別的創投公司。我完全不知道為什麼他講得那麼熱切，但我現在終於明白他那麼興奮的原因了。貝瑞以前就預知，設計界的領導人終將受邀加入矽谷創新生態系統的每個面向。他知道創投業是最後一個還沒有邀請設計師加入的領域，當晚他也感受到像我那樣的靈光乍現時刻。

　　如果你在矽谷多次的鼎盛期間，曾在矽谷長住，會很愛貝瑞書中提到的很多故事，並體驗到不少靈光乍現的時刻。如果你跟我一樣，總是跟矽谷有段距離，你還是會在閱讀時聯想到自己的世界，而感受到靈光乍現的悸動——那可能跟你憶起的人物有關，或是跟你接觸過的公司有關，甚至是跟你目前合作的公司有關。

　　設計顯然在當今的科技消費中扮演一角，但是它一直扮演那個角色並不是那麼明顯的事。這本書可以把「創新生態系統」遠遠延伸到山景城、帕羅奧圖（Palo Alto）、門洛帕克（Menlo Park）、聖塔克

拉拉、聖荷西、舊金山的邊界之外。我覺得我很幸運,能夠拜讀這本學問淵博又充滿友誼描述的罕見好書,而且讀得津津有味,我希望你也能從本書中獲得同樣的樂趣。我真的很榮幸能和這本特別的傑作聯繫在一起。

前田約翰

凱鵬華盈設計合夥人,加州門洛帕克

031

01

The Valley of
Heart's Delight

———

心悅之谷

065

02

Research and
Development

———

研發

103

03

Sea
Change

———

滄海巨變

CONTENTS

Acknowledgments

致謝

　　我甚至不知道該怎麼答謝每位促成這本書出版的貴人：矽谷的設計界，就像我在書中努力呈現的，是一個生態系統內的複雜生態體系。它涵蓋了十幾個學科的設計師，以及與他們共事的工程師和藝術家，還有聘用他們的事務所，雇用他們的客戶，以及那些使用、居住或體驗其創作的使用者。

　　雖然我已經驗證過書中引用說法的正確性，避免利益衝突，有時因為太尷尬，按捺住衝動，沒有請書中談論的設計師在本書出版前先讀過。請他們先看過內容，無疑可以避免我犯下事實陳述及主觀判斷上的錯誤，但也可能導致敘述失衡或偏向特定觀點。然而，在某些緊要時刻，我確實諮詢了一些獨立的專家，避免我搞錯一些超出我理解範圍的技術議題（我十五歲學 FORTRAN 時，體驗很糟，再也不想回顧那段往事）：我希望在這裡特別感謝查爾斯·豪斯（Charles House）、約翰·萊斯利（John Leslie）、賴瑞·米勒（Larry Miller）、查理·爾比（Charles Irby）等人。這幾位卓越的工程師都大方提出了意見和評論，我欣然接受他們的建議。當然，如果書中依然存在任何錯誤或誤判，那都不是他們的責任。

　　如果把我採訪過的設計師人數，乘上我訪問他們的時數，再乘上他們平均每小時的計費，我應該可以算出矽谷設計圈在這本書上的投資已經超過十萬美元。我想，他們之中應該沒有人能算出受訪的投資報酬率，但我更希望他們覺得書中的內容精確地反映了他們的經歷，

Foreword by
John Maeda

Acknowledgments

Introduction

The Valley of
Heart's Delight

Research and
Development

Sea
Change

The Genealogy of
Design

Designing
Designers

The Shape of
Things to Come

Conclusion

也喜歡如此呈現的設計史觀。我很榮幸有機會在此感謝以下諸位，請
容我從那些沒有機會評估這本書的人物開始感謝：

Carl Clement（二〇一一年歿）

Douglas Engelbart（二〇一三年歿）

Steve Jobs（二〇一一年歿）

Matt Kahn（二〇一三年歿）

Bill Moggridge（二〇一二年歿）

我也訪問了以下幾位人士，大多是當面訪談，但少數情況只能透
過電話、Skype 或電郵訪問。這裡大致依訪談順序排列，並加註他們
在本書中提到的所屬機構：

Allen Inhelder（Hewlett-Packard）

Charles House（Hewlett-Packard）

John Leslie（Ampex）

Jay McKnight（Ampex）

Larry Miller（IBM, (Ampex）

Peter Hammar（Ampex）

Roger Wilder（Ampex）

Darrell Staley（Ampex, IDSA）

Douglas Tinney（Ampex）

Chas Grossman（Ampex, Atari）

Jay Wilson（Ampex, GVO）

Donald Moore（IBM）

Edward Lucey（IBM）

Budd Steinhilber（Tepper Steinhilber）

Frank Guyre（Lockheed）

Dan De Bra（Lockheed; Stanford）

Bill English（SRI; Xerox PARC）

Philip Green（SRI International）

Charles Irby（SRI; Xerox PARC）

Jack Kelley（SRI/Herman Miller）

Donald Nielson（SRI International）

Jeanette Blomberg（Xerox PARC）

Stuart Card（Xerox PARC, Stanford）

John Ellenby（Xerox PARC; GRiD Systems）

Austin Henderson（Xerox PARC）

David Liddle（Xerox SDD; Interval Research）

Tim Mott（Xerox PARC）

Severo Ornstein（Xerox PARC）

Jeff Rulifson（Xerox）

Abbey Silverstone（Xerox SDD）

Robert Taylor（Xerox PARC）

Larry Tesler（Xerox PARC; Apple; Amazon）

Arnold Wasserman（Xerox; I.D Two）

Lucy Suchman（Xerox PARC）

Dave Rossetti（Convergent Technology）

Karen Toland（Convergent Technology）

Nolan Bushnell（Atari）

Warren Robinett（Atari）

Robert Stein（Atari）

Foreword by
John Maeda

Acknowledgments

Introduction

The Valley of
Heart's Delight

Research and
Development

Sea
Change

The Genealogy of
Design

Designing
Designers

The Shape of
Things to Come

Conclusion

Kristina Hooper Woolsey（Atari Research Labs; Apple）

Brenda Laurel（Atari Research Labs; Interval Research; CCA）

Michael Naimark（Atari Research Labs; Interval Research）

Eric Hulteen（Atari Research Labs; Interval Research）

Peter Lowe（Ferris-Lowe, Interform, Palo Alto Center for Design）

James Ferris（Ferris-Lowe, Apple）

Marnie Jones（Stanford; Palo Alto Center for Design; IDSA）

Peter Mueller（Interform）

John Gard（Steinhilber-Deutsch-Gard; Inova; GVO; IDSA）

Steve Albert（GVO）

Mike Wise（GVO）

Robert Hall（GVO）

Michael Barry（GVO）

Gary Waymire（GVO）

Philip Bourgeois（Studio Red）

Regis McKenna（Regis McKenna）

Rob Gemmell（Apple）

Tom Hughes（Apple）

Jony Ive（Apple，一九九八年訪談）

Susan Kare（Apple）

Jerry Manock（Apple）

Clement Mok（Apple）

Terry Oyama（Apple）

Tom Suiter（Apple）

Bill Dresselhaus（Apple, Stanford）

Hugh Dubberly（Apple; Dubberly Design Office）

S. Joy Mountford（Apple; Interval Research）

Donald Norman（Apple）

Aaron Marcus（AM+A）

Abbe Don（Apple; IDEO）

Michael Gough（Adobe Design Center）

Gary Guthart（Intuitive Surgical）

Sal Brogna（Intuitive Surgical）

Stacey Chang（Intuitive Surgical; IDEO）

Ricardo Salinas（Intuitive Surgical）

James Adams（Stanford University）

David Beach（Stanford University）

Bill Burnett（D2M; Apple; Stanford University）

Larry Leifer（Stanford University）

Robert McKim（Stanford University）

Bernard Roth（Stanford University）

Sheri Sheppard（Stanford University）

Terry Winograd（Stanford University）

Del Coates（San Jose State University）

Kathleen Cohen（San Jose State University）

Brian Kimura（San Jose State University）

John McCluskey（San Jose State University）

Robert Milnes（San Jose State University）

Pete Ronzani（San Jose State University）

Ralf Schubert（San Jose State University）

Leslie Speer（California College of the Arts; San Jose State University）

Leslie Becker（California College of the Arts）

Foreword by
John Maeda

Acknowledgments

Introduction

The Valley of
Heart's Delight

Research and
Development

Sea
Change

The Genealogy of
Design

Designing
Designers

The Shape of
Things to Come

Conclusion

Sue Ciriclio（California College of the Arts）

David Meckel（California College of the Arts）

Michael Vanderbyl（California College of the Arts; Vanderbyl Design）

Colin Burns（Interval Research Corporation; IDEO）

Gilliam Crampton-Smith（Interval Research Corporation）

Sally Rosenthal（Interval Research Corporation）

Doug Solomon（Interval Research Corporation; IDEO）

Ellen Tauber Siminoff（Inteval Research Corporation）

Rob Tow（Interval Research Corporation）

William Verplank（Xerox; Interval Research Corporation; Stanford）

Meg Withgott（Interval Research Corporation）

David Kelley（Hovey-Kelley; David Kelley Design; IDEO; Stanford）

Mike Nuttall（ID Two; Matrix Design; IDEO）

Dean Hovey（Hovey-Kelley Design）

Tim Brown（ID Two; IDEO）

Dennis Boyle（IDEO）

Rickson Sun（IDEO）

Jim Yurchenco（IDEO）

Peter Spreenberg（ID Two; IDEO）

Jane Fulton-Suri（ID Two; IDEO）

Scott Underwood（IDEO）

Paul Bradley（IDEO; frogdesign）

Aleksey Novicov（Softbook）

Hartmut Esslinger（frogdesign）

Herbert Pfeiffer（frogdesign; Montgomery-Pfeiffer）

Steve Peart（frogdesign; Vent）

Jock Hokanson（frogdesign）

Peter Weiss（frogdesign）

Jeanette Schwarz（frogdesign）

Doreen Lorenzo（frogdesign）

Mark Rolston（frogdesign）

David Hodge（frogdesign）

Dan Harden（frogdesign; Whipsaw）

Gadi Amit（frogdesign; New Deal Design）

Robert Brunner（GVO; Interform; Lunar; Pentagram: Ammunition）

Brett Lovelady（frogdesign; Astro Studios）

Yves Béhar（frogdesign; fuseproject）

Branko Luki（frogdesign; IDEO; Studio NONOBJECT）

Jeff Smith（GVO; Interform; Lunar）

Gerard Furbershaw（GVO; Interform; Lunar）

Jeff Salazar（Lunar）

Ken Wood（Lunar）

John Edson（Lunar）

Sam Lucente（IBM, Hewlett-Packard）

John Guenther（Design Four; Hewlett-Packard）

Astro Teller（Google）

Jon Wiley（Google）

Isabelle Olsson（Google）

Mike Simonian（Google, Mike & Maaike）

Bill Wurz（IDEO, Jump!; Google）

Kate Aronowitz（Facebook）

Paul Adams（Facebook）

Soleio Cuervo（Facebook; Dropbox）

Aaron Sittig（Facebook）

Maria Giudice（Hot Studio; Facebook）

Christopher Ireland（Cheskin Research; Mix and Stir）

Davis Masten（Cheskin Research）

Dan Adams（Tesla Motors）

Franz von Holzhausen（Tesla Motors）

Gregg Zehr（Amazon Lab 126）

Fred Bould（Bould Design）

Eliot (Seung-Min) Park（Samsung Design America）

Jim Newton（Tech Shop）

Mark Hatch（Tech Shop）

Krista Donaldson（D-Rev）

Heather Fleming（Catapult Design）

Jocelyn Wyatt（IDEO.org）

Valerie Casey（Designers Accord）

另外，也感謝以下諸位：

Leslie Berlin（Stanford）

Kristin Burns（Stanford）

Chris Bliss（CCA）

Kate Brinks（Nest）

Cathy Cook（Facebook）

Raschin Fatemi

Rebecca Feind（San José State University）

Davina Inslee（Vulcan Investments）

Kathy Jarvis（Xerox PARC）

Chirstopher Katsaros（Google）

Bert Keely

Leslie Letts（Amazon）

Sarah Lott（Computer History Museum）

Henry Lowood（Stanford）

Anna Mancini（Hewlett-Packard）

Karin Moggridge

Anna Richardson White（Google）

Kinley Pearsall（Amazon）

Elizabeth Sanders

Dag Spicer（Computer History Museum）

Josilin Torrano（Facebook）

Richard Saul Wurman（TED）

Brandon Warren（IDSA）

　　我在文中多次提到，我與多家公司有專業合作關係，包括書中提到的一些組織，例如加州藝術學院、史丹佛大學、IDEO。至於我是否成功地在文中維持一種平衡獨立的觀點，這只能留待讀者自行判斷。雖然我努力以專業的方式進行所有的訪談，讀者應該注意的是，我在這些機構及整個矽谷設計圈有無數的朋友、同事和熟人（或至少在本書出版以前是如此！）。多年來，我從非正式的交流中獲益良多，只是沒有文件為憑。我想要感謝數百位我無法在此逐一列舉的人物，也為我無意間遺漏任何大名致歉。

Introduction

前言

> 「Make it new（推陳出新）。」
> ──艾茲拉·龐德（Ezra Pound），一九三四 *

　　幾乎每個月，我都會接待來自海外的代表團，他們總是希望在愛爾蘭、波蘭、智利或臺灣打造一個矽谷，我大致上總是回應：「這不太可能，也不該那樣做。」矽谷是多種情境融合而成的獨特產物，在時間或空間上都是無法複製的，這是不幸的消息，但不幸中的大幸是，其實每個地區都有獨到的文化資產。對創新者來說，挑戰在於找出那些文化資產，然後把它組織起來，加以啟動。

　　矽谷逐漸演化成一個緊密相連的網絡，由許多部分互連而成。知名的科技公司可能盤據在那個網絡的核心，但它們是在一個相互依存的網絡裡營運，裡面還包括幫它們創業的創投公司，幫它們保護智慧財產權的律師事務所，幫它們推廣事業的專業刊物，以及為它們供應人才的大學，這些成員都獲得了應得的關注。[1] 然而，令人意外的是，矽谷生態系統中，有一個關鍵組成卻遭到忽視：除了一些圖書、名人專訪，以及最新玩意兒的評論之外，幾乎沒有人注意到設計扮演的角色。這實在是很嚴重的疏忽，因為矽谷從舊金山名流不屑停留的小鎮，搖身變成美國經濟引擎的過程中，設計師扮演了重要的角色。本書的首要目標便是證明，為什麼設計是矽谷創新生態中不可或缺的一環。

---

* **譯注**｜美國作家艾茲拉·龐德曾翻譯《大學》一書，「Make it new」一詞出自書中文句「苟日新，日日新，又日新」，後來他以「Make it new」做為一篇文章的標題，故眾人以為「Make it new」一詞為他所述。

Foreword by
John Maeda

Acknowledgments

Introduction

The Valley of
Heart's Delight

Research and
Development

Sea
Change

The Genealogy of
Design

Designing
Designers

The Shape of
Things to Come

Conclusion

電腦從後台機組變成桌上型裝置是一大轉變，但矽谷設計圈是靠數十年的歲月醞釀出來的，因此本書的第二項要務是追溯矽谷的源起，並描述其成長歷程。這將一舉把我們帶回二次大戰剛結束的年代，當時在這片布滿果園和葡萄園的「心悅之谷」中，有一小群電子公司分散其間。其中幾家較大型的公司——如惠普（HP）、安培（Ampex）、IBM 等——雇用了一些設計師，他們努力為那些專業電子設備設計合適的機殼。直到一九七〇年代末，康懋達（Commodore）、睿俠（Radio Shack）、創立不久的蘋果電腦（Apple Computer）等公司才開始把注意力轉移到消費市場上，並要求設計師為非技術性的使用者做設計。多數人不會去買印刷電路板、鋰電池組或 LED 顯示板，而是購買平板電腦、汽車、電視，或是設計上或多或少讓人感到實用又愉悅的商品。這使得這個行業的特質開始出現深遠的轉變，風潮至今不減：帕蘭泰爾技術公司（Palantir Technologies）的設計團隊努力為情報界提供大數據；教育科技公司 Coursera 的設計團隊努力改善「大規模開放線上課程」（massive open online courses, MOOCs，「慕課」）的教育體驗。他們致力解決的問題，在十年前還不存在。誠如 Google[x] 實驗室的總監所言：「設計開啟了空間，並重新界定了問題。」

設計師剛來到這塊後來稱為「矽谷」的土地時，他們必須持續展開游擊活動，才能讓主宰這些公司的工程師聽取他們的意見。六十年後的今天，Google 和 Facebook 的設計師需要懇求管理者不要干擾他們，他們才能完成工作。所以，本書的第三個主題和設計師的地位大舉提升有關。矽谷某知名設計公司的執行長回憶道：「以前我需要說服客戶相信設計的價值，現在不需要那麼辛苦了，公司的管理高層都知道，對一家公司的存續來說，設計策略跟營運計畫一樣重要。」如今，設計界的佼佼者比較少到美國工業設計師協會（IDSA）的學生

分會演講，他們比較常在 TED 會議上，對著財星百大企業的執行長演講，或是在達沃斯世界經濟論壇上與各國領袖交流，或是在白宮與第一夫人交談，由此可見設計命運的大躍進。事實上，有些觀察家甚至說，這是「DEO（design executive officer，設計執行長）的崛起」[2]。

把設計師融入矽谷生態系統中，並不是一個刻意推動的流程。事實正好相反，誠如一位受訪者所言：「我永遠想不到一切來得那麼出乎意料。」[3] 一九八〇年代初期，你請見多識廣的觀察家指出當時頂尖的設計中心有哪些，他們很容易達成共識，並指出米蘭、倫敦、紐約等地，或許再加一個東京。要是提起舊金山灣區，肯定會有人翻白眼回應。然而，如今在矽谷和灣區工作的設計專業人士，遠比在世上其他地方工作的還多。這裡有 IDEO、frogdesign（青蛙設計）之類的大型設計顧問公司，有名字五花八門的個人工作室，例如 Monkey Wrench、Shibuleru（在瑞士德語中是「測徑器」的意思），有舉世聞名的企業設計總部（例如 Apple、Amazon、Adobe），還有培訓下一代設計人才的學術課程。隨著設計這一行不斷因應電子遊戲、個人電腦、互動媒體、穿戴式或植入式混合產品等領域的挑戰，從矽谷發跡的全新設計領域就此誕生。以前讓這些產品動起來是工程師的任務，如今讓這些產品變得務實好用是設計師的任務。

進一步解說也許有助於大家的理解。大家可能預期我從定義開始著手，但我比較喜歡讓敘事自然而然地帶出「矽谷」這個地理區以及「設計」這個概念。我之所以這樣做，部分原因在於設計這一行的特質不斷地演進：這六十年來，設計師接到的要求，從在板金外殼上加一個超高頻發訊器，變成在 Facebook 網頁上添加按「讚」的功能。設計師也兼做策略師、執行者、承包商、顧問、員工和創業者。更麻煩的是，設計流程本身就很複雜，五花八門，需要不斷地實做，而且是數個流程連續或同時獨立運作。設計從業人員可能受過工程訓練，

Foreword by John Maeda

Acknowledgments

Introduction

The Valley of Heart's Delight

Research and Development

Sea Change

The Genealogy of Design

Designing Designers

The Shape of Things to Come

Conclusion

也可能受過社會科學的博士訓練，或藝術學院的訓練，甚至毫無訓練。他們可能在企業的實驗室、獨立的設計公司、小型的工作室任職，或自己在家裡透過虛擬網路工作。以藍牙耳機為例，使用者經驗（UX）設計師所受的訓練，可能是關注「終端使用者」嚮往的生活型態；但工業設計師所關注的焦點，可能是外耳下方的屏間切跡（耳屏與對耳屏之間的槽狀切跡）。他們可能瞧不起 MBA，他們可能本身是 MBA，或甚至自己是 MBA 也瞧不起其他的 MBA。有些設計師覺得專業協會是他們的支持者，有些設計師則把他們視為敵人。對很多設計師來說，專業協會只是每年在設計大會上贊助自助吧台的單位罷了。所以，以單一定義來涵蓋所有的設計師沒有多大的助益。

同理，「矽谷」已不再是一個有意義的地理名稱，部分原因在於它現在涵蓋的活動範圍，從南部的聖塔克魯茲，延伸到金門大橋北方一小時車程的天行者山莊（Skywalker Ranch）。此外，許多受訪者提醒我，矽谷的歷史並不是從北加州的灣區開始的，也不僅限於灣區。當初要是沒有麻州劍橋的 BBN 科技公司（Bolt, Beranek, and Newman），就不會有全錄帕羅奧圖研究中心（Xerox PARC (Palo Alto Research Center)）；要是沒有總部設於華盛頓的國防部高等研究計畫署（Advanced Research Projects Administration, ARPA）的利克里德（J. C. R. Licklider）慷慨解囊，就不會有擴增研究中心（Augmentation Research Center）；要是沒有紐澤西州的貝爾實驗室（Bell Labs），就不會有蕭克利半導體實驗室（Shockley Semiconductor Laboratory）；要是沒有麻省理工的架構機器團隊（Architecture Machine Group），就不會有雅達利研究實驗室（Atari Research Labs）；要是沒有一百年前英國的美術工藝運動（Arts and Crafts Movement）西傳美國，我們現在也不會在加州藝術學院（California College of the Arts, CCA）指導研究生互動設計（interaction design）。從歷史範疇的另一端來看，我希

望大家也能明顯看出，我決定撰寫矽谷這段非凡的歷史，並不表示美國及世界的其他地區就沒有創新的設計師、影響卓著的設計公司、成功的網路新創企業、重要的科技育成公司，以及卓越的設計學院。包括矽谷這個創新生態系統在內的任一生態系統，都是存在於另一個更大的生態系統之內。

最後，我需要言明，雖然物件在這個故事裡肯定扮演了一角，但這本書不是介紹產品的「設計」書，這裡不會從專業攝影的角度，介紹那些足以擺進博物館典藏的產品。除了物件之外，我對人物與實務、概念與體制也一樣關注。我努力追本溯源，往上游追蹤到可能是產品發源地的研究實驗室，也往下游追蹤到那些把成品賣給使用者的企業。過程中，我盡量迴避「上游」、「下游」之類的流行術語。

每本史書的撰寫都是一種取捨的過程，決定捨去什麼和納入什麼一樣重要，本書也不例外。撰寫美國南北戰爭的歷史時，不可能涵蓋每場戰役、每種戰略、每件武器、每位士兵的故事。史學家的巧思和技藝，端看他是否願意做出審慎的選擇，是否願意以某件事物代表許多其他的事物，是否願意以足夠的細節來說明廣泛的主題，以及是否願意賦予獨特事件足夠的脈絡以彰顯其意義。[4] 那不見得很容易做到，我比任何人都清楚，有很多才華洋溢的人才、創意無限的公司、創新卓越的產品並未收錄在本書中。相對於我在書中討論的每家公司，市面上還有數十家我沒提到的公司。相對於我提到的每個產品，市面上有數百種我沒提到的產品。由於我把焦點放在讓矽谷如此不同凡響的獨到特質上，那些造就矽谷的一切準則（例如建築）還需要更深入的個別探究。[5] 我只希望多數的讀者在退一步檢視本書時，覺得我呈現出來的史觀是公允準確的。

撰寫本書時，我做的很多決定是想盡量以之前未曾發表過的第一手文獻為基礎，包括大學檔案、公司紀錄、企業和個人的通訊內容、

Foreword by
John Maeda

Acknowledgments

Introduction

The Valley of
Heart's Delight

Research and
Development

Sea
Change

The Genealogy of
Design

Designing
Designers

The Shape of
Things to Come

Conclusion

繪圖、原型、電腦檔,以及各行各業各年代的設計大師專訪。書中提及眾所熟悉的事件時(例如史丹佛研究院〔 Stanford Research Institute, SRI 〕和全錄帕羅奧圖研究中心開發桌上型電腦),我是從罕見的設計觀點著墨。相反的,像 Apple 推出的「酷斃了」(insanely great)i 系列產品,我則著墨較少,因為商業、科技和大眾媒體已深入報導過那些產品和它們的創作者。由於我有幸能夠取得大量不對外公開的資訊,我想讓讀者自行上網搜尋那些公開資訊就好。

我希望這本書能夠彌補長久以來那個持續受到忽視的空缺,同時對矽谷的史學家及設計史家發揮拋磚引玉的效果,證明設計和其他定義矽谷的要素一樣重要,也證明如今的設計重點不只是賦予造型及創造物件而已。更重要的是,我希望設計圈的專業人士也覺得這本書豐富實用,甚至因此受到鼓舞,謹以本書獻給他們。

注釋

1. 學術文獻範例包括 AnnaLee Saxenian, *Regional Advantage: Culture and Competition in Silicon Valley and Route 128* (Cambridge, MA: Harvard University Press, 1996), pp. 84–88; Martin Kenney, ed., *Understanding Silicon Valley: The Anatomy of an Entrepreneurial Region* (Stanford: Stanford University Press, 2000); Christophe Lécuyer, *Making Silicon Valley: Innovation and the Growth of High Tech, 1930–1970* (Cambridge, MA: MIT Press, 2006)。

2. Maria Giudice and Christopher Ireland, *Rise of the DEO* (Pearson: 2014).設計執行長是公司的領導者,跟首席設計長(chief design officer, CDO)是不同的,首席設計長只是員工。提姆·布朗、多琳·蘿倫佐、伊夫·貝哈爾、薇樂麗·凱西等設計執行長都曾在達沃斯論壇上發言;比爾·摩格理吉和加迪·阿米特曾在白宮晚宴上獲頒國家設計獎。設計領導者常在 TED 年度大會發表演說。

3. 戴爾·科茲與拉夫·舒伯特、查斯·格羅斯曼、約翰·加德和筆者的一次精采談話

（San Jose: August 28, 2013）。

4. 有些讀者可能察覺到這裡隱約呼應了美國史學家海登・懷特（Hayden White）的傑作 *Metahistory: The Historical Imagination in Nineteenth Century Europe*（Baltimore: Johns Hopkins University Press, 1975）。

5. 建築比較晚才受到重視，可能跟矽谷本身的性質有關。以前卓越的紀念建築，通常是為了以結構表達發生在那裡的活動，例如實行民主政治的雅典有明顯的構造學、布魯內列斯基（Brunelleschi）打造的佛羅倫斯有狀似天堂的拱頂、勤奮的阿爾貝・卡恩（Albert Kahn）設計的魯日河（River Rouge）河畔裝配場。相較之下，建築如何「表達」程式碼的撰寫就不是那麼明顯。預設的解決方案是提拔建築系統（tilt-up），亦即在外地製造，之後再運送到高速公路邊的（後）工業園區，完全比不上執行長那造價三千萬美元的新帕拉底歐式山頭別墅。不過，就像微晶片的微小尺寸幫工業設計師拋開功能主義的束縛，資訊經濟的要求及創造出的驚人財富也促使Facebook（法蘭克・蓋瑞〔Frank Gehry〕設計）、Apple（諾曼・佛斯特〔Norman Foster〕設計）、Google（NBBJ 設計），以及三星、Nvidia、史丹佛等組織採用全新的設計。「資訊建築」可能還會激發真正的「資訊的建築」。

01

The Valley of
Heart's Delight

心悅之谷

一九五一年夏天，卡爾‧克萊門（Carl Clement）剛從華盛頓大學畢業不久，完成了為期兩週的陸軍預備隊訓練，來到加州沙加緬度。他的朋友剛在聖塔克拉拉的 HP 找到工程師的工作，所以克萊門開著他那台一九三八年分的雪佛蘭汽車，開了三小時路程，來到帕羅奧圖。當時的 HP 是一家兩百五十人的儀器公司，克萊門一時心血來潮，跟 HP 的產品工程部負責人羅夫‧李（Ralph Lee）安排了面試。面試時，克萊門說他剛拿到工業設計學位，李一聽便回應：「為什麼？是因為不夠格當工程師嗎？」不過，李還是給了他一個繪圖師的工作，配給他一張四腳凳、一張繪圖桌和一盒鉛筆。一九五一年八月一日，克萊門在旅遊指南上仍稱為「心悅之谷」的地方，成為第一位設計師。

這段迷人軼事的每個細節，在歷史上都有舉足輕重的分量。李移居美國西岸以前，曾在麻省理工學院機密的放射實驗室（Radiation Lab）度過二戰歲月。他對工業設計的看法，就是當時盛行的觀點。那個年代大家普遍認為工業設計是比較藝術性的技術製圖，專門收容那些「不夠格」加入電機這個講究測量領域的逃兵。克萊門就讀大學時，曾因打仗而中斷學業三年，在陸軍通訊團擔任雷達技術員。他想像的是一個比較有挑戰性的未來，而不是單純把消費性產品的功能和形式加以協調而已。當時的聖塔克拉拉郡雖然是日益成長的電子產業發源地，還有史丹佛大學工程學院院長弗雷德里克‧特曼（Frederick Terman）* 孜孜不倦地推動產業發展，但是當地的杏園、胡桃園、青翠的皇帝豆田，還是比電子產業更廣為人知。

二戰結束後的最初十年間，HP 主要是為收音機和電視機的製造

---

*　**譯注**｜特曼引領創建史丹佛創新工業園區，把部分大學土地出租給高科技公司，使那裡成為發明的搖籃，最終發展變成矽谷，因此大家普遍認為特曼是「矽谷之父」。

商提供儀器。克萊門加入 HP 後，開始向 HP 證明，工業設計也很適合套用在技術設備上，不是只能套用在廚具和辦公家具。他做了近三年枯燥的繪圖工作後，才終於獲得一項貨真價實的「設計」任務：改進 HP 裝運儀器的紙箱大小、顏色和圖案。總之，這一步看似微不足道，卻是重要的開始。

　　不過，克萊門真正感興趣的是電子產品，而不是用來裝運那些電子產品的紙箱。當時 HP 的產品目錄上有許多測試振盪器、波形分析儀、真空管電壓計，有些儀器是採用木機殼，但多數儀器是由現成的元件組成，裝在鉚接的板金機殼裡。雖然文宣資料向客戶保證「傳統 HP 的一貫特色」，但那其實是指「一般超載防護」和「性能優越」之類的技術特色，而不是某種一貫的設計語言。克萊門學會簡化日常的繪圖任務後，開始把額外的時間花在機械車間，調整機殼設計。那些摸索測試促使他提出一套概念，以期改善儀器上的操控設計，並為 HP 的產品線導入一些一致性。

　　不久，這個單人組成的工業設計部，就為 HP 的十幾個旗艦商品設計了機殼和配件。相較於以前實用至上的方正機殼，重新設計的弧形鋁合金機殼很容易辨識，是採用瘦高的垂直結構（減少在工作台上的占用空間），輕盈的材質，還附帶一個提把 [1]，方便攜帶。這是克萊門初試身手，但深獲好評，他在公司內部開始有「HP 的雷蒙德・洛威（Raymond Loewy）*」美譽。但他其實不太喜歡那個稱謂，因為他認為可口可樂販賣機的流線設計與信號產生器及速調管電源系統的設計有很大的差異。

　　一九五六年出現了轉捩點。HP 派他去麻省理工參加為期兩週的

———————

　*　譯注｜二十世紀最著名的美國工業設計師之一，善於運用流線型和圓角來營造產品
　　　　外觀的視覺衝擊，曾與可口可樂公司一起完成許多經典之作，包括可口可樂
　　　　瓶身的重新設計、冷藏箱、飲料販賣機、運輸車等。

暑期課程「創意性工程和產品設計」。那門課程是由約翰‧阿諾德（John Arnold）講授，阿諾德曾是心理學家，擁有機械工程學位。敢於挑戰常規的阿諾德一直在保守的麻省理工工程學院大聲疾呼，認為學生不需要更多的分析訓練，他們需要的是幫他們發揮潛在創意的通盤方式。他主張，來上這個暑期課程的從業人員也是如此。[2]

那個夏天，共有兩百五十位從業人員參加那門課程，大多是來自通用汽車（GM）、IBM、杜邦（DuPont）、奇異（GE）等老字號企業的工程師和管理者。漫畫家艾爾‧卡普（Al Capp）、「知識廣博論者」巴克敏斯特‧富勒（Buckminster Fuller）、人本心理學家馬斯洛（Abraham Maslow）等人的授課對他們來說應該沒什麼吸引力。[3]他們上課的地點離麻省理工戰時的放射實驗室和哈佛大學特曼的無線電研究實驗室（Radio Research Laboratory）很近，這兩個實驗室以嚴謹的分析方法開發出微波雷達和電子干擾器，並獲得驚人的成效，但是這些成就對那些暑期學員來說也沒有加分的效果。不過，阿諾德傳授的見解對克萊門而言彷如醍醐灌頂。阿諾德認為工程師所受的訓練，是把個人思維侷限在自己設定的參數中，以那種自我設限的方式解題。所以克萊門決心啟發 HP 的同事，他回加州後寫道：「舉例來說，假定我們的任務是『設計新的烤麵包機』，典型的起點是以狹隘的方式界定問題，以致於研發出來的『新烤麵包機』可能只是在外觀上比舊機器美化一些。」

但是假設我們換個方式來陳述問題：我們想找一種把麵包加熱、脫水，以及把表面烤成褐色的方法。這種以基本詞彙重新陳述問題的方式，開創了無限多種可能。我們甚至可以從可用的能源類型開始思考──電力、機械、化學；或許我們可以為麵包增添某種物質，讓它切開時就產生放熱反應，所以切開的表面一接觸到

Foreword by
John Maeda

Acknowledgments

Introduction

The Valley of
Heart's Delight

Research and
Development

Sea
Change

The Genealogy of
Design

Designing
Designers

The Shape of
Things to Come

Conclusion

空氣就自動烤好了。[4]

　　克萊門在那篇報告的最後，以一份邀請作結。他寫道，如果有人對創意性工程課感興趣，希望他在 HP 開課，可以跟他聯繫，但顯然沒人回應。

　　這不表示沒有人肯定他的努力。相反的，工業設計部在 HP 內部穩定發展，員工數增為三人。第一位加入的是克萊門在華盛頓大學的同學湯姆・勞罕（Tom Lauhan），第二位加入的是來自洛杉磯藝術中心學校（Art Center School）的新生代人才艾倫・殷赫爾德（Allen In-helder）。不久，HP 的產品開始以「功能顯而易見」、「操作簡單安全」、「外觀得體」等特色獲得業界肯定。[5] 當然，美感多多少少仍是技術考量下偶然衍生的副產品，克萊門也坦言，相較於汽車業或家電業的產品，「我們從來不需要思考那些因外型或績效不佳而做的計畫性淘汰，所涉及的道德和經濟問題。」然而，最令人訝異的是，連善變的 HP 共同創辦人威廉・惠列（William Hewlett）也肯定，即使在電子測試儀器這個黑箱領域，設計也變得日益重要：「在許多情況下，設計變得跟儀器內的電路一樣重要。」[6]

　　不到十年內，克萊門從一個隱身於眾多工程師中的孤獨設計師，變成帶領工業設計部門的主管，旗下帶著九位年輕人，他們每天早上穿著白襯衫、繫著細窄的黑領帶來上班。[7] 然而，這個部門只是名義上的部門。這些設計師不是坐在一起工作，而是被安排在一間堆滿電子工作台和繪圖桌的大型研發室。不過，在這個受限的環境中，克萊門終於能夠把他在麻省理工暑期課程裡學到的「創意性工程」策略，應用到更大的範圍。

　　一九五九年，HP 的產品線已大幅成長，販售三百七十三種器材。這些器材裝在六十五種不同形狀和尺寸的機殼中。這些機殼大多

製成十九吋機架式和較窄的桌上型。當年年末，為了節約成本，管理
高層指示工業設計部門為儀器的包裝開發一套更有效率的系統。以前
很多儀器是獨立構思開發的，所以很難組合使用。客戶也抱怨機殼設
計有礙維修和保養；不斷追求微型化的趨勢縮短了產品的生命週期，
導致許多產品遭到淘汰；而且機架式和桌上型產品導致製造資源的重
複投入，不符合經濟效益。

　　以前傳統的做法是處理現有裝置可改良的地方。事實上，HP 的
生產工程師就是採取這種策略，他們提議切除邊框，安裝鉸接的活板
門，方便接觸儀器的內部。[8] 不過，克萊門受到阿諾德「創意性工
程」理念的啟發，鼓勵工業設計部先退一步，盡可能以最普通的方式
來界定問題：也就是說，不要想「重新設計示波器」，而是把問題改
寫成「找到可以滿足儀器要求、儀器占用的環境，以及儀器使用者的
最簡單、最精實的結構」。從這個最根本的出發點，他指導那些設計
師運用阿諾德的全套解題技巧來破解問題，那些解題技巧包括腦力激
盪、屬性列舉法、觀察使用者（無論那有多尷尬或多擾人）。這個改
良計畫延續了十八個月，最後的結果不只是一個改良的機殼而已，而
是一套全面整合的模組系統，以一對可互換的壓鑄成型鋁合金框為基
礎。這套系統在製程、倉儲、運輸、功能上所省下的成本，是當初二
十五萬美元投資額的好幾倍。不僅如此，HP 也獲得一種無形的效
益：充滿凝聚力的企業形象。[9]

　　一九六一年三月在無線電工程師協會（Institute of Radio Engi-
neers）的年會上，HP 推出這種整合的「I 系統」機殼概念，可機架、
可堆疊，方便攜帶。套用當時 HP 總裁大衛・普克德（David Pack-
ard）的中肯說法，大家馬上肯定那項設計是「有史以來對電子儀器
的外殼最了不起的貢獻」[10]。事實上，電子業和工業設計專業人士都
認同上述這番評價。當年夏天在西岸電子產品展（Western Electronics

Foreword by
John Maeda

Acknowledgments

Introduction

The Valley of
Heart's Delight

Research and
Development

Sea
Change

The Genealogy of
Design

Designing
Designers

The Shape of
Things to Come

Conclusion

Show）上，這項設計榮獲「傑出工業設計卓越獎」；美鋁公司（Alcoa）因其「傑出的鋁合金設計」，把它評選為一九六二年的年度工業設計獎；當年年底《財星》雜誌（Fortune）在特別增刊中，以四頁的篇幅報導了「克萊門機殼」（Clement Cabinets）。

儘管這些設計師備受各界矚目，但 HP 的設計師人數依然很少，所以個人職涯顯得格外突出。當年有如個人恩怨或辦公室政治角力的事件，如今回顧起來只是代溝引起的小爭執。克萊門有大學的工業設計學位，又對工程有強烈的喜好，從未學過繪畫。他早期雇用的員工則是來自藝術學院，他們的課程完全是以點子的視覺效果為基礎。在藝術中心學校，學生選擇主修產品設計、包裝與陳列之前，需要先上一整個學期的速寫、素描、兩點透視、三點透視、算圖、色彩、表面展開、產品插圖、布局與陳設、字體排印、模型建構。畢業前的半年則是忙著創作作品集。[11] 他們通常剛退伍不久，剛成家立業，對自己和工作都相當重視，抱持著藝術學院灌輸的理念，日以繼夜伏案創作，直到作品完成為止。如果他們覺得手邊的工具不太合適，會直接去機械車間修改工具，或是自己重頭打造。他們也是愛車族和「現代」家具迷。他們相信，即使月薪才四百五十美元，平常不僅要做設計，還要活在設計中。

克萊門則是一直把焦點放在獲得管理高層的接納上，儘管底下的人聯合起來挑戰他的權威，他的焦點依然沒變。最後，他不幸遭到上下夾擊。那些年來，HP 穩定成長。甚至在一九五七年那年，規模還增加了一倍。同年，HP 把研發部改組成四個新的產品分部：示波器部門、電子計數器部門、微波與信號產生器部門、影音設備部門。明顯缺乏的是一個跟「工業設計部」依稀相關的部門。當時，「設計永遠只是輔助單位」的態勢看來日益明顯。克萊門仍堅持下去，但是眼看著自己升遷無望，又對自己一手帶大的新興世代失去掌控力，一九

六四年一月一日毅然宣布辭職。普克德稱讚他的作品充滿「想像力與創新」，同時兼顧「實用與效能」，並感謝他多年來的服務，就此與他道別。[12]

在矽谷的設計史上，克萊門的角色注定還有一個戲劇性的轉變。不過，他離開 HP 的直接影響是，HP 改採一種更精確反映產品需求的管理風格。HP 一些年輕的設計師堅信，了解儀器的唯一方法，是置身在那些製造儀器的工程師之間，所以他們早就背離他們覺得過於閉關自守和專制獨裁的管理體制：安迪・艾雷（Andi Aré）轉到示波器部門；傑瑞・普里斯萊（Jerry Priestly）轉往計算機部門；殷赫爾德費了好一番唇舌才調到剛成立的微波部門，儘管副總裁布魯斯・霍利（Bruce Wholey）直率地警告他：「你要是惹毛我的工程師，就得滾蛋。」[13]

為了獲得工程師的信任，設計師需要證明他們的設計可以增添明顯的價值，不僅為產品的外型加分，也對性能有所貢獻。殷赫爾德剛加入 HP 最大、獲利最好的部門時，努力投注最大的心力這麼做。他搬回加州之前，曾在福特汽車做了兩年的汽車內裝設計。在那裡，他為藝術中心學校學到的科班技能，增添了沉浸於人因（human factor）的實務經驗：他從汽車工程師那裡學到，即使只是輕微的碰撞，突出的啟動鑰匙也會對膝蓋造成很大的傷害；他們把威斯利・伍德森（Wesley Woodson）和唐納・康諾弗（Donald W. Conover）撰寫的經典著作《人體工學指南》（*Human Engineering Guide*）奉為聖經，該書強調設計師應該避免「風格特質」，也應該避免被「藝術性的概念誤導，而破壞了良好的人體工學實務」。[14]

微波部門的機械工程師都很喜歡這種新的「人本」方式，這種方式主張不只講究外型，實體產品都要有嚴謹的人體工學資料做為後盾。不過，電子工程師向來是 HP 的菁英核心，他們覺得他們的工作

Foreword by
John Maeda

Acknowledgments

Introduction

The Valley of
Heart's Delight

Research and
Development

Sea
Change

The Genealogy of
Design

Designing
Designers

The Shape of
Things to Come

Conclusion

跟心理或生理沒什麼關連，所以對設計毫無興趣。殷赫爾德的策略是想辦法說服他們，證明好的產品設計不只是避免他們重視的電子器材蒙塵受損而已。

為了佐證他的論證，殷赫爾德挑選 Model 608 VHF 信號產生器為例。這個產品的熱賣主要是歸功於技術可靠性，而非操作簡易性。他把幾張幻燈片巧妙地打在 Model 608 操控儀表板的圖樣上，藉此向一群微波部門的工程師說明，為什麼這個一九五四年的介面幾乎各方面都是任意設計、不協調、不合邏輯的。由於這個機型是在基本布局已經確定後，才讓設計師參與，設計師頂多只能設計一個板金機殼，把機器裝在裡面，並在機殼上設計幾個孔洞，配合已經定位的控制元件。如果設計師可以從一開始就加入產品開發小組，產品開發流程能從「相關功能分析」開始做起，以釐清儀器內組成構件之間的關係。接著，再把頻率、調幅、訊號衰減等控制元件以清楚又合理的順序間隔排列。每個元件都有標示清晰的中心線，接著再詳列顯示器的標籤、顏色、配置，以及旋鈕類型的選擇等細節。如此一來，儀器的面板就變成內部電子器材的視覺圖解。[15] 電子工程師聽了之後都很開心，殷赫爾德簡報結束時，整個微波部門都已經準備好接納這個部門的首位工業設計師了。

然而，殷赫爾德在微波部門的角色突然在一九六四年十一月的某天劃下句點。羅夫・李走進他的辦公室，要求他收拾東西，到樓上擔任公司的「企業工業設計部」經理。在新的領導職位上，殷赫爾德管理由九人組成的工業設計部門，另外還有六人仍持續待在不同的產品部門。他的新辦公室距離暴躁易怒的普克德僅幾步遠，由此可見設計在 HP 的地位已獲得肯定。幾年前，普克德看到他的藝術學院作品集中收錄的噴槍彩繪，只瞄了一眼就說：「畫得不錯，但我們這裡不需要這種東西。」[16]

　　在殷赫爾德任職的二十八年間，企業工業設計部每年負責約五十個設計專案，整體任務是讓 HP 所有的部門和產品類別保有一致的設計語言。他們的工作宗旨是，他們不是在設計單獨的產品，而是在為一套整合、開放、可擴充的系統設計組件。有時這表示他們必須把焦點縮小，去注意繪圖器、桌面計算機，以及他們所置的模壓鋁台在功能上是否相容。此外，設計部門要負責幫公司搶救構思拙劣的企業形象專案，那本來是外包給朗濤策略設計顧問公司（Walter Landor Associates）負責。朗濤是舊金山的知名品牌策略公司，但是對矽谷的高科技現況幾乎沒什麼實務經驗。[17]

　　工業設計部的職員以精確、嚴謹又有深度的方式做設計，絲毫不放過任何細節。從機殼移除一根多餘的螺絲，即使不是非做不可的使命，也變成一種專業榮耀的象徵。一九六四年初，殷赫爾德展開為期兩年的旋鈕研究，他說這個東西看似無關緊要的細節，其實是複雜的電子裝置與操作者之間的實體接觸點。另外，惠列參加電機電子工程師學會（IEEE）的大會回來後，一度有感而發：「為什麼把灰階值提高兩度對我們來說那麼難？」這句偶發的感想馬上促使他們展開為期數月的研究，探索色彩科學、色彩技術，還高薪聘請了色彩顧問。他們為分光光度計更換校正片，為超音波焊接更換黏膠時，彷彿是在高科技實驗室裡發明儀器設計這個新領域似的。不過，這段描述確實跟事實相距不遠了。

　　矽谷的主要特色一直以來都是：在迅速變遷的科技環境中，產品開發週期的步調極快，而且持續處於不穩定的動態。越來越密集的電路需要更好的讀取性；數位訊號的頻率接近毫秒範圍時，放射出來的電子干擾需要消減；電子組件確實就像摩爾定律（Moore's Law）說的那樣，不斷微型化。而「設計」在 HP 內部仍刻意維持在幕後運作，科技仍是驅動公司發展的主要動力，這點始終毋庸置疑。不過，大家

Foreword by
John Maeda

Acknowledgments

Introduction

The Valley of
Heart's Delight

Research and
Development

Sea
Change

The Genealogy of
Design

Designing
Designers

The Shape of
Things to Come

Conclusion

日益覺得這種科技主導的方式是一種挑戰，而不是障礙。殷赫爾德描述 System II（一九六一年克萊門機殼的升級版）時寫道：「根本做法是『由內而外』，先符合檢修、製造、電子、機械、熱能的需求，接著再考慮設計的美感。」[18]

工業設計這種「由內而外」的技術導向角色，只出現了一個小例外。但這個小例外卻是一大轉變，影響深遠：體積設計要夠小，小到能放進 HP 工程師的襯衫口袋。一九七〇年，執行長比爾‧惠列（Bill Hewlett）無視市場的負面預測、艱巨的技術挑戰，以及內部的反對聲浪，親自批准斥資一百萬美元的密集計畫，為四年前熱賣的 9100 系列桌上型科學計算機，開發掌上型的迷你升級版。當時，HP 旗下的產品有一千六百多種，沒有一種產品的日銷量超過十台。然而，一九七二年一月推出新研發的 HP-35 計算機後，上市六個月內，每天可賣出一千台。一年後，HP-35 計算機的獲利竟然高達公司總獲利的百分之四十一。大學生在校園書店裡購買那種計算機，會計師到梅西百貨（Macy's）購買。HP 在不知不覺中跨過了未知領域的邊界，那道邊界原本區隔著科技儀器的工程和消費性產品的設計。[19]

HP-35 科學計算機雖然一上市就熱賣，又是劃時代的創新發明，但這個有三十五個按鍵的計算機顯然還是技術裝置，而且後續推出的三個機種仍是如此。威廉‧惠列明確地把它想成：「為了鄰座工程師」*而設計的產品。而且，三百九十五美元的價位讓它看起來像是用來取代常見的計算尺，而不是方便的居家用品（更別說是生活配件了）。不過，它是第一個突破工程圈，鎖定更廣泛大眾的區域性技術產品。HP-35 的空前熱賣不僅對 HP 有重大的意義，對矽谷乃至於整

* 譯注｜當時 HP 內部流行的思維是「designing for the next bench」，他們會問鄰座的工程師想要什麼新產品，還不太注意顧客想要什麼。

個設計業來說都有巨大的影響。

為了達到惠列的指示標準，HP-35 的設計師不得不偏離公司「由內而外」的正統做法。這個事先訂好的尺寸要求，需要徹底逆轉 HP 的一貫做法，「形式」成了新產品開發的主要驅動力，而非「功能」。藝術中心學校畢業的愛德華・里恩沃（Edward J. Liljenwall）負責這個計算機的整體設計，他指出：

> HP-35 的工業設計不僅對 HP 來說非比尋常，對整個電子業來說也是如此。通常，一個產品在設計外型前，會先決定機械與電子元件，HP-35 完全反過來。[20]

換句話說，它的設計大綱不是由技術標準來規範，例如讓使用者使用以「逆波蘭記法」（Reverse Polish Notation）表示的虛擬乘法演算法來執行超越函數，而是由打造的實體標準來界定，亦即打造「一個襯衫口袋大小的科學計算機，內建的可充電電池可操作四小時，且價位是任何實驗室和許多人都買得起的」[21]。這是第一次設計師不是在工程師決定電子元件組合後才加入產品開發，而是先決定機殼尺寸是五・八吋乘三・二吋，重量九盎司（兩百五十五公克），才叫工程師想辦法把產品開發出來。雖然在 HP-35 的開發中，設計師還不算是主導者，但至少設計師的地位已經不再像三等公民了。

HP-35 的設計小組需要克服派系上和功能上的障礙。里恩沃用硬紙板和車體油灰打造了三個低解析度的原型機，接著再上漂亮的烤漆裝飾後，已經足以讓惠列相信口袋型裝置的可行性。不過，管理高層還是有人質疑，他們堅持採用標準的四分之三吋按鍵間距，但是那種間距只有書本大小的裝置才容得下（就像 pod 和 pad 的差別，早在這兩個新字義創造出來之前，就有這種尺寸爭論了）。對此，設計師展

Foreword by
John Maeda

Acknowledgments

Introduction

The Valley of
Heart's Delight

Research and
Development

Sea
Change

The Genealogy of
Design

Designing
Designers

The Shape of
Things to Come

Conclusion

開系統化的人因分析。他們把技師的肥胖手指、總機小姐的修長手指、焦躁管理者的指尖都上色，然後觀察他們按不同的按鍵組合。他們把那些觀察資料歸納整理後，用那些資料來佐證他們縮小按鍵間距的主張。如此成功地駁回質疑後，里恩沃終於可以專心用石膏打造十二個細節完整的外型模型。

計算機的楔形底座邊緣往內縮，以便放進（顯然是男性）工程師的襯衫口袋──他們代表 HP 內的最高準則。HP-35 放在辦公桌上時，「底座逐漸內縮」這個外型因素會讓人看不見底部，因此產生裝置比實際更小、更薄的錯覺。為了在二·五吋乘四·五吋的控制面板上塞入三十五個按鍵，里恩沃偏離傳統的鍵區設計，根據配置、色彩、命名法開發了一種新的排列方式。為了在三種表面上列印符號和數字，他們做的研究在電子設計領域可能是前所未有的，也為這個領域的專業化設定了新標準，至於材質、間距、用色的研究就更不用說了。由於掌上型裝置可以從四面八方觀看，設計師不讓任何螺絲或扣件外露出來。挑選機殼材質時，除了注重視覺和觸覺效果，也需要營造一手抓握時平穩防滑的表面。驚人的是，儘管時間緊迫，這些「人體工學」的問題在電子設計參數確立以前就先處理好了。

如果逆轉「形隨機能」（form follows function）這個經典教條是促成區域性設計文化成形的第一大功臣，那麼 HP-35 計算機的熱賣可說是第二大功臣。Chung C. Tung 是初代開發小組的成員之一，他對這台計算機的實際運用做過以下的想像：「飛行員在機上修正航線，測量員橫越斜坡，企業家在會議上估算投資報酬率，醫生評估病人的資料」[22]。雖然這些例子仍是特殊的專業運用，卻也顯示 HP 大幅擴充了既有的客群。後續推出的幾代口袋型計算機，很可能就是消費者在超市櫃台等候結帳時拿出來使用，或是球迷拿出來計算球賽的得分資料。HP-35 可以說是區域性技術開始跨出研發實驗室、朝更廣

闊的市場邁進的第一大案例。[23]

不過，一般來說，研究導向的科技公司會避免矽谷記者麥可‧馬龍（Michael S. Malone）所謂的「消費性產品事業的魅惑」。英特爾（Intel）跨入電子錶市場就是一場十足的災難，連該公司創立合夥人羅伯特‧諾伊斯（Robert Noyce）也坦言：「我們跨足手錶業，是因為我們把它視為技術問題，我們認為我們知道怎樣解決技術問題。但某種意義上來說，我們把問題解決得太好了，以致於技術問題不再重要，那變成首飾業，偏偏我們對首飾一竅不通。」英特爾共同創辦人高登‧摩爾（Gordon Moore）後來一直戴著他們製作的 Microma 手錶——他說那是他「一千五百萬美元的錶」——以提醒自己：算式導向的技術工程世界與消費導向的設計世界之間有一道萬丈深淵。其實，HP 的 HP-01 手錶計算機也賣得不好，那是個令人匪夷所思的微型商品，二十八個小按鈕還需要用一支嵌在皮帶上的觸控筆按壓。[24]即使是銷售晶片給消費性產品的製造商（例如電視），對想要走在技術最前端的企業來說也是慘痛的經驗，例如超微半導體（Advanced Micro Devices, AMD）創辦人傑瑞‧桑德斯（Jerry Sanders），而且一九七四年至一九七五年的經濟衰退正好確認了那些短暫的異業冒險愚不可及。

HP-35 計算機風光上市前一年，業界週報《電子新聞》（Electronics News）連續幾篇文章開始提到，101 號公路和新建的 280 號公路包圍的那段聖塔克拉拉郡的土地，可謂之「美國矽谷」，因為當地新興的半導體業以矽為基底材料。[25]快捷半導體（Fairchild Semiconductor）和後續其他公司的成長——英特爾、國家半導體（National Semiconductor），以及後來的數十家公司——連帶促成許多供應商、承包商、製造廠、專利律師事務所、創投業者、創業型教授進駐當

Foreword by
John Maeda

Acknowledgments

Introduction

The Valley of
Heart's Delight

Research and
Development

Sea
Change

The Genealogy of
Design

Designing
Designers

The Shape of
Things to Come

Conclusion

地，形成關係密切的網絡，把那片半島變得像一百五十年前工業化的曼徹斯特那樣，儼然成為麻州 128 號公路沿線科技長廊的勁敵。[26] 不過，矽谷獨特的產品——音頻振盪器、氣體分析儀、磁碟機——離多數人的生活體驗仍很遙遠。在大眾的心中，說到「加州設計」，依然會讓人聯想到木製家具設計師山姆·馬洛夫（Sam Maloof）帶動的藝術家具運動，或是伊姆斯夫婦（Charles and Ray Eames）的二十世紀中葉現代主義設計。[27] 專業領域對此也有同感，《工業設計》雜誌（Industrial Design）在某期探討「西岸設計」的專刊中，不智地預測：「儘管環境宜人又接近科學研究的核心……舊金山灣區可能永遠無法挑戰洛杉磯在西岸的工業首席地位。」[28] 這些文字是寫於一九五七年，或許我們可以原諒編輯沒注意到當年蕭克利半導體實驗室在帕羅奧圖和山景城的不起眼邊界上創立。

　　然而，這時專業實務確實開始興起了，也開始在密集交流、水平整合的專業人才圈裡扮演顯眼的角色，那些專業人士界定了該區新興的工業生態系統。第一代設計師都是在雇用他們的製造公司裡設計產品，幾乎毫無例外，而且這些人為數稀少。門洛帕克（Menlo Park）瑞侃公司（Raychem Corporation）的總裁兼執行長保羅·庫克（Paul Cook）把加州藝術學院畢業的朋友丹·德芬巴赫（Dan Deffenbacher）找來當兼職的設計顧問。亨利·布倫（Henry H. Bluhm）任職於帕羅奧圖的麥格納電動工具公司（Magna Power Tools），他是該公司工業設計部的創設者、負責人，也是唯一的成員。佛瑞德·羅比特（Fred Robinett）在富美實公司（FMC）領導設計。大衛·莫克（David J. Malk）是貝克曼儀器（Beckman Instruments）的「設計總監」。在美瑞思（Memorex，當時只做電腦磁帶和磁碟事業，還沒跨入消費媒體），所謂「設計小組」是由朗恩·普雷夏（Ron Plescia）管理。在海灣對岸，埃爾默·史托茲（Elmer Stolz）領導五人組成的設計團

隊，為聖利安卓（San Leandro）的弗里登計算機公司（Friden Calcu-
lating Machine Company）設計機電式計算機（這家公司宣傳他們的四
功能自動計算機是「美國商業的思維機器」）。一些早期的開拓
者──HP 的克萊門、Ampex 的法蘭克・沃爾許（Frank Walsh）、IBM
的傑克・斯金格（Jack Stringer）、門洛帕克希勒直升機公司（Hiller
Helicopter Company）的艾德・賈克森（Ed Jacobson），以及當時尚未
在史丹佛園區成名的羅伯特・麥金（Robert McKim）──都喜歡定期
到麥金所謂的「設計師互助小組」的成員家中聚會。[29]

　　國防承包商在矽谷的發展中貢獻極大，但大多未獲肯定。他們不
僅對國家的安全有貢獻，也讓很多設計師受惠良多。微波管製造商沃
特金斯─詹森公司（Watkins-Johnson Co.）總裁採用泰柏─史坦希伯
公司（Tepper-Steinhilber）的設計，確保他們從史丹佛園區出廠的每
件產品都呈現一致的企業形象。不過，他們的產品（行波管、晶圓沉
積爐、機架測試儀）本質上就無法給設計師太多的設計自由，所以即
使符合了視覺準則，「我們依然受到加工鑄件、擠壓型材、折疊板金
的侷限」[30]。法蘭克・蓋爾（Frank Guyre）在聖荷西州立大學主修雕
塑、輔修工業設計，畢業後在桑尼維爾（Sunnyvale）洛克希德公司
（Lockheed）的新園區展開職業生涯。套用精確的航太工程術語，他
在那裡的工作是幫忙解決「怎麼把六磅重的鬼東西塞進兩磅重的盒子
裡」[31]。一般來說，多數公司會讓他們開發的技術本質來決定產品的
特質，一位早年在矽谷工作的人回憶道：「當然，這些電子裝置或產
品都需要一些機械結構及外殼，但多數時候他們覺得那只是必要的包
袱。真正的產品是電子及其功能，至於機械和美感等部分，頂多排在
第二位。」[32]

　　從 IBM 的奇特例子就可以看出當時該區尚未由技術園區主導。
IBM 在洋溢著田野風光的聖荷西設了一個分支機構，當地有一支多

元團隊，負責研究革命性的隨機存取記憶計算器：305 RAMAC，那是第一台使用磁性硬碟儲存資料的機器。「為了把那個概念開發成電腦，」一九五六年的短片旁白如此解說：「那需要多類專家的技能，包括會計師、藝術家、化學家、文書、工程師、電工、速記員、推銷員。」顯然，當時編寫腳本的人找不到一個適合的詞彙來解釋「工業設計師」，儘管當時那裡就有一群由斯金格領導的工業設計人員。[33]

　　該年二月，IBM 受到董事長湯瑪斯・華生二世（Thomas L. Watson, Jr.）那句「好設計就是好生意」的啟發，推出由艾略特・諾伊斯（Eliot Noyes）主導的全球企業設計專案。諾伊斯明確要求，每個接觸點——從機器到擺放機器的房間，再到公司所在的建築及座落的園區——都應該是單一流暢介面的一部分。那兩年間，聖荷西設計團隊在科特爾路（Cottle Road）的花園造景園區工作，那個園區是加州現代主義派建築師約翰・薩瓦吉・博爾斯（John Savage Bolles）設計的作品。[34]

　　一九六〇年，唐納・摩爾（Donald Moore）繼斯金格之後，接任設計團隊的領導者。在他十四年的任期內，IBM 的設計中心從原本只有四、五個，成長為十多個。這段期間公司採用的根本技術從磁片進展到微晶片。摩爾是以優異的成績從藝術中心學校的交通工具設計系畢業，本來在密西根州迪爾伯恩（Dearborn）的福特汽車擔任資深造型設計師，但密西根州的寒冬逼他回到氣候溫和的加州老家。正巧，斯金格的離職在這塊顯然非工業的地區騰出了稀少的工業設計職位。華生把整家公司的命運賭在一系列「System 360」相容電腦上，是很著名的 IBM 歷史。一開始工業設計師先設計「System 360」從地板一直延伸到天花板的主機殼，接著設計翌年發布的「坐下操控式」1130 操控系統的座位、控制台和顯示器。他們公開言明的使命是，在不損及機器內部功能的情況下，維持由諾伊斯決定的視覺設計語

言。摩爾曾謙虛表示，他們對機器的內部功能「一無所知」[35]。

　　聖荷西的設計師跟 IBM 每個區域中心的設計師一樣，都需要遵循諾伊斯從新迦南（New Canaan）的總部發出的指令，以及波啟浦夕（Poughkeepsie）的 IBM 先進系統開發部（Advanced System Development Division）所發布的準則。先進系統開發部負責控管資料處理產品，該部門的經理華特·克勞斯（Walter Kraus）非常清楚地要求：「我們不能有西岸風格。」[36] 為了在企業設計標準和在地工程團隊的要求之間尋找共同點，他們的協商往往不太和諧。摩爾回憶道：「那比較像在戰區裡劃清戰線，但是如果你和工程部及行銷部的關係良好，就可以完成很多事情。」不過，這時聖荷西設計團隊還不太可能冒險偏離企業方針。

　　雖然這個開始看似平順，但是相較於一九六〇年代和一九七〇年代半導體業的驚人發展，這些設計專業人士的一知半解只是矽谷歷史註腳中的註腳，顯得微不足道。當時美國大眾公認的設計中心，和紐約、芝加哥、俄亥俄州周邊的製造中心有關。一九六四年，巴德·史坦希伯（Budd Steinhilber）做了衝動的決定，遷移到灣區，後來他發現：「任何理智的人都會告訴你，地理上來說，在這裡開創工業設計實務是很傻的決定。」[37] 說這裡機會有限，可能還講得不夠直白。多數人應該會認同一位早年來灣區找工作的人對這裡的評價：「這一帶幾乎只有 HP 和 Ampex 這兩家公司。」[38]

　　Ampex 是從為美國海軍供應精密的電動馬達起家，後來靠兩台德律風根（Telefunken）的磁帶錄音機和五十卷巴斯夫（BASF）的磁帶打造了全球聲譽。那些機器和磁帶都是從一九四六年戰敗的德軍取得，並秉持矽谷的最佳傳統，在聖卡洛斯（San Carlos）的車庫工廠進行改造。兩年後的一九四八年四月，Ampex 便為美國廣播公司

Foreword by
John Maeda

Acknowledgments

Introduction

The Valley of
Heart's Delight

Research and
Development

Sea
Change

The Genealogy of
Design

Designing
Designers

The Shape of
Things to Come

Conclusion

（ABC）提供七台 Model 200A 磁帶錄音機。廣播與錄音產業幾乎馬上接受了這種新的規格標準。十年內，Ampex 就主宰了專業高傳真影音錄製設備的市場。套用下個世代教科書的說法，這就是一種「破壞性創新」[39]。

這些早期產品開發的主要推手是 Ampex 的第八號員工哈洛德‧林賽（Harold Lindsay），他也是大家公認的現代錄音先驅之一。林賽在同仁眼中是工程師的典範，不僅對扣件、擠壓型材、材料、製作技巧有淵博的知識，審美觀細膩，也講道義責任，他覺得他對使用 Ampex 產品的客戶理當負起工程師的義務。不過，他對開發那些產品的同仁沒有那麼關心，職銜高於林賽的 Ampex 第零號員工梅朗‧斯托拉羅夫（Myron Stolaroff）回憶道：「林賽有時把我們逼瘋了，他是十足的完美主義者，任何東西只要看起來不美，組裝不夠精緻，外型無法讓人驚豔，工藝不夠卓越，就無法出廠。」[40]

Ampex 的幾位創辦人認為，他們是在開創一個全新的產業。「你找不到任何技術文獻教你磁帶錄音機是怎麼運作的。」林賽對滿屋子的新進員工說：「我們沒有任何參考資料。」[41] 工程和設計之間沒有清楚的區別，更重要的是，毫無先例可循。一九四八年加入 Ampex 的羅比‧史密茲（Robbie Smits）回憶道，當時有人告訴他：「這是磁頭，這是擴音器，這是頂蓋，用這些東西去做出一台磁帶錄音機吧。」[42]

在這個陌生領域裡，林賽的審美觀，搭配他之前在工作上接觸繪圖、機械加工、工業設計的經驗，主導了 Ampex 第一代機器的品質。當然，還有一些外部限制。Model 200A 是在傑克‧穆林（Jack Mullin）的支援下開發出來的，穆林曾是陸軍少校，在法蘭克福外的一座城堡裡發現了初代的德國磁帶錄音機。他當場把機器拆解開來，加以打包，以十九袋郵包運回美國當「紀念品」。穆林大方地和 Ampex

的工程師分享那些零組件，讓他們測試林賽開發的錄音磁頭，但他們需要先把那些磁頭改造成符合德國機器的規格才行。此外，由於機器最後需要放入錄音室的儲存架區，那些機架原本是擺放他們打算替換的 Scully 磁盤切刻車床，所以機器的所有規格尺寸，連拋光和配色，都受到外在條件限制。[43]

在「堅固可靠」這個信條的指引下，林賽開發出一套直觀的設計語言，支配了 Ampex 第一代專業機器的設計。林賽雖然未受過正統的設計訓練，但他很自然地讓工程考量及機器的專業運用來影響決策。然而，第一代磁帶錄音機的高雅設計令人驚豔——尤其考量到它們幾乎是在毫無先例下開創了業界的全新機種——充分展現出林賽對細節的極度講究。Model 200A 的機殼上有兩個圓形開口，是方便又迷人的門把，打開後可以接觸內部的電子器材並進行機械調整。不久，業界開始流傳一個迷思，說那兩個圓形開口的尺寸是為了配合內部電動機的通風要求而精確計算的。

Ampex 剛創立的第一個十年間，幾乎每年都會推出一件新產品，因此「Ampex 風格」開始出現。不過，套用工程師賴瑞・米勒（Larry Miller）的說法：「如果你一直把兩大卷兩吋磁帶放進機器裡，那幾乎一定會逐漸發展出系列風格近似的產品。」[44] 價位四千美元的 Model 200A 先上市，而後續上市的包括外型更精巧的改良版 Model 300、銷售沒那麼好的 Model 400、軍事化的 Model 500、攜帶型的 Model 600（採用出奇昂貴的罕見非洲硬木機殼，搭配同型喇叭）。一九五六年四月，Ampex 推出世上第一台錄影機，革新了電視業。VR-1000 是由一九五二年加入 Ampex 的錄影先驅查爾斯・金斯堡（Charles Ginsburg）所領導的一群工程師開發出來的。那段了不起的歲月在一九六四年因 MR-70 母帶處理錄音機而達到顛峰，那台機器是為美國國會音樂集團（Capitol Records）混聲錄製披頭四樂團的母

Foreword by
John Maeda

Acknowledgments

Introduction

The Valley of
Heart's Delight

Research and
Development

Sea
Change

The Genealogy of
Design

Designing
Designers

The Shape of
Things to Come

Conclusion

帶而設計。MR-70 有壓鑄成型的鋁合金框，「軍事規格」的容差度，而且精準對齊，不僅在音效工程方面是普遍公認的傑作，在工業設計上也是如此。這時，Ampex 生產的機器幾乎在美國各大廣播、電視、專業錄音工作室都看得到。此外，有越來越多的實驗室、大學、軍事測試場、企業資料中心開始採用 Ampex 的產品。

隨著 Ampex 事業的成熟，以及產品線的多角化（涵蓋消費性和專業設備），即使林賽天賦過人，也難以充分服務 Ampex 開創出來的產業。一九五八年，訓練有素的設計師取代了「有品味的工程師」，後來這個模式成了整個矽谷設計圈的典型象徵。羅傑・懷爾德（Roger Wilder）是眾多從藝術中心學校畢業、然後移居加州北部的設計師之一。他獲得林賽的接納，成為第一個加入 Ampex 的工業設計師。不久之後，Ampex 找來法蘭克・沃爾許，成立專業的設計團隊。十年後沃爾許辭職時，Ampex 已經把實驗室、車間、八人組成的工業設計工作室搬到紅木城（Redwood City）一塊占地四十英畝的廣大園區，離矽谷的神經中樞又靠近了幾英里。這樣的搬遷很合宜，至少就象徵意義來說如此。因為一家學會以磁帶錄製聲音、接著又學會錄製影像的公司，把事業觸角延伸到錄製各種資料的儀器上，可說是再合理不過的發展。

接任沃爾許職位的是亞登・法瑞（Arden Farey），他後來因漸凍症而喪失工作能力，轉而成為美國工業設計師協會「為殘疾設計」運動的領導人物。因此，從磁帶進化到「視覺資訊時代的數位儲存」階段 [45]，是由達瑞爾・史塔利（Darrell Staley）負責掌管設計部門。一九五九年史塔利從藝術中心學校畢業後，連續做了幾份為期一年的工作：在底特律通用公司的電冰箱部門設計冰箱的外型，在洛杉磯的北美洛克維爾公司（North American Rockwel）為「阿波羅計畫」設計地面支援設備，在聖荷西為農機設備製造商富美實公司設計行動耕種裝

置。Ampex 的設計工作室設在一樓，工作室有個出口通往室內庭院，裡面擺著設計師的設計作品，以避開好奇訪客的耳目。史塔利從踏入 Ampex 工作室那天開始，就知道他四處遊蕩的職涯終於結束了。

史塔利擔任企業工業設計經理的三十年間，見證了技術的一路演進，從早期的類比機器（把兩吋磁帶拖過三個磁頭）演變到突破性的螺旋掃描式磁帶錄影機（磁帶纏繞在卷筒上）。每次轉換都改變了產品的尺寸，也為設計師帶來一次又一次的新挑戰和機會。不過，這一切並未幫他們準備好面對一九八〇年代末突如其來的某一天。那天，一位工程師走進設計工作室宣布：「我們以後不會再使用磁帶了。」整個設計實務一開始就是從「容納磁帶卷軸」這個實體要求出發的，這就像真空管和顯像管（CRT）預先決定了多數電視的形式一樣。隨著數位科技的採用，工業設計師的例常實務——為組裝實體打造外殼——幾乎在一夕間改變了。

隨著影音錄製業的產品進入數位時代，設計師採用的工具也有了改變，這點在 Ampex 平面設計師身上最為明顯。Ampex 的平面設計師是負責設計公司內外的印刷品。這個平面設計小組在一九七七年左右成立，那時從加州藝術學院畢業的道格拉斯·廷尼（Douglas Tinney）加入 Ampex 的三人「美工」小組，廷尼在加州藝術學院的老師是業界傳奇約瑟夫·席奈爾（Joseph Sinel）[46]。鼎盛時期，廷尼管理四十四名專業人才所組成的團隊，他們負責製作行銷素材、年度報告、使用者手冊、技術建檔。廷尼在 Ampex 任職的二十二年間，跟著許多設計師、攝影師、插畫家、印刷師一起經歷了設計工具的徹底改變，從使用 X-Acto 雕刻刀、橡膠膠合劑和巴士載運過來的活字盤，到第一代麥金塔經典電腦的誕生。最後，當設計團隊萎縮到完全消失時，他是上網下載 PDF 檔案，修正完之後再透過電郵回傳給外包商，甚至不需要進辦公室上班。

Foreword by
John Maeda

Acknowledgments

Introduction

The Valley of
Heart's Delight

Research and
Development

Sea
Change

The Genealogy of
Design

Designing
Designers

The Shape of
Things to Come

Conclusion

當然，工具的日新月異不是矽谷獨有的現象。對迅速變遷的科技業來說，這裡特有的是他們必須解說、繪製、行銷的產品本質。藝術學院培訓出來的平面設計師，需要對複雜的技術儀器有足夠的了解，才能以繪圖表達儀器和其他裝置之間的關係。他們必須在實際產品上市之前就先準備好宣傳資料，那時通常實品尚未出現，只有膠合板做成的模型可供參考。

儘管這些受過訓練的專業人士大量增加，但 Ampex 並未把設計融入整個產品開發的流程中。即使在鼎盛時期，在階級感明確的鏈節中，他們只把設計工作室視為鏈節的一環，而不是平起平坐的合作夥伴。每次發生權勢之爭，設計師總是輸家。傑‧威爾森（Jay Wilson）設計 VPR-6 專業錄影機系列時，很快就發現這點，他說：「有一次大家為了一些我覺得無關緊要的設計議題爭論不休，我實在吵到心灰意冷，乾脆發一封備忘錄給工程部，告訴他們：如果他們想設計產品，只要寫信告訴我，工業設計師會拱手讓出設計權。」[47] Ampex就像 HP 一樣，本質上是以研究為基礎的工程導向公司，對於專業產品和消費市場之間的廣大鴻溝不甚了解。指揮控制鏈是從先進技術部的高層開始，通過工程部，然後才到達一樓的設計工作室。設計師接到的高層指示，不外乎是把產品設計得便宜一點，加一些特徵，然後把它裝進機殼裡。Ampex 有些工程師知道設計師的重要性（尤其是林賽），有些工程師包容設計師的存在，但多數工程師覺得設計師是多餘的。當時盛行的態度似乎是出於一種工程界的傲慢：「這個東西會改變世界；沒有人在乎它長什麼樣子。」[48]

直到一九七〇年代末，Ampex 首度面臨激烈的競爭時，管理高層才開始重視設計，把設計價值視為企業策略的一部分。可惜，為時已晚。在美國無線廣播電視業者協會（National Association of Broadcasters）的年度秀展上，索尼（Sony）的展示規模越來越大，產品備受矚

目，Ampex 則是士氣低迷。此外，十年前獨立出去的「五個小 Am-
pex」所產生的離心效應，也使 Ampex 受創不少。[49] 再加上管理高層
連續做了幾個糟糕的決策，進一步重創 Ampex 的技術優勢。如今，
這家一度所向無敵的公司幾乎沒有留下什麼，只剩一個醒目的藍白色
招牌，默默地向 101 號公路上往南駛向 Yahoo、Google、Facebook 等
公司總部的駕駛人致意。

　　設計是尾隨工程的腳步來到矽谷的。「設計」一台可變衰減器或
螺旋掃描式錄影機究竟意味著什麼，那根本沒有可靠的指南，也沒有
清楚的概念，更甭提跟消費市場的關連了。史坦希伯回憶道：「我在
紐約開始跨入設計領域時，大多是為大型家電業做設計。我搬到俄亥
俄州時，必須學習機床業的用語，但這個領域才剛出現，用語仍處於
醞釀階段，他們是一邊做、一邊發明專業用語。」[50] 第一代的設計
從業人員是以創意、直覺、本能、品味來接觸這個未知領域，並從任
何地方尋找靈感。HP 的克萊門去麻省理工體驗「創意性工程學」；
斯托拉羅夫把八個 Ampex 的工程師帶到內華達山脈的小屋，讓他們
服用迷幻藥，以開發潛在的創意。在史丹佛研究院，電腦先驅（滑鼠
之父）道格拉斯・恩格巴特（Douglas Engelbart）探索人類的潛在移
動，並幫不情願的員工報名「EST 心靈訓練課程」*。[51] 每次出現新
的技術突破，從業人員更需要學習專精的專業技能，但矛盾的是，他
們也更需要放寬眼界。「我們是在開發不曾存在的東西，」HP 的殷
赫爾德經常這樣提醒同仁，「我們需要設計這些產品，讓顧客知道怎
樣使用它們。」史塔利在 Ampex 任職時曾說：「加州的設計師必須
當無所不能的全才好幾年，甚至連想都沒去多想，就自然而然什麼都

---

* 譯注 | EST（Erhard Seminars Training）是華納・艾哈德（Werner Erhard）所開發的
　　課程。

Foreword by
John Maeda

Acknowledgments

Introduction

The Valley of
Heart's Delight

Research and
Development

Sea
Change

The Genealogy of
Design

Designing
Designers

The Shape of
Things to Come

Conclusion

包辦了，這一行難免會這樣。」[52]

不過，設計師想要獲得訓練有素、地位崇高、收入優渥的工程師信任，需要非常努力。對工程師來說，即使是簡單的機殼，那也只是無可避免的麻煩罷了。很多設計師必須經常努力抗爭，才能在新產品開發之初就受邀加入開發團隊，而不是等到最後一刻才拿到一批組件，進行最後的包裝。這些抗爭令設計師心力交瘁。然而，對那些不堪企業官僚折磨而士氣消沉，或被當成「低賤外人」或「速食廚師」看待而自尊受創的設計師來說[53]，其他的職涯選項少之又少。有些設計師設法晉升到管理職，之後就把設計技能束之高閣（或本來就技能不足），有些設計師是「往東發展」，加入紐約或芝加哥的老字號設計顧問公司，只有兩位設計師勇於探索第三種選擇。

戴爾・格呂耶（Dale Gruyé）和諾蘭德・沃格（Noland Vogt）在洛杉磯就讀藝術中心學校時就是朋友，後來一起進入紐約州由提卡（Utica）的奇異公司成為同事。一九六六年三月，他們分別離開 HP（格呂耶）和 Ampex（沃格）的企業設計部門，連同喬治・歐普曼（George Opperman），在帕羅奧圖的南部邊界租了一個不起眼的店面，開始自己開發客戶。這三位年輕的設計師很樂觀，抱負遠大。他們夢想打造一番事業，擺脫加州那一帶企業的狹隘陳腐觀念，並開拓全國的客源。雖然他們在聖安東尼奧路（San Antonio Road）上的店面距離以前蕭克利半導體實驗室所在地（新技術的發源地）才幾個街區，但他們沒有料到 GVO（Gruyé-Vogt-Opperman）合夥事業的成立，為矽谷這個「心悅之谷」的歷史揭開了全新的篇章。[54]

注釋

1. 這是跟 200 系列的音頻振盪器比較，HP Electronic Measuring Equipment, catalogs 20-A (1950), p. 6, and 22-A (1955), p. 8 對它的描述是「全新推出！重新設計！最高品質！」(www.hparchive.com, curated by Kenneth Kuhn)。"H-P's Raymond Loewy," in *Watt's Current?*, 10, no. 5 (April 1953): 5.《Watt's Current?》是專為 HP 員工發行的內部月刊，已故卡爾・克萊門的私人收藏，大方出借給筆者。

2. John E. Arnold, "Case Study: Arcturus IV," Creative Engineering Laboratory（未出版，1953，卡爾・克萊門出借給筆者）。"The Course Where Students Lose Earthly Shackles," *Life Magazine* (May 16, 1955), pp. 186ff; Suzanne Burrey, "The Question of Creativity," in *Industrial Design* 1, no. 6 (June 1957). 第五章會再次提到阿諾德，他在史丹佛大學工學院創立了設計組。

3. Creative Engineering Seminars (Massachusetts institute of Technology, 1956); unpublished, collection of Carl Clement.

4. "Hew-Pack Designer [Carl Clement] Reports on Recent M.I.T. Creative Engineering Course," *Watt's Current?*, 13, no. 9 (September 1956): 12–13.

5. "H-P Wins WESCON Industrial Design Award, *Watt's Current?*, 17, no. 8 (September 1960): 2.

6. Carl Clement, advertising supplement by Aluminum Company of America, *Fortune* Magazine (December 1962), n.p. Statement of William R. Hewlett, Executive Vice-President, Hewlett-Packard Company, at the Western Electronics Show and Conference (WESCON), Los Angeles (August 34, 1960), *Watt's Current?*, 17, no. 8 (September 1960): 2.

7. 不僅卡爾・克萊門如此，HP 工業設計團隊的成員都這樣穿，包括 Andi Aré、Herb Beaven、Ken Dinwiddie、Dale Gruyé、Allen Inhelder、Tom Lauhon、Don Pahl、Dick Payne。事實上，幾乎整個聖塔克拉拉的設計人員都是如此。

8. 「在檢討會上，惠列問克萊門對那個設計有什麼意見。克萊門不發一語地用推車推來一台 Tektronix 545，並從口袋中掏出一枚十美分硬幣，直接示範如何在十秒內拆開機蓋，接觸整個電路系統。惠列一看，馬上贊成克萊門的提議。」Charles H. House, *The HP Phenomenon: Innovation and Business Transformation* (Stanford: Stanford University Press, 2009), p. 234，引自他對克萊門的訪談內容。那個故事很迷人，但這裡應該提到一點，保險商試驗所（UL）基於安全考量，規定打開任何電子裝置都需要使用專用工具。

9. 二十五萬美元是指開發及模具的成本。卡爾・克萊門在寫給零製造公司（Zero

Foreword by
John Maeda

Acknowledgments

Introduction

The Valley of
Heart's Delight

Research and
Development

Sea
Change

The Genealogy of
Design

Designing
Designers

The Shape of
Things to Come

Conclusion

Manufacturing Company）總裁霍華德·希爾（Howard W. Hill）的信件中（June 22, 1970），提議一種適合小型電子公司的通用現成機殼系統：卡爾·克萊門的文獻。

10. H-P's New Cabinet Program—Hit of Show," *Watt's Current?*, 18, no. 4 (April 1961): 2. 一份內部刊物顯示一百九十五公分高的普克德高高地立在一群設計師旁邊，像個自豪的家長一樣。House, *The HP Phenomenon.*, pp. 231–35. 二〇一〇年三月十八日，查爾斯·豪斯在訪談中大方與筆者分享回憶與著作。

11. The Art Center School, *General Catalogue*, Department of Industrial Design (1952–1953, 1956–1957); Archives of the Art Center College of Design, Pasadena, courtesy of Robert Dirig, Archivist.

12. 有關卡爾·克萊門離開 HP 的官方描述，收錄在兩份文件中："Dear Dave and Bill" (January 1, 1964) 和 David Packard, "To Whom It May Concern" (January 14, 1964)；克萊門的文獻收藏也包含這部分提到的許多得獎證書。

13. "People on the Move," *HP Measure* 1, no. 5 (November 1963): 18. Interview with Allen Inhelder (Portola Valley, August 4, 2010).《Measure》接替《Watt's Current?》成為 HP 的內部刊物。《Measure》的靈感來自克耳文勛爵（Lord Kelvin, 1824–1907）的量化主張：「我常說，你能衡量你講的東西並以數字表達時，就表示你了解它。但你無法衡量也無法以數字表達時，那種知識是微不足道的。」

14. Wesley E. Woodson and Donald W. Conover, *Human Engineering Guide for Equipment Designers* (Berkeley and Los Angeles, 1954), p. 2–137.

15. [Allen Inhelder,] "Human Factors Case Study of the 608 Signal Generator," collection of Allen Inhelder.

16. "Those Curious, Creative Industrial Designers," *HP Measure* (May 1965). 這部分的其他資訊是來自艾倫·殷赫爾德（Portola Valley, June 17, 2010）和羅傑·懷爾德（Bethel Island, September 16, 2010）的訪談內容。

17. 朗濤策略設計顧問公司的信箋抬頭印著「工業設計」，當時公司只有一名工業設計師。朗濤提議的商標是以一個垂直的長菱形包住小寫字母 hp，那個設計無法擴展，也無法套用在 HP 產品線的三千多種儀器上。因此，有十年的時間，HP 在文具上印著朗濤設計的商標，但在產品上是採用艾倫·殷赫爾德重畫的設計，以此勉強蒙混過去。不用說，這種失敗的做法在官方聲明〈A Proud Look for a Proud Name〉，*HP Measure* (November 1964) 中當然沒提過。

18. Allen Inhelder, "A New Instrument Enclosure with Greater Convenience, Better Accessibility, and High Attenuation of RF Interference," in *Hewlett-Packard Journal* 27, no. 1 (September 1975): 20; online at http://www.hpl.hp.com/hpjournal/pdfs/ IssuePDFs/1975-09.pdf.

19. House, *The HP Phenomenon*, pp. 180–81 (http://www.hpmuseum.org/hp35.htm). HP 委託史丹佛研究院做的一項研究估計，市場對口袋型計算機的需求不會超過一千台。HP-35 計算機在三年的生命週期中（一九七二年至一九七五年），總銷量逾三十萬台。「總獲利的百分之四十一」這個數字是根據查爾斯·豪斯分析的資料所做的估計，由豪斯與筆者分享。《HP Journal》肯定了相關的工作人員，指出克拉倫斯·史塔德利（Clarence Studley）負責監督 9100A 桌上型計算機的整體機械設計及組裝；羅伊·尾崎（Roy Ozaki）、唐·奧佩雷（Don Aupperle）和工業設計組的其他成員負責機殼的樣式設計；哈洛德·羅克利茲（Harold Rocklitz）和道格·萊特（Doug Wright）負責大部分模具。

20. Edward J. Liljenwall, "Packaging the Pocket Calculator," *HP Journal* 23, no. 10 (June 1972): 12–13. 美國風險投資家麥可·莫里茨（Michael Moritz）指出，賈伯斯委託設計早期 Apple 電腦的外殼時，他的靈感就是來自 HP 的計算機：*The Little Kingdom: The Private Story of Apple Computer* (New York: Morrow, 1984), p. 186。

21. Thomas M. Whitney, France Rodé, and Chung C. Tung, "The 'Powerful Pocketful': An Electronic Calculator Challenges the Slide Rule," *HP Journal* 23, no. 10 (June 1972): 2. 超越函數是指三角函數、對數、指數、其他符號函數；當時多數的計算機只能做四種基本算術運算。「逆波蘭記法」是一種電腦友善公約，讓人使用最少的特殊符號就能輸入複雜的運算式。

22. Chung C. Tung, "The 'Personal Computer:' A Fully Programmable Pocket Calculator," *Hewlett-Packard Journal* 25, no. 9 (May 1974).

23. 其他參考資料包括 David Packard, *The HP Way: How Bill Hewlett and I Built Our Company* (New York: Harper, 1995); House, *The HP Phenomenon*; Michael S. Malone, Bill and Dave (New York: Penguin, 2007)，他的另一本精采好書搶先本章以「心悅之谷」做為書名：*The Valley of Heart's Delight: A Silicon Valley Notebook, 1963–2001* (New York: Wiley, 2002)。

24. Michael S. Malone, *The Big Score: The Billion Dollar Story of Silicon Valley* (New York: Doubleday 1985), pp. 68, 152 (quoting Noyce). 高登·摩爾的說法引自 Richard S. Tedlow, *Andy Grove: The Life and Times of an American Business Icon* (New York: Portfolio, 2006), p. 167；亦參見 *Intel Annual Report* (1972) (http://www.intel.com/content/www/us/en/history/history-1972-annual-report.html)。關於 HP-01，參見 André F. Marion, Edward A. Heinsen, Robert Chin, and Bennie E. Helmso, "Wrist Instrument Opens New Dimension in Personal Information." *HP Journal* 29, no. 4 (December 1977): 2–8。

25. Don Hoefler, "Silicon Valley USA," in *Electronics News* (January 11, 1971).

Foreword by
John Maeda

Acknowledgments

Introduction

The Valley of
Heart's Delight

Research and
Development

Sea
Change

The Genealogy of
Design

Designing
Designers

The Shape of
Things to Come

Conclusion

26. Saxenian, *Regional Advantage*.

27. 一九五四年至一九七六年，帕薩迪納藝術博物館（Pasadena Museum of Art）做過十一場有關「加州設計」的展覽，展示來自加州各地的各種作品，包括獨一無二的工藝品、量產的消費品、特殊場合的工業品。參見 Eudora Moore, ed., *California Design* (Pasadena Museum of Art, 1953)。加州南部的「生活型態」傳統最近在洛杉磯郡立美術館（Los Angeles County Museum of Art）繼續展出：*California Design: Living in a Modern Way*, ed. Wendy Kaplan (Cambridge, MA: MIT Press, 2011)。

28. Avrom Fleishman, "Design on the West Coast, *Industrial Design* 4, no. 10 (October 1957): 49. 這部分的其他資訊取自 *Industrial Design at Wescon*，這是西岸電子製造商協會（Western Electronic Manufacturers Association，一九五八年創立）贊助的出色電子產品年度發表會。

29. 取自羅伯特・麥金（Santa Cruz, February 22, 2012）的訪談內容。Paul Cook, "Design at Raychem, *Design Management Journal* 1, no. 1 (Fall 1989): 14–15. 隨著公司從輻射化學轉向材料科學發展，不再依賴外包商，而是自組一支內部設計團隊，由丹尼斯・塞登（Dennis Siden）領導。保羅・庫克的繼任者羅伯・薩蒂奇（Robert Saldich）表示：「原因在於，我們主要的設計問題是把所有的材料科學能力整合到產品中。我們無法把材料科學和產品設計拆開來看。」Cynthia Ingols, "Three Legs of the Stool: An Interview with Robert J. Saldich, President and CEO, Raychem Corporation," *Design Management Journal* 6, no. 2 (Spring 1995): 14–15. 關於弗里登計算機公司，參見 *Scientific American* (March 1947)。弗里登在一九六五年已經變成勝家縫紉機公司（Singer Sewing Machines）的一個部門，弗里登也是 Flexowriter 自動電傳打字機的製造商。Flexowriter 自動電傳打字機做為終端控制台，是最早及最廣泛使用的電腦輸入裝置之一。

30. Budd Steinhilber, *Looking Back*, II:88: unpublished memoir, cited with the kind permission of Mr. Steinhilber.

31. 法蘭克・蓋爾接受筆者的訪問時，憶起參與開發愛琴娜火箭（Agena）和其他專案的歲月（Stanford, November 16, 2011）。

32. 比爾・德雷斯豪斯與筆者的通訊（May 30, 2012）。

33. "Search at San Jose" (https://archive.org/details/SearchAtSanJose_IBM _RAMAC). 統計控制隨機存取法（RAMAC）以垂直堆疊五十片二十四吋鋁磁片取代了打孔卡和磁帶，有 5 MB 的超大資料儲存空間，是電算史上的一個轉捩點。IBM 305 RAMAC（電子工程）的控制板現在是現代藝術博物館的永久館藏，但是讓人接觸控制板的獨立懸臂門（工業設計）卻並未納入館藏。密西根州的桑德堡—費拉爾設計顧問公司

（Sundberg- Ferar）是 RAMAC 的掛名設計者。參見 Hugh B. Johnston, "From Old IBM to New IBM," *Industrial Design* 4, no. 3 (March 1957): 48–57，亦參見 Office of Charles and Ray Eames, *A Computer Perspective: Background to the Computer Age*, 2nd ed. (Cambridge, MA: Harvard University Press, 1990)。

34. Thomas J. Watson, Jr., "Good Design Is Good Business," in *The Art of Design Management* (New York: Tiffany, 1975); James F. Ryan, "Why IBM Products Look as They Do: It's by Design," in *Think* (internal publication: May 1973), pp. 45–49. 關於 IBM 的企業設計案，參見 Gordon Bruce, *Eliot Noyes* (New York: Phaidon, 2007)，以及約翰・哈伍德（John Harwood）的精采研究 *The Interface: IBM and the Transformation of Corporate Design, 1945– 1976* (Minneapolis: University of Minnesota Press, 2011)。艾略特・諾伊斯本人講述「工業設計進展報告」（Industrial Design Progress Report）（December 1957）（http:// www-03.ibm.com/ibm/history/ibm100/us/en/icons/gooddesign/）。

科特爾路園區，尤其是那棟指標性的二十五號建築，多年來在史蹟保護上一直是一大爭議。法院裁定聖荷西保存行動協會（San Jose Preservation Action Council）勝訴不久，二〇〇八年三月八日該建築就在一場黎明前的無名大火中燒毀。現在那裡是一家大型的家居修繕五金量販店。

35. 取自唐納・摩爾（Aptos, CA, September 7, 2013）和愛德華・盧西（Edward Lucey）（Los Gatos, CA, September 4, 2013）的訪談。最初的聖荷西設計中心團隊包括傑克・斯金格、約翰・賈格（John Jagger）、戴夫・莫爾（Dave Moore）、黛格瑪・艾諾（Dagmar Arnold）。艾諾是普瑞特藝術學院畢業生，也是矽谷第一位女性工業設計師。

36. "Design in IBM"（內部文件，未標註日期）和霍利斯特（C. C. Hollister）的機密簡報 "The IBM Design Program"（June 1973），史黛西・卡絲提洛（Stacy Castillo）大方提供，IBM Corporate Archives。

37. Steinhilber, *Looking Back*, II:76. 亨利・德雷福斯從洛杉磯談到：「我們東岸的客戶為我們在西岸設立事務所誠心喝采。」那可能是因為航空郵件可以在十八小時內，就把繪圖、草圖和其他細節從他的紐約事務所送到帕薩迪納的事務所：*Western Advertising* 49, no. 5 (June 1947): 60。

38. 採訪傑・威爾森（Los Gatos, March 15, 2010）。同時也訪問了比爾・德雷斯豪斯。

39. Friedrich Engel and Peter Hammar, "A Selected History of Magnetic Recording" (http:// www.richardhess.com/tape/history/Engel_Hammar--Magnetic_Tape _History.pdf), 2006; Don V. R. Drenner, "The Magnetophon," *Audio Engineering* (October 1947). John Leslie and Ross Snyder, "History of the Early Days of Ampex Corporation," *AES Historical Committee*

Foreword by
John Maeda

Acknowledgments

Introduction

The Valley of
Heart's Delight

Research and
Development

Sea
Change

The Genealogy of
Design

Designing
Designers

The Shape of
Things to Come

Conclusion

(October 14, 2010) (http://www.aes.org/ aeshc/docs/company.histories/ampex/leslie_snyder_
early-days-of-ampex.pdf). 訪問約翰・萊斯利（Portola Valley, September 1, 2010）。

40. 梅朗・斯托拉羅夫與羅斯・史奈德（Ross Snyder）的對話，Lone Pine, CA (July 27, 2004). Peter Hammar, "[Harold Lindsay:] In Memoriam," *Journal of the Audio Engineering Society* 30, no. 9 (September 1982): 691–92。

41. Harold Lindsay, "Welcome to New Employees" (March 1976)；賴瑞・米勒提供錄音給筆者。哈洛德・林賽的說法傳達了初代核心團隊的精神，但那頂多是一種誇示表達法。其實當時已經有大量的文獻可以參考，雖然大多是德文寫成。

42. 羅比・史密茲與約翰・萊斯利、華特・塞斯泰德（Walt Selsted）、法蘭克・雷納特（Frank Lennert）、羅斯・史奈德、（遠距）梅朗・斯托拉羅夫的對話（Portola Valley, CA, December 4, 2001）。這次歷史性的錄音是賴瑞・米勒提供給筆者。

43. Harold W. Lindsay, "Precision Magnetic Tape Recorder for High-fidelity Professional Use," *Electrical Manufacturing* (October 1950), pp. 134ff. Scully 磁盤切刻車床是在錄音室製作實刻磁盤的業界標準；十六吋黑膠唱盤磨損快又很難編輯。訪問賴瑞・米勒（San Mateo, California: October 1, 2010, and November 17, 2010）和彼得・哈瑪（Peter Hammar）（電訪，November 16, 2010）。

44. 賴瑞・米勒與筆者的對話（Burlingame, CA, January 13, 2011）。史丹佛大學的檔案管理員亨利・洛伍德（Henry Lowood）也參與了這次對話，對話的地點是在存放 Ampex 博物館剩餘館藏的倉庫。

45. 該公司的多版行銷口號之一。

46. 美國工業設計師協會公認約瑟夫・席奈爾是美國第一位以「工業設計師」自居的人，他於一九二〇年在個人信箋上印了那個用語。

47. 訪問道格拉斯・廷尼（Fremont, September 24, 2010）；傑・威爾森與筆者的談話（September 4, 2010）。廷尼是一九七七年至一九九九年在 Ampex 任職，擔任平面設計部主管。威爾森是一九七三年至一九八七年在 Ampex 任職，史塔利第一批招募來工業設計組的員工之一。

48. 訪問達瑞爾・史塔利（Santa Clara, September 3, 2010）和傑・威爾森（Los Gatos, March 15, 2010）。即便是今天，每年依然到奎斯塔公園（Cuesta Park）參加年度「老玩家」野餐的工程師中，仍有很多人不知道工業設計部的存在，或懷疑那是因為管理高層充滿了不懂技術的 MBA，所以硬塞給工程部那些沒必要的累贅。

49. Robert Lubar, "Five Little Ampexes and How They Grew," *Fortune Magazine* 61 (April 1960); Richard J. Elkus, *Winner Take All: How Competitiveness Shapes the Fate of Nations* (New York: Basic Books, 2008)；理察・艾爾格斯（Richard J. Elkus）身為 Ampex 的董事長，

負責拯救這家即將破產的公司，使它持續運作了十年。Richard S. Rosenbloom, "Ampex Corp. (A)." Harvard Business School Case 658-002. 另一版較多軼事但較少深刻見解的描述，參見 Malone, *The Big Score*, pp. 62–68。

50. Steinhilber, *Looking Back*, II: 103〔稍微編輯過〕。

51. Myron Stolaroff, *Thanatos to Eros, 35 Years of Psychedelic Exploration* (Berlin: VWB, 1994)；關於梅朗・斯托拉羅夫在矽谷的反主流文化中的地位，參見 John Markoff, *What the Dormouse Said: How the Sixties Counterculture Shaped the Computer Industry* (New York: Viking, 2005), chapter 1。亦參見 Theodor Roszak, *From Satori to Silicon Valley* (April 1985) (http://searchworks.stanford.edu/view/323124)。

52. 訪問艾倫・殷赫爾德（Portola Valley, CA, August 4, 2010）；達瑞爾・史塔利，IDSA-SF *News 8*（October 1977）。

53. 這些用語是筆者和麥克・貝瑞及艾倫・殷赫爾德談話時，他們分別聊到 Ampex 和 HP 的狀況時提到的。

54. Clara Louise Lawrence, "The Valley of the Heart's Delight" (1931)：「心悅之谷的四月美景，任何筆刷都無法彩繪，任何畫筆都無法描摹。」

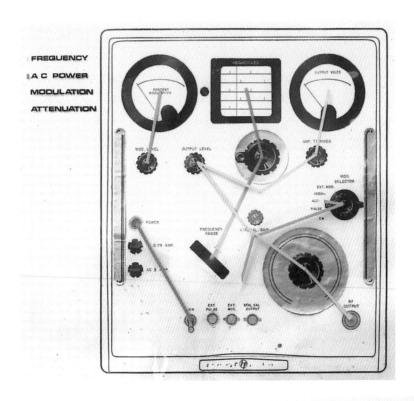

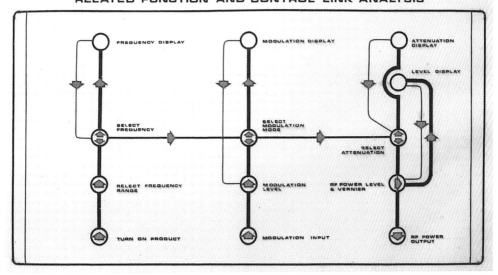

圖 1.1

前／後：相關功能和控制連結分析。資料來源：collection of Allen Inhelder。

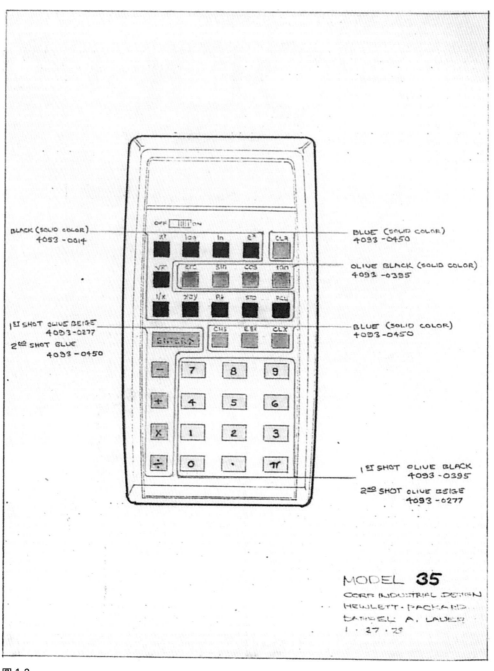

圖 1.2

達瑞爾‧勞爾（Darrell A. Lauer），企業工業設計：Model 35 科學計算機色彩研究（1.27.73）。
資料來源：Hewlett-Packard Corporate Archives。

圖 1.3

弗里登公司 Model ST-W 機電式計算機。無外殼和「有外殼」。Courtesy
of the Old Calculator Museum. http://www.oldcalculatormuseum.
com/fridenstw.html

圖 1.4

IBM 一般產品部，聖荷西科特爾路（1958）。建築師：約翰‧薩瓦吉‧博
爾斯；景觀設計師：道格拉斯‧貝利斯（Douglas Baylis）。「Think」廣
告，1962；攝影師不明。

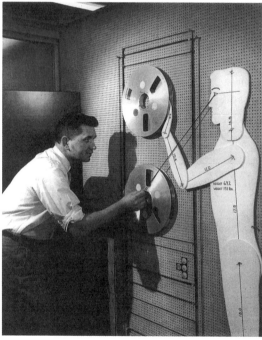

圖 1.5

從有品味的工程師到工業設計師。上圖：哈洛德・林賽與 Ampex Model 200A；下圖：Ampex 工業設計部經理法蘭克・沃爾許與發聲人體模型「一般人艾爾默」（Elmer Average）。資料來源：Department of Special Collections, Stanford University Libraries: Ampex collection, M1230, Box 53, folder 7439。

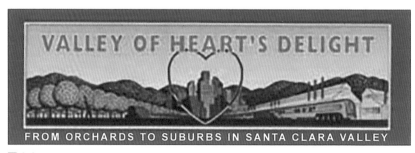

圖 1.6

02

Research and Development

研發

一九六〇年代中葉，「人體工學」的研究暴增。在密西根州，赫曼米勒公司（Herman Miller）把研究部門獨立分拆出去，成立新的公司，使命是「在家具產業外尋找問題，為它們構思解決方案」。總部位於康乃狄克州的全錄在影印機產業享有近乎獨占的地位，因此現金滿缽。他們宣布在帕羅奧圖開設最先進的研究設施，目的是研發「未來的辦公室」。在帕羅奧圖的史丹佛研究院，恩格巴特設立人類智識增益研究中心（Augmented Human Intellect Research Center），為散布在不同時空的知識工作者探索「提高集體智商」的協作工具。這些計畫在多變及研究導向的矽谷文化中，難免會緊密地交織在一起。電腦在這種文化中迅速成為設計的物件，同時也是設計的工具。

矽谷這一帶因企業研究中心、民間智庫、學術機構如雨後春筍般出現，連串的技術突破應運而生。這些技術突破轉換成產品開發時，不僅改變了工作方式，也顛覆工作的定義。恩格巴特的實驗室就是一個經典的例子。一九六八年，恩格巴特獲得 NASA（美國航太總署）的八萬美元補助金，再加上他與赫曼米勒公司的研究總監羅伯‧普洛斯特（Robert Propst）往來日益緊密，開始搜尋有創意的設計概念，以便在規畫整個實驗室及其核心系統（名為 NLS〔oN-Line System，線上系統〕的網路裝置）時，能獲得一些指引。史丹佛研究院的副總監比爾‧英格利希（Bill English）跳槽到全錄帕羅奧圖研究中心時，把 NLS 的關鍵元件一起帶了過去，因此促成全錄奧圖電腦（Xerox Alto）的原型，以及後續的商業機種 Star 工作站的演進。隨著個人電腦、甚至可攜式電腦的概念開始從實驗室流出，流到由創投公司出資成立的新創公司，一些全錄的資深研發老將開始尋找設計師，幫他們把創新技術轉化為可上市銷售的產品。設計確實在電腦的塑造上扮演了一角；不過，電腦在塑造「設計」這一行上，扮演更吃重的角色。

隨著電腦的使用從機房移到辦公室，並準備進入家庭，這番轉變所創造出來的產品機會，光靠科學家和工程師無法實現，而設計師正好可以在研究與開發之間補上缺失的環節。偏偏在加州北部，設計師實在少之又少。一九七四年，美國工業設計師協會的舊金山灣區分會，只有九家設計事務所登記成為會員。而且，基於顯而易見的原因，他們都未曾做過電腦方面的設計案，沒用過電腦工作，甚至大多連電腦都沒看過。GVO 合夥事業是其中一家設計事務所，創辦人以前曾在 HP 和 Ampex 的企業設計部任職。後來，這種獨立的設計顧問公司在矽谷創新的生態系統中扮演關鍵要角，GVO 可說是這類獨立業者中的第一家。

GVO 剛成立的最初五年，忙著開發客戶，也努力維持營運資金至少付得起一個月的房租。一開始，創業夥伴本來想套用在美國其他地方證明可行的一種營運方式[1]：以設計與廣告之間的自然緊密關係做為事業基礎。然而，在聖塔克拉拉，這裡的公司通常是受到新科技的推動，而不是受消費需求的牽引，而且新科技和消費需求似乎彼此相互牽制。一九七一年，歐普曼答應出售合夥事業的股權，退出GVO。剩下的兩位合夥人把事業重組成格呂耶—沃格設計公司（Gruyé-Vogt Organization，簡稱仍是 GVO），搬遷到帕羅奧圖市區的塔索街（Tasso Street），並把營運焦點放在更平實的工業設計及秀展設計上。

他們的客戶主要是來自傳統產業，但格呂耶和沃格把設計圈推向了全新的未知版圖。一九七〇年至一九七一年的經濟衰退差點使他們關門大吉，不得不解雇十五名職員中的多數人，沃格還抵押了自己的房子來支應公司的營運。不過，到了一九七〇年代中葉，他們已經開始重建核心團隊。約翰・加德（John Gard）本來在芝加哥的美爾博特顧問公司（Mel Boldt）從事消費性產品設計，他貿然打了一通毛遂自

薦的電話到 GVO，劈頭就說：「你不認識我，不過我們做的事情一樣。」格呂耶一聽，馬上回他：「什麼事情一樣？你是指賠錢嗎？」不過，加德後來還是接受了 GVO 提出的一萬四千美元年薪，於一九七四年四月搬到加州。接著，一九七五年，工業設計師艾略特‧布蘭克（Elliot Blank）和史帝夫‧亞伯特（Steve Albert）加入 GVO。一九七六年，邁克‧懷斯（Mike Wise）也加入 GVO，負責模型製作——但在那個草創時期，每個人都身兼數職。當時，偶爾會有剛從設計學院畢業的新鮮人直接登門尋求基層的工作，格呂耶和沃格只好從工作間走出來，在渾身沾滿鋸末的情況下，臨時展開面試。

比純粹成長更重要的是，原始的商業模式也逐漸演變，以符合矽谷產業的需求。對矽谷的產業來說，技術因素還是主要考量，人因頂多只排第二位。塔索街的辦公樓房是格呂耶的個人資產，他把一些辦公空間出租給一位機械工程顧問，那位顧問很有耐心地為設計師解答了許多技術問題。沃格從事工業設計之前曾主修工程，對技術一直很感興趣。後來，那位機械工程顧問搬到更大的辦公空間後，他們開始思考在公司裡增設一個工程部門。

當時，把設計師和工程師放在同一個地方共事並不常見，但他們的工作性質需要這麼做。第一個工作機會是為克帝斯公司（Cordis Corporation）做的專案。克帝斯與陶氏化學（Dow Chemical）合資成立的公司開發了一種先進的血液透析裝置。一九七六年，克帝斯聘請 GVO 來為那款血液透析裝置做工業設計。在那個為期兩年的專案中，設計師持續堅持要兼顧機器的操作實用性與機器外型的親和力。操作實用性是為了操作機器的技師著想，外型親和力則是為病患的體驗著想。那兩年間，克陶團隊（Cordis-Dow）的工程師逐漸對設計師的那番堅持肅然起敬。GVO 的設計師也逐漸明白，他們不能把這類產品的設計當成「以精美造型來掩飾複雜技術」的問題來看待。這個專案

Foreword by
John Maeda

Acknowledgments

Introduction

The Valley of
Heart's Delight

Research and
Development

Sea
Change

The Genealogy of
Design

Designing
Designers

The Shape of
Things to Come

Conclusion

結束後，沃格邀請克陶團隊首席工程師羅伯‧哈爾（Robert Hall）加入 GVO，幫 GVO 打造工程團隊。一開始，哈爾的角色不是在做工程，而是為 GVO 的設計師和客戶解說工程，但後來那逐漸演變成一個正式的部門，內建一個原型實驗室，裡面配備了 Auto-Trol 公司的 CAD（電腦輔助設計）系統以及剛問世的傳真機。不過，在其他方面，合夥人的調適速度緩慢，對新的趨勢也過於小心審慎。十年後第一批從聖荷西州立大學畢業的年輕人加入 GVO 時，沃格對他們受到現代主義啟發的扁平板坯設計深感懷疑，還數落他們：「你們這些傢伙的問題在於，從來沒學過以黏土做設計。」[2]

　　GVO 公司的策略理念是，趁早引進專案，並從一開始就把工程和設計整合在一起。當時，這是一種大膽的創新，因為在限制很多的科技產業裡，你很難說服客戶接受「定位恰當的控制鈕」、「實用的機殼」、「一貫的風格值得投資」等觀念。GVO 之所以增設工程部門，就是為了提升他們在這方面的說服力，後來結果也證明了這樣的冒險相當睿智。幾年內，GVO 就在矽谷這一帶塑造了獨到的特色，客戶名單包括不少重量級科技公司，例如辛泰製藥（Syntex）、美瑞思、安迅（National Cash Register, NCR）、國家半導體、英特爾、瓦里安（Varian）。他們甚至打入一個設計業幾乎從未接觸過但對未來有決定性影響的新興產業：電腦業。

　　奧斯本電腦公司（Osborne Computer Company）如今在矽谷的編年史上幾乎是一個完全遭到遺忘的註腳，但它在某個短暫期間曾差點主宰了整個個人電腦的市場。這家公司是由亞當‧奧斯本（Adam Os-borne）和李‧費爾森斯坦（Lee Felsenstein）意外聯手創立的。奧斯本是個有趣、抱負遠大的創業家；費爾森斯坦是知名「自組電腦俱樂部」（Homebrew Computing Club）的創辦人，也積極提倡哲學家伊凡‧伊利奇（Ivan Illich）的主張（人民應追尋「歡樂工具」*）。奧

斯本電腦公司是第一家推出平價便攜式微型電腦的企業，商務人士可以帶著這款電腦搭機，直接把電腦放在機位底下。那台電腦的原型在一九八一年四月舉行的西岸電腦展上風光亮相，但原型機的金屬機殼又重又貴，所以依照那個年代的典型做法（亦即把設計師當成次要角色），他們把原型機交給 GVO 做進一步的開發。懷斯以真空成型及壓力成型做了初步的實驗（概略地說，就是從下方施加吸力，以及從上方施加壓力），奧斯本在一份內部備忘錄中形容，如此又吸又壓的結果，把原型變成了「醜小鴨」。在後續的改良中，菲利浦‧布吉瓦（Philip Bourgeois）打造了一個精巧的射出成型外殼，可以在兩分鐘內把電腦收好。九月，十一‧七公斤重的 Osborne 1A 電腦，連同內建軟體、五吋螢幕、折疊鍵盤、手提把手，成為世上第一台攜帶式個人電腦，創下了每月一萬台的驚人銷量，可說是盛況空前。[3]。

奧斯本電腦公司後來因為與 IBM 及康懋達陷入激烈的競爭，加上奧斯本犯了一個慘烈的行銷錯誤而殞落。奧斯本公司的失敗，使 GVO 的合夥人開始謹慎地看待未經考驗的電腦業，以及那些同樣未經考驗的電腦界人士。因此，後來又一對「難民」穿著牛仔褲和 T 恤前來沃格的辦公室，提議以公司股份交換價值一千七百美元的設計服務時，沃格婉拒了；那家公司是在愚人節創立的，以水果為公司命名。日後沃格悔不當初地說：「問題是，那個年代像 Apple 那樣的公司來去匆匆……所以我們當時決定略過不理。」[4]

總之，在比較成熟的產業裡，還有很多設計工作可以承接。不過，這時矽谷開始呈現出那一帶獨有的新特色。一九八〇年代初期，在創新過熱的氛圍中，GVO 努力爭取的許多企業客戶都要求：啟動

---

* **譯注** | 伊利奇是教育制度的批評者，認為學校制度壓迫了學生的自主性與創意，只有「歡樂工具」能讓學生在學習中自然而然地受到鼓舞。

昂貴的新產品計畫之前，要先看到證據顯示計畫可行。設計師對於自己身為技術承包商的角色，只能把「糟糕的點子執行得很好」，感到日益失望。[5] GVO 為了解決客戶及他們自己日益感到失望的問題，逐漸從一家實務導向的公司轉變成研究導向的公司。在五、六年間，有三個專案顯示，在矽谷新興的專業實務模式中，研究扮演日益重要的角色。

第一個專案是為帕羅奧圖的製藥巨擘辛泰製藥做的。辛泰製藥在十年前跨入動物保健領域，在天然牛激素和抗寄生蟲藥方面都推出銷量極佳的產品。那些藥品都是運用頂尖的科學，但施打藥物的方式卻很原始——強行從動物的口部灌食，無論是牛或牧工都不喜歡這種方式。辛泰製藥的科學家希望探索把專利配方直接注入動物瘤胃的可行性（瘤胃就是寄生蟲所在的位置），但他們不知道該怎麼做，所以一九八二年向 GVO 公司求助。

GVO 公司的幾位工業設計師原本希望，做了那個專案後，可以為雷蒙德・洛威、亨利・德雷福斯（Henry Dreyfuss）、華特・道文・蒂格（Walter Dorwin Teague）等著名的設計公司設計引人注目的消費性產品。諷刺的是，瘤胃注射器反而被美國工業設計師協會評選為「年代最佳設計」（Designs of the Decade）之一。[6] 這項肯定有部分是源自於實際設計之前及過程中他們做了前所未有的研究。沃格親自領導團隊前往牧場，實地訪問獸醫、牧場經營者和牧工。那些研究促使他們走訪加州、澳洲、科羅拉多州等地的飼養場，當地人還請他們享用在地美食，例如炸牛睪丸。當同業因為設計消費性產品而成為人體工學的專家時，他們只好接受自己變成「牛體工學」專家的事實。不過，他們後來開發出一種高度自動化的注射裝置，可以達到百分之百的精確度及零浪費，而且操作者只需要十分鐘的訓練就能夠操作自如。那項設計不僅獲得客戶的肯定，也得到專業設計圈的普遍讚譽。

幾年後，工業建築控制的全球製造商江森自控（Johnson Controls International, JCI）找上 GVO 公司。江森自控因受到強大競爭對手所迫，想要降低板金機櫃的製作成本。這個要價一千美元的板金機櫃是用來裝管控建築環境、用電、照明、防火設備、安全系統的開關和電路。結果 GVO 的提案是一個要價三萬美元的板金機櫃。不用說，這個故事的內情當然是比表面看起來還要複雜。

在 GVO 營運之初，他們會依循美國工業設計公司的慣例，直接把這類專案當成解決「形式和製作」的問題來看待。但是，從研究的角度來看，機櫃的尺寸其實是某個更大問題的表象，那個更大的問題需要系統化去了解。所以，GVO 組成一個核心團隊，不僅包括自家的工業設計師，也包含江森自控的管理者、軟體工程師、技師、業務人員。GVO 帶這群人實地進行評估，這在今天可能稱為全方位的生命週期評估。他們一起實地觀察機床和製造設施；跟著運送、安裝、維修裝置的人員一起搭乘卡車了解流程；收集定性資料、攝影證據和軼事資訊，讓小組中的江森自控成員沉浸在客戶的世界裡，對很多江森自控成員來說，這也是他們首度體會客戶的世界。GVO 的首席設計工程師在專案進行一半時辭職，因為他無法因應這種開放式的做法，而且專案進行過程中需要持續地安撫和籠絡客戶：為了捍衛計畫的施行，避免組織內部的反對聲浪扼殺了新概念，他們在江森自控內部成立一個猶如獨立公司的團隊，並在企業的監督下運作。這個團隊累積了數千英里的飛行里程，在那個尚無電子郵件的年代，他們拖著電腦往返於加州和江森自控位於密爾瓦基的總部之間。

這種實地走訪所衍生的關鍵見解顯示，最終產品（機櫃）其實只是一個更大系統中的小組件。而在那個更大的系統中，充斥著缺乏效率的東西。特別是，安裝與維修控制機櫃，以及協調許多熟練技工的勞力成本，遠遠超過產品本身的成本。最後的解決方案是一個模組化

Foreword by
John Maeda

Acknowledgments

Introduction

The Valley of
Heart's Delight

Research and
Development

Sea
Change

The Genealogy of
Design

Designing
Designers

The Shape of
Things to Come

Conclusion

的系列，搭配可升級的嵌入式面板。那套方案是在 GVO 的帕羅奧圖工作室設計，並由 GVO 協助製造出來。[7] 那套設計上市後深獲好評，江森自控的最初投資在系統安裝的生命週期中可以回收很大的效益，省下數十萬美元成本。

第三個專案為整個故事劃下了完滿的句點，那是為日商佳能公司（Canon）做的案子。佳能發現他們的彩色印表機銷量很好，但不知怎的，很少家庭採購這種印表機。一九九二年，佳能聘請 GVO 來找出家庭抗拒採購的原因。面對這種問題，一般的工業設計流程可能是這樣：從分析現有的產品開始展開作業，接著評估產品與競爭對手的比較，探索替代的材質、拋光、製作方式，最後交出來的成果可能是改良的模型，改變了風格或品牌，增添一些新花樣，讓它「煥然一新」。但 GVO 最後交出的成果，與科技業盛行的常態形成了鮮明的對比。GVO 不是交出改良的產品，而是交出一份檔案。他們精挑細選三十個家庭來做研究，結果發現上班族是在工作結束時按「列印」，但家裡的人是在展開家庭活動之初比較可能需要列印東西，例如製作相簿、孩子繪圖、規畫假期。GVO 在名為〈居家列印研究〉的報告中，建議佳能公司不要再把家用印表機想成換個地方擺放辦公用的印表機，而是應該把家用印表機視為一種家電，內建特殊的軟體功能。換句話說，客戶需要的不是一個更好的答案，而是一個更好的問題。

辛泰製藥、江森自控、佳能等客戶對 GVO 提出的挑戰，迫使 GVO 從熟悉的工業設計領域，跨入民族誌研究、人類學實地調查、社會學分析等陌生的領域。他們最初採取的行動是試探性的，大多是憑直覺——「那只是設計師和工程師走到流程前，提出愚蠢的問題。」[8]——但是後來他們招募了一批訓練有素的專業人才加入公司，為他們累積的經驗增添了正式的嚴謹性，也使設計研究穩定演化

成一種獨特的服務。一九九二年，蓋瑞・韋麥爾（Gary Waymire）離開密西根州安娜堡（Ann Arbor）的赫曼米勒研究公司，加入 GVO。翌年，社會學家湯姆・威廉姆斯（Tom Williams）加入；一九九七年，人類學家蘇珊・斯奎爾斯（Susan Squires）也加入。另外，GVO 把曾在 Ampex 和雅達利任職的麥克・貝瑞（Michael Barry）找來擔任產品設計師。貝瑞喜歡偷偷溜進史丹佛大學上文化研究課程。自從他加入 GVO 後，GVO 的書架上開始出現羅蘭・巴特（Roland Barthes）的《神話學》（*Mythologies*）、克利弗德・紀爾茲（Clifford Geertz）的《文化的詮釋》（*The Interpretation of Cultures*）、厄文・高夫曼（Erving Goffman）的《框架分析》（*Frame Analysis: An Essay on the Organization of Experience*）等書籍。[9] 隨著他們的分析框架開始從材料和製造，轉移到人類行為習慣的研究，連最平淡無奇的問題在他們的眼中也顯得豐富、困難、有趣多了。

在矽谷這個創新引擎的發展上，人文科學扮演關鍵要角的趨勢日益明顯，但人文科學融入矽谷的過程不是一直都很順遂或容易。後來，GVO 的工程、設計、研究部門之間開始出現文化衝突，客戶對未經測試的方法特別謹慎小心。學者是在不圖利益的學術圈裡受訓，他們往往抗拒應用型的研究必須做一些改變。設計師常覺得，他們自己也不知道該怎麼解釋某些領域，卻需要自己去探索。韋麥爾雖然已經是資深的研究者，但他還記得他第一次主張以民族誌做為設計方法時，連擺放幻燈片的手都在發抖。這時 GVO 內部出現的概念重組，預告了決定「矽谷設計」未來走向的一大關鍵要素。但這個時機可說是再糟不過了：網路泡沫即將破裂，GVO 在網路泡沫破滅後跟著滅頂。內部衝突的裂痕早就使 GVO 分崩離析，網路泡沫的破裂使它加速破產，並於二〇〇一年九月關門大吉。[10]

GVO 的設計師當然不是率先採用實地走訪的方式以了解客戶的

Foreword by
John Maeda

Acknowledgments

Introduction

The Valley of
Heart's Delight

Research and
Development

Sea
Change

The Genealogy of
Design

Designing
Designers

The Shape of
Things to Come

Conclusion

問題根源，接著才窩在工作室裡設計形式。不過，身為一家大型的設計顧問公司，以民族誌做為設計方法可說是核心商業模式的策略性轉變，那代表一種前所未有的新發展。[11] 當時，人類學家受雇於美國企業的比例不到百分之二十，設計業裡幾乎沒有公司雇用人類學家。社會學家的加入 —— 例如全錄帕羅奧圖研究中心的露西・薩奇曼（Lucy Suchman）、HP 的邦妮・納迪（Bonnie Nardi）、雅達利研究實驗室的布蘭達・洛蕾爾（Brenda Laurel）、Interval Research Corporation 的邦妮・詹森（Bonnie Johnson）、GVO 的蘇珊・斯奎爾斯等人——象徵著轉變的微弱開始，那些轉變不僅出現在設計圈的性別平衡上，也出現在研究方法的重心上：從窩在工作室埋頭設計，走向實地調查；從發掘渴望，變成分析需求；從獨立的技術製品，變成薩奇曼所謂的真正目標使用者的「情境體驗」（situated experience）[12]。有些人覺得這種轉變只會破壞設計師好不容易才打造出來的脆弱公信力，所以他們決定要往其他的方向發展，例如工業設計師傑・威爾森——他們的分道揚鑣預示了如今設計圈中盛行的激烈爭議。有些人則是樂於把握這個機會來精進工具，不再拘泥於物件設計（例如麥克・貝瑞、羅伯・哈爾、蓋瑞・韋麥爾）。還有第三群人，包括彼得・洛（Peter Lowe）、羅伯特・布倫納（Robert Brunner）、傑夫・史密斯（Jeff Smith）、傑拉德・弗伯蕭（Gerard Furbershaw）等人，離開 GVO 後，一起創立 Interform 顧問公司，在第一代和第二代矽谷設計公司之間形成重要的溝通橋梁。

有整整十年的時間，GVO 在設計顧問業幾乎是獨樹一格，別無競爭對手。這種情況後來才慢慢改變，第一次出現競爭跡象是發生在格呂耶、沃格、歐普曼創業一年後，但那是一時的情境造成的，不是因為企業對設計服務的需求增溫所致。克萊門黯然離開 HP 後，轉往

剛成立的光譜物理公司（Spectra Physics）任職。光譜物理公司主要是為微電子和半導體產業供應精密的光學設備。克萊門為光譜物理公司的氦氖感應離子雷射器做了「精密實用的設計」，讓他在一九六五年的西岸電子產品展暨會議中獲得知名的頂尖先驅獎（Pacesetter award），也終於在企業裡晉升到他嚮往已久的高階管理職位。[13] 在設計成就的鼓舞下，再加上拿到優渥的遣散費，克萊門於一九六七年離開光譜物理公司，創立 DesignLabs。他為公司取這個名字，是為了強調創作藝術家的工作室和研究科學家的實驗室有極大的差別。

幾年內，DesignLabs 從克萊門家中的一張製圖桌，發展成有十多名員工的事務所，並為高科技的客戶完成了十六項專案。那些客戶遍及資料處理、醫學、工業、科學等產業：為孟山都（Monsanto）設計晶圓盒的存放裝置；為韋薩科技公司（Versatec）設計靜電印刷機；為葛蘭素史克（SmithKline）設計自動化細胞組織染色機。維持固定的客源一直是一大挑戰，所以克萊門沒案子時，便利用空閒時間去幫美國工業設計師協會成立舊金山分會，並在聖荷西州立大學開工業設計課，也受到史丹佛大學產品設計系之邀去授課，那是他以前在麻省理工創意性工程研習班遇到的恩師阿諾德所創立的系所。

一九七二年六月，加州仍緩慢爬出經濟衰退的谷底，此時克萊門收到英格利希的熱情來信。信中提到，帕羅奧圖研究中心看上三家出色的設計公司，而 DesignLabs 是其中一家。帕羅奧圖研究中心是兩年前全錄在美西成立的分支機構，目的是希望善用史丹佛大學及加州大學柏克萊分校的學術圈，以及矽谷那些看似無窮無盡的科技專才。帕羅奧圖研究中心的系統科學實驗室（System Sciences Laboratory, SSL）對三家設計公司發出了需求建議書（request for proposal, RFP），那份需求建議書具體說明了「智慧擴增系統」（intellectual augmentation system）的五個要素。[14]

Foreword by
John Maeda

Acknowledgments

Introduction

The Valley of
Heart's Delight

Research and
Development

Sea
Change

The Genealogy of
Design

Designing
Designers

The Shape of
Things to Come

Conclusion

那份設計綱要十分直截了當,與它描述的革新性系統形成鮮明的對比。設計綱要以近乎平凡無奇的語言,描述一種「取代筆記本和筆」的裝置,由一個垂直的 CRT 螢幕和一個水平的表面構成,水平的表面上可以放傳統的鍵盤、小型的二位元鍵區、一個奇怪的「書寫指向裝置」。不過,對克萊門來說,那些說明已經相當清楚了,所以他欣然回應:「我們認同您的看法,我們也覺得一個全新的概念是必要的,那不僅可以突顯出系統的本質,也讓使用者 —— 或稱為當事者 —— 覺得那就像自我的延伸。」[15] 他估計他可以在二十六週後提交兩個完全建檔及完成的原型給帕羅奧圖研究中心,開發與材料費的合計報價是一萬兩千九百八十美元。

克萊門宣稱他「設計」了第一台個人電腦,他的自豪感很合情合理。對於這項榮耀後來似乎落在 Apple 電腦上,他感到憤恨不平。然而,事實遠比表象還要複雜。事實上,一九六八年十二月在舊金山半年一度的聯合電腦大會上,系統的所有組件就公開展示了。英格利希擔任幕後主導,恩格巴特向一群習慣使用打孔卡和紙帶卷的電腦科學家示範,如何以電腦做為溝通與協作的互動媒介。恩格巴特站在訂製的控制台前放輕鬆,不停地透過耳機和南方三十英里外位於門洛帕克的團隊通話,他的左手放在二位元鍵區上,右手放在滑鼠上,「以雙手操作閃電」,讓世界第一次目睹電腦是個實體互動的設計體驗,而不是一個無實體的電子大腦。[16]

恩格巴特的 NLS 雖然如今在技術用語上仍遭到曲解,一九六〇年代他在史丹佛研究院的長官也是如此誤解,但他總是堅稱 NLS 不是機器,而是一套「提升」、「補充」或「擴增」人類智慧,以及讓分散在各地的「知識工作者」即時分享知識的系統。不過,NLS 概念的首度具體化無疑是實體的:要價十萬美元、書桌大小的 CDC 160A 電腦工作站,配備有如舷窗的 CRT 顯示器、從 IBM Selectric 電

動打字機拆來的鍵盤，以及多種實驗性的點擊裝置（不同的時間點，他們分別用過頭戴式、膝上式、手持式點擊裝置），讓操作者點選及操作螢幕上的「物件」。恩格巴特預期，隨著新工具的推出，「工具和使用者之間會出現共演化（co-evolution）」。這個假說本質上是主張：硬體和軟體工具將來需要操作者的認知參與度越來越高。如今我們常說的「使用者親和性」（user-friendliness）概念，假如那個年代就存在的話，恩格巴特可能會嗤之以鼻，但他還是很贊成放鬆、符合人體工學的工作環境。[17]

恩格巴特在構思及裝配實驗室時，對於實體、社交、心理因素同樣重視。[18] 在這方面，他與赫曼米勒研究公司總裁普洛斯特的看法一致。普洛斯特遠見過人，他就像恩格巴特那樣，大量吸收及運用行為心理學家、人類學家、數學家的研究成果。他倆的相似不是劇作家和史學家喜歡強調的那種偶然巧合，他們在創作最豐富的年代確實交情匪淺。相較於家具設計師這個稱謂，普洛斯特更喜歡以「在變遷世界中研究大問題的研究者」自居[19]。恩格巴特在聯合電腦大會上做那場知名的產品示範之前，普洛斯特才剛以著作《辦公室：應變設施》（_The Office: A Facility Based on Change_）顛覆保守的家具產業。他在那份研究中主張，靈活、模組化的「工作站」是因應資訊飽和世界的唯一方法。[20] 那本書的出版，刻意和赫曼米勒第二代活動辦公室（Herman Miller Action Office II）的發表時間同步。第二代活動辦公室對美國工作環境的影響，可說是僅次於網絡化的電腦工作站。[21] 事實上，借用恩格巴特的核心概念來說，個人電腦和個人工作站可以說是「共演化」了。

科學家和設計師之間的相互吸引力並不難理解：普洛斯特就像恩格巴特，對硬體本身其實不感興趣，他真正感興趣的是如何在「資訊氾濫」的時代，讓人類發揮最佳績效。在研究的過程中，他積極尋找

Foreword by
John Maeda

Acknowledgments

Introduction

The Valley of
Heart's Delight

Research and
Development

Sea
Change

The Genealogy of
Design

Designing
Designers

The Shape of
Things to Come

Conclusion

「績效特別出色者」，亦即能以特別有創意的方式處理大量資訊的人。恩格巴特很喜歡克里斯多福・亞歷山大（Christopher Alexander）的著作，亞歷山大認為人使用空間的方式比建築定義人的方式更重要；普洛斯特則是很喜歡研究把辦公室從工作場所轉變成「思考場所」的實務。[22] 普洛斯特認為「大腦才是辦公室的真正使用者」，他率先主張電腦不僅是現代模組化辦公室的核心，也是設計這種辦公室的工具。他曾經描述，設施的設計師坐在 CRT 繪圖螢幕前，揮動著光筆，兩側是列印繪圖的滾筒式繪圖機。那段描述幾乎像是從恩格巴特一九六二年寫給贊助者空軍科學研究辦公室（Air Force Office of Scientific Research）的報告中逐字節錄出來的。[23] 我們甚至可以用稍微有詩意的方式來說：恩格巴特是在發明互動設計，普洛斯特則是為互動發明設計。顯而易見，他們各自的研發成果都意味著對方做得很成功。

　　為了促進他們的互補任務，普洛斯特指派他主要的研究副手傑克・凱利（Jack Kelley）到門洛帕克研究恩格巴特那套 NLS 系統的組件功能關係，並評估其周圍的「工作導向」，然後設計一套解決方案。如此衍生的原型有以下的特色：可調整的六十二吋垂直面板、水平的工作平台、顯示布告板、可移動的繪圖板，而且每個組件都有輪子，包括桌子、板面、儲存器，鼓勵科學家彼此靈活地互動，也顧及恩格巴特和普洛斯特都預想到的持續調整。在普洛斯特登高一呼「我們應該接受模組化！」的感召下，史丹佛研究院的擴增研究中心很可能是世上第一個採用第二代活動辦公室的專業工作空間。

　　隨著恩格巴特在展場上示範新產品的日子逼近，傑克・凱利又回到史丹佛研究院，和擴增研究中心團隊合作設計一個實驗性的「多合一」操控台。那個操控台可以安裝在旋轉式伊姆斯扶手椅上，配合多種工作型態，例如坐著、站著、靠著，或是恩格巴特最愛的姿勢：往

後躺，把腳放到桌上。操控台的中間嵌入打字機的鍵盤，左邊的托盤上有一個五鍵的「和絃裝置」，右邊是三鍵滑鼠。操作者在小墊上移動滑鼠時，滑鼠的兩個垂直飛輪可用來控制螢幕上的游標。這套系統已經改良及簡化過，以支援數個同時使用的使用者群組，所以混合了兩種截然不同但充分互補的未來工作探索。凱利精準地描述它是「第一個專門為了和電腦互動而設計的模組化面板和控制工作站」[24]。

一九六八年恩格巴特做完那場示範後，過沒幾週，業界專業雜誌《電子產品》（*Electronics*）評論了恩格巴特的設計成果。文中不只報導看得見的展覽現場，也顯示穿過舊金山國際機場的微波中繼器，以及沿著天際大道（Skyline Boulevard，即 35 號公路）一路延伸到門洛帕克史丹佛研究院電腦的四十英里長同軸電纜。雜誌編輯稱讚那套系統「讓使用者在 CRT 螢幕上增添、刪除或改變資訊的速度，幾乎跟想的一樣快」。他們對游標的抖動和螢幕的閃爍都很包容，但他們主張「滑鼠需要更多的人體工程改良」[25]。個人電腦連上個人工作站，可說是革命性的創新，但是需要做的設計工作還很多。

一九七一年，英格利希從史丹佛研究院的擴增研究中心轉往全錄帕羅奧圖研究中心的系統科學實驗室任職時，把恩格巴特的 NLS 主要元素也帶過去了。這次跳槽常被人視為背信，但是就個人、法律、技術層面來說，其實那個轉換的過程很平順。而且，英格利希為 NLS 的後繼系統「POLOS」（PARC On-line Office System，帕羅奧圖研究中心線上辦公系統）打造程式時，仍和史丹佛研究院維持密切的工作關係。他甚至還安排克萊門造訪史丹佛研究院，讓克萊門的團隊認識初代 NLS 的操作方式。克萊門根據他和恩格巴特見面時所獲得的資訊，創作出一系列的概念圖、一個豪卡板模型，以及最終的硬體模型。不久，帕羅奧圖研究中心就通知他，DesignLabs 從三家設計公司

Foreword by
John Maeda

Acknowledgments

Introduction

The Valley of
Heart's Delight

Research and
Development

Sea
Change

The Genealogy of
Design

Designing
Designers

The Shape of
Things to Come

Conclusion

的競爭中脫穎而出，獲得設計合約。

DesignLabs 被要求改良的系統部件，全都源自帕羅奧圖研究中心原先的設計：模仿八吋半乘十一吋紙張大小、可以顯示圖像介面的直立點陣顯示器；機械工程師傑克・霍利（Jack Hawley）重新設計恩格巴特那個轉動的三鍵「x-y 定位器」，以使用三百六十度的滾球，而不是原始的垂直飛輪；和絃裝置讓操作者只要單獨按任五鍵，或是按五鍵的組合，就可以產生三十一種獨特的字母數字組合。大家唯一熟悉的元素是改良後的英打標準鍵盤 QWERTY，但是相較於四年前凱利設計的多合一操控台，改良版是以獨立的單位來構思，不使用那些獨立裝置時，可以收進操控台的底部。[26] 克萊門和他的團隊把概念轉化為大量的筆記和草圖，並與供應商協商迷你開關、電源供應器和抗反射鍍膜，逐步推動專案的進行，從分析和研究一路進展到概念模型、外型設計、製造和組裝。

POLOS 專案是由帕羅奧圖研究中心的系統科學實驗室執行，而且顯然被視為一種「自舉」（bootstrapping）計畫——這是恩格巴特的招牌理念 *，他主張現在打造的工具應該要能用來打造下一代的工具。[27] POLOS 系統想像，未來在單一整合的辦公環境中，「智障型」影印機將會和「智慧型」電腦融合。實體上，他們把它想成一個分散式的分時系統，多名使用者透過多台互動式的終端機，連接到一組更大的 NOVA 迷你電腦。有三年的時間，這個計畫和帕羅奧圖研究中心的另一個實驗室「電腦科學實驗室」（Computer Science Laboratory, CSL）所開發的專案同時進行。相較之下，電腦科學實驗室的專案是想像單使用者的「個人電腦」以網路連結，那些個人電腦都沒

---

* 譯注｜一九八八年，恩格巴特和女兒一起成立一家研究機構以推廣理念，那個研究機構命名為 Bootstrap 學院。

有連向一個更大的電腦。電腦科學實驗室負責人羅伯·泰勒（Robert Taylor）把這個專案稱為 Alto。

泰勒原本在美國國防部高等研究計畫署任職，他在該單位時是利克里德（人稱「網際網路之父」）的徒弟及同事，後來接替了利克里德的工作。他非常堅持電腦應該是個人的、直觀的，是大家普遍都能取用的溝通工具。就那個意義上來說，POLOS 和 Alto 分別代表相互競爭的模式。[28] 電腦科學實驗室的主要研究人員巴特勒·蘭普森（Butler Lampson）建議，想要判斷這兩種模式中哪個最有前景，最好的方法是打造十台至三十台 Alto 電腦來使用。他說：「如果我們假設以後便宜又功能強大的個人電腦有實用價值這個想法是正確的，那應該可以用 Alto 做出令人信服的證明。如果它們證明是錯的，我們可以知道原因。」[29]

從電腦架構的角度來看，POLOS 和 Alto 分別代表對立的理念，但是從使用者端來看，硬體設備是相容的，所以克萊門設計的顯示器、游標設備和二位元鍵盤自然可以共用。隨著 POLOS 專案的衰微，電腦科學實驗室和 DesignLabs 簽約，設立生產線以試產八十台 Alto 電腦。到了一九七三年底，帕羅奧圖研究中心的研究科學家、實驗室負責人和祕書的桌上，都可以看到 Alto 電腦的蹤影。那些 Alto 電腦相互連接，也透過名叫「乙太網路」（Ethernet）的區域網路（LAN），連向一台掃描雷射輸出終端機（scanned laser output terminal, SLOT）。到了一九七〇年代末，那時已經有一千台 Alto 電腦存在了。[30]

Alto 電腦的主要創新，當然不在於外型，甚至不在於隱含的人因，而在於重新定義人機介面。在新的模式中，誠如蘭普森所言：「使用者與系統互動，幾乎不需要寫程式做設定。」[31] 工藝性、人體工學或使用者的美學考量充其量只是其次，它涉及的工業設計很

Foreword by
John Maeda

Acknowledgments

Introduction

The Valley of
Heart's Delight

Research and
Development

Sea
Change

The Genealogy of
Design

Designing
Designers

The Shape of
Things to Come

Conclusion

少，只重視功能性，而且除了克萊門的鍵盤和顯示器機殼，幾乎所有的元件都是現成的。事實上，第二代 Alto II 最受大家推崇的實體特色，是放在使用者桌子底下的機箱，使用者基本上不會看到那個機箱。約翰·艾倫比（John Ellenby）當時負責為 Alto II 組織一支整合設計、工程、製造的團隊。他特別推崇特殊專案組中負責設計那個機殼的日裔美籍工程師鮑勃·西村（Bob Nishimura），說那個機殼是「折疊金屬中的日式摺紙藝術」[32]。

帕羅奧圖研究中心做為企業的研究實驗室，它的任務是打造夠多的機器，以便拿來使用、測試和研究，藉此證明自動化辦公室的可行性。相較於恩格巴特在史丹佛研究院所做的概念研究專案，這個專案顯然更為先進，但它只算是一個過渡階段。雖然史丹佛大學、麻省理工學院、卡內基美隆大學等大學實驗室，全錄的企業客戶、甚至卡特總統主政的白宮都陸續採用了這個機型，但 Alto 基本上是一種研究平台。這點從《Alto 使用者手冊》（*Alto User's Handbook*）所採用的隨興筆調即可明顯得見。那本手冊是全錄內部為新進員工製作的個人電腦解說文件，裡面寫道：如果你已經讀到這裡了，「停下來休息一下吧」；如果你遇到問題想不通，「問問專家」；萬一機器故障了，「請人來修」。另外，在一連串格外複雜難懂的說明後，它寫道：「這個還是看別人怎麼做，比較容易理解。」[33] 雖然系統科學實驗室和電腦科學實驗室這兩個實驗室不是以學術界發掘新知的方式做「研究」，但帕羅奧圖研究中心的設立宗旨就是成為企業研究中心。「基本上我們就是在打造東西。」提姆·莫特（Tim Mott）解釋：「我們做的不是：『你看我發表了重要的論文！』，而是『你看我做出這個很酷的東西』。」──即使「很酷的東西」可能只是一串程式碼或線框圖原型。[34]

帕羅奧圖研究中心研究人員的任務，就是研發突破性技術，並證

明技術的可行性：全錄管理高層要求實驗室負責人喬治·帕克（George Pake），為無模型的圖形使用者介面文字編輯器釐清它的商業用途時，他回應：「帕羅奧圖研究中心不會去比較 Gypsy 軟體（帕羅奧圖研究中心設計的軟體）和市面上的其他產品，因為它不是產品原型，而是研究原型。」[35] 桌上型電腦的概念出現後，他們必須調整實驗室的理想，適應市場的現實狀況。這個責任落到了全錄旗下「系統開發部」（Systems Development Division, SDD）的頭上。系統開發部的位置就在帕羅奧圖研究中心隔壁，但是在組織架構上，兩者是分開的。系統開發部剛成立時，只是一個小型的系統架構和規畫組織，後來穩定成長。一九七六年大衛·萊德勒（David Liddle）接管系統開發部時，系統開發部已經開始轉型，專門運用全錄的技術來開發上市商品：雷射印表機、電子影印機，以及著名的「Xerox 8010 資訊系統」（俗稱 Star 工作站）[36]。

　　Star 工作站囊括了 Alto 重要的創新設計：點陣顯示器；使用小圖示的圖形使用者介面；獨特的模擬「桌面」和彈出式選單；以重疊的「視窗」整合有格式的文字、表格、公式、圖片、圖表、圖形的檔案；電子郵件；列印。這些都是歸在所謂的「使用者介面」或「對話設計」的類別下，當時大家對這些概念的理解還很模糊，當然也不屬於設計師的訓練範疇。事實上，現在這些術語如此普及，讓人更難以想像一九七〇年代中葉那些用語有多麼晦澀難懂。史坦希伯回憶道，某天一位帕羅奧圖研究中心的科學家來泰柏—史坦希伯公司討論未來的「無紙化辦公室」：

　　　　他解釋他們正在為電腦系統開發軟體程式。由於那些程式會在全球使用，他想要以他所謂的「icon」（圖示）來取代文字標示。我望向泰柏，悄悄地說：「他是指符號嗎？」這些圖示必須是簡

化的圖案，讓使用者「點擊」後可以啟動它代表的資料。他列出來的圖示清單包括：文件、檔案、開啟、刪除、列印、複製。至於點擊挑選的圖示，則是使用一種叫「mouse」（滑鼠）的東西。[37]

　　史坦希伯瀏覽帕羅奧圖研究中心提議的圖示清單，但是對那個「文件」符號百思不解。「一張紙？一個簡單的縱向矩形能做什麼？總之，我們後來沒拿到他們的設計案。」

　　事實上，圖形資訊顯示，包括邊框、按鈕、字型、圖示形狀的選擇，是整體設計中最不重要的一環。視覺呈現當然很重要，但是在不同的應用程式之間，統一與一貫性也很重要。然而，更重要的是，設計流程所依據的概念模型，應該是以「隨機找來」的使用者做為基礎——這是他們為 Star 工作站的設計開發一套指導原則時最重要的發現。他們是從帕羅奧圖研究中心及系統開發部的 IT 小組派人組成一個菁英團隊。[38] 接著，這個團隊為了了解使用者介面設計的基本原則，做了數百小時的使用者觀察、情境分析和測試。

　　這個流程對 Star 工作站的開發很重要，因為 Star 工作站和 Alto 不同，它是一開始就已經定位成上市的商品。他們假設使用 8010 型鍵盤或點擊兩鍵滑鼠的人不再是實驗室的科學家，而是在個人辦公室辦公的企業高管、公司櫃台的總機小姐，或只想完成任務但對電腦沒興趣的白領專業人士。這些人幾乎得不到任何指引，所以 Star 工作站的設計流程跟產品本身一樣創新：「他們不是先決定系統要做什麼，再去思考如何製造介面。產品開發者從一開始製作許多模型、原型及進行測試時，就找心理學家和設計師參與，一起探索什麼可行及如何運作。」[39] 就像 HP 的 HP-35 計算機象徵著工業設計和電子設計之間的權力平衡轉變，Star 工作站也象徵著硬體和軟體之間的權力平衡

轉變，而且那轉變在未來數十年間只會越來越快。他們也改良了外殼，以呈現出簡潔俐落的線條和一致的外型，但從來沒有人懷疑過使用者介面才是整套系統的焦點。「我沒有去面試一堆特立獨行的設計師，」萊德勒回憶道：「我們想要的是簡單的外殼、沒有多餘按鍵的鍵盤，以及一支滑鼠。」[40]

隨著一九七〇年代接近尾聲，康懋達、天帝（Tandy）、阿泰爾（Altair）、Apple 開始從邊緣崛起，一些分析師已經預測未來是「業餘電腦玩家和個人電腦」的時代。帕羅奧圖研究中心總監伯特·薩瑟蘭（Bert Sutherland）要求賴瑞·泰斯勒（Larry Tesler）去評估分析師看好的那個趨勢。泰斯勒回應：「我覺得個人電腦的時代早就來了。帕羅奧圖研究中心一直投入學術電算界的研究，大致上忽略了我們幫忙開創的個人電腦界。」[41]

幾乎沒有人理會泰斯勒提出的警訊。當時全錄抱持狹隘的觀點，認為電腦只需要跟印表機和檔案櫃溝通就好，電腦之間不需要互通。那表示「未來辦公室」依然是未實現的承諾。一九七八年至一九八二年間，帕羅奧圖研究中心經歷了核心人才的流失，彷如拜占庭帝國衰頹時期希臘學者紛紛逃離一樣：查爾斯·西蒙尼（Charles Simonyi）把 Alto 電腦的 Bravo 文字編輯程式帶到華盛頓州雷德蒙（Redmond），把它改裝成微軟的 Word 重新出發；羅伯特·梅特卡夫（Robert Metcalf）運用他在帕羅奧圖研究中心發明的乙太網協定，創立了網路巨擘 3Com 公司；約翰·沃諾克（John Warnock）和查理·葛旭克（Charles Geschke）厭倦了反應遲鈍的官僚組織，帶著他們的 InterPress 頁面描述語言，一起創立 Adobe Systems；泰斯勒帶著以圖示為基礎的物件導向 Smalltalk 程式設計語言，加入 Apple 的 Lisa 工程團隊；與他一起開發 Gypsy 桌面介面的提姆·莫特則成為美商藝電（Electronic Arts）的創始人之一。這五家新創公司後來幫數百位工業

Foreword by
John Maeda

Acknowledgments

Introduction

The Valley of
Heart's Delight

Research and
Development

Sea
Change

The Genealogy of
Design

Designing
Designers

The Shape of
Things to Come

Conclusion

設計師、平面設計師、互動設計師還清了房貸和學生貸款，並為成千上萬其他的設計師提供了設計工具。[42]

兩家從全錄研究圈分拆出來的較小公司，後來以更直接的方式，影響了矽谷專業設計領域的成長。到了一九七八年底，艾倫比和莫特草擬了一份詳盡的「能力投資提案」（Proposal for a Capability Investment），他們在該項提案中主張把 Alto 商品化，專案代碼是「Wildflower」，並詳細列出有力的論點：技術已經證實可行；此時市場對低價「個人電腦」的需求已經確立；設計、組裝、製造能力都已經齊備；而且競爭對手早已蓄勢待發，虎視眈眈。那份提案分析了打造一個整合的「迅速反應系統群組」的中短期優點，並指出一個比較不易量化的額外效益：「長遠來說，我們可以推出更好的設計；更重要的是，我們可以培育出更好的設計師。」[43]艾倫比的提案在全錄內部無人聞問，他黯然地度過一年，離職創立 GRiD Systems，以實現昔日同事艾倫・凱伊（Alan Kay）所想像的「活動公事包」概念[44]：一台功能齊全、筆記本大小的電腦，可以帶進會議室、出作戰任務，甚至帶到太空。

艾倫比的想法是受到白宮某位職員的一席話所啟發。那個人在白宮的行政辦公室任職，用過初代 Alto 電腦，他告訴艾倫比：「身為這個單位的資深成員，我的任務是去發生問題的地方，而不是窩在辦公室裡。」[45]艾倫比監督過 Alto II 的開發，整台 Alto II 的尺寸，即使沒有顯示器和鍵盤，還是大概跟學生宿舍的冰箱差不多大。所以他提議，強大的電腦應該要縮小到可以放進他那個有點破舊的皮革公事包才行。

這個挑戰很艱難，他以前在英國費蘭蒂（Ferranti）和美國全錄任職的經驗讓他相信，整個團隊需要從專案一開始就參與討論，包括專案管理、工程、製作、行銷、財務和設計，他說：「這個道理顯而易

見。」[46] 但是他開始面試當地的工業設計師時，才發現沒有人想要參與專案核心的機電問題討論。於是，艾倫比轉而去找同為英國人的工業設計師比爾・摩格理吉（Bill Moggridge），摩格理吉馬上把握了這個從頭開始想像機器的機會，而不只是處理表面的造型或企業形象的問題而已。雖然他從加入專案的第一天就覺得挑戰大到吃不消，但他後來在討論桌上確立了自己的定位，通常他也可以讓團隊接受他的看法。

當時美國普遍的做法是，產品的整體特色都已經確立了之後，才邀設計師加入開發團隊。不過艾倫比的做法正好相反，他認為 GRiD Compass 1101 的工業設計必須比其他的設計階段更早：「我們這樣做是為了讓設計團隊先知道實體限制，並確保人因和機械設計適合這個獨特的整合產品設計。」[47] 這個流程一開始，是先以多種泡沫塊來代表主機板、電池、顯示器和其他大型實體組件。他們的做法很像一百年前建築師法蘭克・洛伊・萊特（Frank Lloyd Wright）年紀還小時在採用福祿貝爾教學法的幼稚園玩積木那樣*。事實上，雖然這是全新的產品類別，但是相較於其他的產品設計，其實差異不多。摩格理吉的合作夥伴麥克・納托爾（Mike Nuttall）指出，就像其他產品一樣，「你還是從裝滿組件的紙箱開始做起。」[48] 後來，他們選定橫向的「膝上」結構，以融入最大的鍵盤和螢幕尺寸，但是仍持續探索多種變化，例如鍵盤向前滑動、螢幕鉸接在背後的設計。過程中，他們畫了大量的設計圖，摩格理吉盡職地把那些設計圖都提交給開發團隊，讓他們做客觀的評估。不過，艾倫比懷疑，自始至終一直有一版設計師最愛的版本——那一版畫得比較精確，或是色彩多了一些。

---

* 譯注｜德國幼教之父福祿貝爾是現代學前教育的鼻祖，萊特認為自己深受福祿貝爾設計的幼兒教具影響。

Foreword by
John Maeda

Acknowledgments

Introduction

The Valley of
Heart's Delight

Research and
Development

Sea
Change

The Genealogy of
Design

Designing
Designers

The Shape of
Things to Come

Conclusion

隨著專案的進行，艾倫比要求摩格理吉的設計小組創造出一個
3D 的外觀模型。他拿那個模型去向矽谷大老吉恩‧阿姆達爾（Gene
Amdahl）和羅伯特‧諾伊斯募集第一輪的種子基金。在此同時，工
程師則是努力縮小電路板組裝和電源器的尺寸及重量。他們找到一家
可以生產小型鍵盤且依然符合基本人體工學需求的供應商。他們也從
夏普（Sharp）的大阪實驗室，取得先進的六吋 320×24 像素電場發
光螢幕。摩格理吉運用一些很有創意的實地測試，開發出一種輕量的
鎂合金外殼。那種外殼不僅可以驅散機內 Intel 8086 處理器所產生的
大量熱氣，又經得起聯邦快遞的貨運摧殘。最後，他們製作出五台精
簡的黑色實機。艾倫比帶著實機到處跑，為世上第一台膝上型電腦募
集創投資金。那個產品當然是一種徹底的創新，也是往行動運算邁進
的第一步。不過，同樣重要的是，那創下了設計師打從一開始就加入
開發，而且在專案期間始終積極參與專案的先例。這象徵著設計史上
的一個轉捩點，不僅矽谷受到影響，整個美國，最終乃至於全世界都
受到了影響。

這股源自史丹佛研究院、接著流經帕羅奧圖研究中心和系統開發
部的創新潮流，也促成了另一家從全錄研究圈分拆出來的小公司，而
且這家公司與矽谷設計有持久的關係。一九八二年，萊德勒和他以前
的全錄上司唐‧馬薩洛（Don Massaro）一起創立 Metaphor 電腦公司
（Metaphor Computer Systems）。他們鎖定的客戶就像艾倫比的客戶，
是財星五百大企業。這些企業的分析師開始體驗到數位時代的資訊洪
流，需要以極快的速度即時讀取企業的資料庫。不過，這個目標客群
只是偶爾使用電腦罷了，他們大多是雇用其他人來使用電腦。他們要
是看到自己的辦公室裡出現鍵盤和一堆雜亂的線路，可能還會生氣。
Metaphor 電腦的人一再聽到那些大企業人士說：「鍵盤應該放在打
字機上，打字機應該放在祕書的辦公桌上。」因此，他們的設計原則

是讓那個電腦系統從桌上消失。

他們的開發流程和全錄採用的方式可說天差地別。在全錄那個龐大的獨裁帝國，大家普遍抱持的態度是，一切事物的開發都應該採用全錄自己的資源，並按照全錄自己的時間表來進行。Metaphor 電腦是由六人組成的新創公司，必須在十八個月的生存期限內運作，別無其他選擇。在全錄需要花數週才能做出來的決策，在 Metaphor 電腦一個下午或甚至更短的時間就能決定，因為他們沒有來自硬體、軟體、慣例或消費預期的「包袱」[49]。只要有現成的組件，他們就不從頭開發；能夠外包出去的任務，他們一律外包。麥克·納托爾和吉姆·尤琴科（Jim Yurchenco）就是他們的外包商之一。當時納托爾剛創立 Matrix Design（矩陣設計），Metaphor 電腦請他解決 Metaphor 工作站的設計問題。尤琴科是在大衛凱利設計公司（David Kelley Design）任職，他的任務是找出建構 Metaphor 工作站的方法。

那時納托爾才剛脫離摩格理吉的 ID Two，自創 Matrix Design。他也承襲了歐洲的傳統，亦即在產品開發之初，就要求設計師加入，一起開發基本架構，而不是等到最後才請設計師做造型工作。大衛凱利設計公司是新成立的產品開發顧問公司，由一群史丹佛產品設計系的畢業生組成。他們對於新科技和新興產業抱持著明顯的本土意識。Metaphor 電腦公司的運作方式就像一支足球隊，每個球員在指定的領域享有充裕的自由，設計師之間有緊密的合作關係。

設計階段耗費了約五個月時間，從一些早期的探索開始做起，涵蓋了各種「從平凡到誇張」的探索。這段期間，納托爾和尤琴科不斷試探 Metaphor 電腦公司的極限。有些概念是採用掛在牆上的平板螢幕，或是折疊放進桌子表面的平板螢幕；有些概念則是刻意偏向保守，避免產品設計的外觀過於特立獨行。漸漸的，整體概念逐漸出現，他們決定壓抑整個實體存在感。過程中他們不斷做出妥協，一邊

順應 Metaphor 電腦公司的工程團隊，另一邊又要符合製造的棘手要求。不過，一旦策略方向確立後，對應的設計決定跟著水到渠成。

最後 Metaphor 工作站出現在精美的設計年鑑時，看起來像一台獨立的桌上型電腦，但它其實是一套大型整合的超精密系統，包含伺服器、個人電腦和印表機，設計計畫涵蓋了所有組件。不過，對使用者端來說，這個系統是一套異常複雜的挑戰。工作站有四個不同的輸入裝置（鍵盤、滑鼠、數字鍵區、四功能鍵區），操作員可以單獨操作或搭配操作這四種裝置。為了解決視覺上的混亂問題，他們以無線紅外線技術重新設計了組件。此外，他們秉持著類似建築師埃羅・沙里寧（Eero Saarinen）對抗桌椅那些「醜陋桌腳或椅腳」的精神，在 L 型工作站的水平面上，為每個輸入裝置設計了充電機座。橡膠伸縮管遮住了 CRT 的垂直傾斜機制，納托爾還用一種細網狀的材質蓋住螢幕，使螢幕曲線更趨平整，消除反射，而且即使有訪客站在使用者旁邊，也看不清楚螢幕上的東西。一九八七年股市崩盤，對 Metaphor 電腦造成強大的衝擊，最後 IBM 以原訂估價的三分之一收購了這家公司。但是工業設計界已經認定「Metaphor 工作站」這個產品是一大成就，尤琴科保存至今的一封信件寫道：「面對三百多項參賽作品，評審團一致認為，你們的產品是設計成果的傑出典範，因此榮獲一九八五年辦公產品類 IDEA 獎（美國工業設計傑出大獎）。」[50]

諷刺的是，GRiD Compass 電腦和 Metaphor 工作站的所有設計圖都是手工繪製的，每張視圖都是畫在單獨的紙上。一九八〇年代初期，沒有人有軌跡球可以旋轉 3D 線框圖！電腦以勢不可擋的方式，從研究智庫邁向企業的研究實驗室，接著又邁向市場，成為推動矽谷設計的力量。一開始電腦只是設計的物件，後來才變成設計上不可或缺的工具。電腦搭配著後來源源不絕出現的數位產品，也因此帶出了一套全新的挑戰：硬體與軟體之間有什麼關係？功能與實用性之間有

什麼關係？發明與創新之間有什麼關係？技術專業人士使用的儀器與
推銷給消費大眾的用品之間有什麼關係？由於設計師是剛加入這些對
話的新人，他們可以為這些對話增添獨到的看法。

　　市場導向的新創企業遽增，他們受到日新月異的科技及創投業的
爆炸性成長所推動，也受到專利律師大軍的保護，再加上必然改變世
界的潮流所激勵，因此永遠改變了設計界的大局。這種局勢也為靈
活、獨立的設計顧問公司，自然而然地創造出一個客群。這種設計顧
問公司可以善用多元公司、產業、核心技術的點子，那是企業內部的
設計部門無法做到的。這種設計公司草創之初，可說是篳路藍縷：
ID Two 本來設在摩格理吉位於帕羅奧圖的車庫辦公室，後來搬到一
個以前是停屍間的地方；哈維凱利設計公司（Hovey-Kelley Design，
IDEO 的前身之一）是由一群研究生創立，一開始是在帕羅奧圖市中
心的女裝店樓上，承租月租九十美元的工作室，那個工作室比史丹佛
大學的宿舍大不了多少；Lunar Design（新月設計）的第一間辦公室
設在門洛帕克某個治安堪慮的地區，他們的財力只夠按月繳房租，租
用廢棄直升機工廠的二樓空間。當時矽谷確實瀰漫著令人振奮的創業
熱潮，但幾乎沒什麼跡象顯示，翻天覆地的變化即將把矽谷轉變成全
球最重要的設計中心。

注釋

1. Noland Vogt, "The Latest from the Organization," *Grapevine* 1, no. 1 (November 1982). 在
GVO 的第一期內部刊物中，諾蘭德・沃格回顧了公司的歷史並重申使命：「為產
業提供工業設計及廣告圖案設計」。《Grapevine》是史帝夫・波蒂加（Steve
Portigal）提供給筆者；其他資訊是安妮・格呂耶女士（Anne Gruyé）提供。

Foreword by
John Maeda

Acknowledgments

Introduction

The Valley of
Heart's Delight

Research and
Development

Sea
Change

The Genealogy of
Design

Designing
Designers

The Shape of
Things to Come

Conclusion

2. 訪問羅伯特‧布倫納、傑夫‧史密斯、傑拉德‧弗伯蕭（San Francisco, January 30, 2012）。

3. 訪問菲利浦‧布吉瓦（Menlo Park, CA, August 27, 2010, and February 10, 2011）和邁克‧懷斯（Woodside, CA, December 3, 2010）。一九八三年初的一場會議上，布吉瓦向亞當‧奧斯本及其隨行人員展示該模型，博得全場起立鼓掌。事實上，奧斯本實在太興奮了，馬上發了新聞稿，宣布這個革命性的新款式「Executive」，結果導致經銷商全部取消 Osborne 1 電腦的訂單——此後矽谷把這類事件稱為「奧斯本效應」（Osborne Effect）。「醜小鴨」的說法是後來轉載出現在 Adam Osborne and John Dvorak, *Hypergrowth: The Rise and Fall of the Osborne Computer Corporation* (San Francisco, 1984), pp. 67–9。

4. 「難民」的說法是創投業者唐‧瓦倫丁（Don Valentine）第一次見到賈伯斯和沃茲尼克時對他們的評價：訪問雷吉斯麥金納（Stanford, August 3, 2011）。諾蘭德‧沃格的說法收錄在 Paul Kunkel, *Apple Design: The Work of the Apple Industrial Design Group* (New York: Graphis, 1997), p. 13。約翰‧加德也有類似的經驗，賈伯斯（這次是穿三件式西裝）和沃茲尼克（騎著哈雷機車）去 Inova 設計顧問公司拜訪他：約翰‧加德接受筆者的訪問（Mountain View, CA, March 9, 2010）。諾蘭‧布希內爾拒絕投資五萬美元以換取三分之一的股權。相反的，傑瑞‧馬諾克因自己創業，渴望得到設計工作，但他要求他們預付現金。Apple 如今是全球市值最高的企業。

5. 訪問羅伯‧哈爾和蓋瑞‧韋麥爾（Redwood City, CA, February 11, 2011）。

6. Kristina Goodrich, "Designs of the Decade," *Design Management Journal* 5, no. 2 (Spring 1994): 47–55.「年代最佳設計」獎是為了肯定那些確實造福客戶的產品，該獎項是由市占率的增加及其他因素來衡量。

7. 那個系統是一九九〇年推出，名叫 Metasys，一般認為那是江森自控的招牌產品。這部分的資訊是根據筆者收集的一九八〇年代和一九九〇年代 GVO 及其客戶的文獻編寫而成。

8. 傑‧威爾森與筆者的通訊（February 24, 2011）。

9. Gary Waymire, Michael Barry, and Robert C. Hall, "Materializing Culture," in *Design Management Journal* 6, no. 2 (Spring 1995): 40–45. 亦參見 Wasson, "Ethnography in the Field of Design," 37–88。

10. GVO 的研究分支後來改以加州紅木城的 PointForward 公司重新出發，蓋瑞‧韋麥爾、羅伯‧哈爾、麥克‧貝瑞、湯姆‧威廉姆斯一起領導。

11. 一九九四年，《設計管理期刊》（*Design Management Journal*）做了一期特刊，報導設計研究中的社會學：vol. 5, no. 1 (winter 1994)。俄亥俄州哥倫布市的理查森史密

斯公司常被列為最早提供民族誌研究的設計顧問公司，這家公司以經歷明顯的文化衝突著稱。

12. Lucy Suchman, *Plans and Situated Actions: The Problem of Human–Machine Communication* (Cambridge: Cambridge University Press, 1987). Also, Christina Wasson, "Ethnography in the Field of Design," in *Human Organization* 59, no. 4 (2000).

13. "Pacesetter Award Goes to S-P High Power Laser"，卡爾‧克萊門的文獻；"Laser Honor at Wescon Exhibition," *San Francisco Chronicle* (August 24, 1965)。身為光譜物理公司的工業設計師，克萊門和車間人員常一起工作，其中包括機師保羅‧賈伯斯（Paul Jobs），他的兒子史帝夫‧賈伯斯正在讀高中，剛開始探索電子學的奧祕。傑瑞‧馬諾克是克萊門底下的實習生，後來成為 Apple 第一位工業設計師。

14. Clement Laboratories, "Design Brief: Intellectual Augmentation System" (n.d., but presumably June 1972); Carl Clement to William K. English, "Proposal for design of your new Office System" (June 29, 1972)：克萊門的文獻收藏。全錄帕羅奧圖研究中心的相關文獻很多，包括：Giuliana Lavendel, ed., with the assistance of Carol Leitner and the staff of the Palo Alto Technical Information Center, *A Decade of Research: Xerox Palo Alto Research Center, 1970–1980* (New York: Bowker, 1980); Douglas K. Smith and Robert C. Alexander, *Fumbling the Future: How Xerox Invented, Then Ignored, the First Personal Computer* (New York: William Morrow, 1988), and Michael A. Hiltzig, *Dealers of Lightning: Xerox PARC and the Dawn of the Computer Age* (New York: Harper, 1999)。

15. 卡爾‧克萊門回信給比爾‧英格利希，〈Proposal for design of your new Office System〉。

16. 舊金山的示範是發生在一九六八年十二月九日，大家公認那是現代電腦史的一個轉折點。「以雙手操作閃電」這句話出自電腦先驅查克‧薩克（Chuck Thacker），他目睹了一九六八年的示範，接著為全錄 Alto 電腦設計出必要的硬體。艾倫‧凱伊覺得他是站在「聖經的先知」面前。關於恩格巴特和史丹佛研究院，參見 Donald L. Nielson, *A Heritage of Innovation: SRI's First Half Century* (Menlo Park: SRI International, 2004, 2006), W. B. Gibson, *SRI: The Founding Years* (Palo Alto: Publishing Service Center, 1980); Thierry Bardini, *Bootstrapping: Douglas Engelbart, Coevolution, and the Origins of Personal Computing* (Stanford: Stanford University Press, 2000); and Valerie Landau and Eileen Clegg, *The Engelbart Hypothesis: Dialogs with Douglas Engelbart* (Berkeley, 2009)。特別有關的是一本一九八六年的回顧論文集，Adele Goldberg, ed., *A History of Personal Workstations* (Reading, MA: Addison-Wesley, 1988)。

17. 訪問道格拉斯‧恩格巴特（Atherton, CA, November, 1999）。"Stanford and the Silicon

Foreword by
John Maeda

Acknowledgments

Introduction

The Valley of
Heart's Delight

Research and
Development

Sea
Change

The Genealogy of
Design

Designing
Designers

The Shape of
Things to Come

Conclusion

Valley: Oral History Interviews," conducted by Judy Adams and Henry Lowood (December 19, 1986–April 1, 1987) W. K. English, D. C. Engelbart, and M. L. Berman, "Display-selection techniques for text manipulation," *IEEE Transactions: Human Factors in Electronics* 8 (March 1967): 5–15. NLS 的根源是來自利克里德開發的「人機共生」概念，恩格巴特重新詮釋成人與技術的「共演化」。參見 J. C. R. Licklider, "Man-Computer Symbiosis," *IRE Transactions on Human Factors in Electronics*, vol. HFE-1 (March 1960): 4–11。

18. 恩格巴特在空軍科學研究辦公室的報告中，強調系統的綜合特色。那個系統的目的是為了「幫人們運用先天的感官、心理、運動能力……人體就像多數系統一樣，把整體視為一組互動組件而不是各自獨立的組件時，最能提升系統效能」。D. C. Engelbart, "Augmenting Human Intellect: A Conceptual Framework," Summary Report to the Director of Information Services, Air Force Office of Scientific Research. Contract AF49(638)-1024 (October 1962), Introduction.

19. John R. Berry, *Herman Miller: The Purpose of Design* (New York: Rizzoli, 2004), p. 117. 羅伯·普洛斯特出版經典論著《辦公室：應變設施》的時間，和恩格巴特的經典示範發生在同一年。一九六八年推出第二代活動辦公室，以接替四年前喬治·尼爾森（George Nelson）設計推出但銷量不佳的第一代活動辦公室。參見 Robert Propst, "The Action Office" *Human Factors* 8, no.4 (August, 1966): 299–306。

20. Robert Propst, *The Office: A Facility Based on Change* (Zeeland, Michigan: Herman Miller, 1968), p. 23. 一九六八年時，「工作站」還不是大家普遍知道的概念。

21. 第一代活動辦公室是由喬治·尼爾森設計，一九六四年上市，但市場反應冷清。那不是模組化辦公家具，事實上面板是以環氧樹脂黏在一起，無法拆卸。大家普遍認為第一代活動辦公室是工業設計傑作，但它也是上市失敗的產品。

22. 關於他對於在設施規畫上運用電腦繪圖的看法，參見 Propst, *The Office*, p. 40。恩格巴特就像那個年代的許多電腦科學家，對亞歷山大的著作《形式綜合論》（*Notes on the Synthesis of Form*, Cambridge, MA: Harvard University Press, 1964）以及源自加州大學柏克萊分校的「設計方法」運動非常著迷。訪問傑夫·魯利夫森（Stanford, May 20, 2013）。

23. D. C. Engelbart, "Augmenting Human Intellect, pp. 2ff：「讓我們想像一個使用擴增系統的建築師正在工作。他坐在一個工作台前，工作台邊距離約三呎的地方有一台顯示螢幕，那是他的工作平面，那是以電腦（他的『職員』）控制的。建築師是利用小鍵盤和其他裝置跟電腦溝通。」這段內容是道格拉斯·恩格巴特提供給筆者。數位版可在道格恩格巴特學會（Doug Engelbart Institute）數位檔案館取得：http://www.dougengelbart.org/pubs/augment-3906.html。

圖 2.1

上圖：道格拉斯‧恩格巴特（右）與羅伯‧普洛斯特；下圖：道格拉斯‧恩格巴特（左）與傑克‧凱利。
「我們預期，隨著工具的推出和使用，工具與使用者之間會出現共演化。」Courtesy of Jack Kelley.

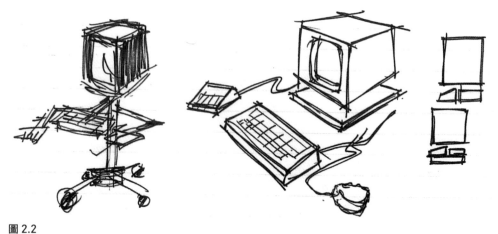

圖 2.2

概念發展（DesignLabs #72-17 Job Book）。Courtesy of Carl Clement.

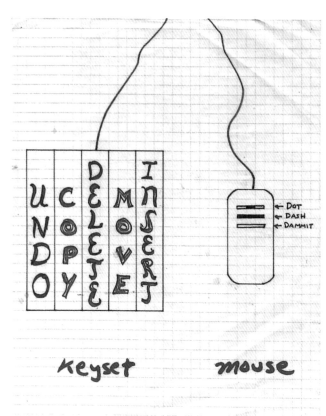

圖 2.3

賴瑞・泰斯勒，滑鼠—鍵盤標籤研究（1973）。嘗試以兩種不同的方式，改良恩格巴特獨創的輸入系統，在假想實驗中讓新手能編輯文字。泰斯勒後來改用一種從出版業借用的語言：「剪下／複製—貼上」。Courtesy of Larry Tesler.

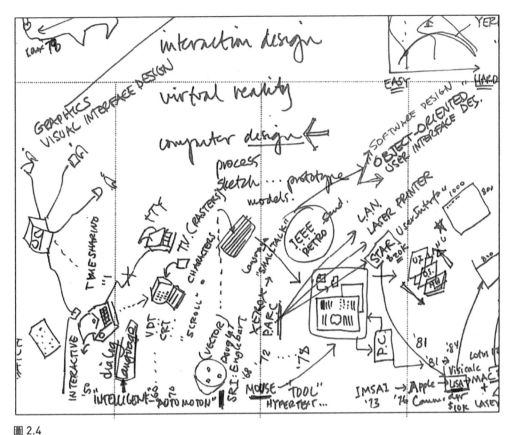

圖 2.4

比爾・佛普蘭克，Star 生態系統。Courtesy of Bill Verplank.

圖 2.5

GRiD Compass 1101。左圖：2D 繪圖；右圖：3D 模型。Courtesy of Bill Moggridge.

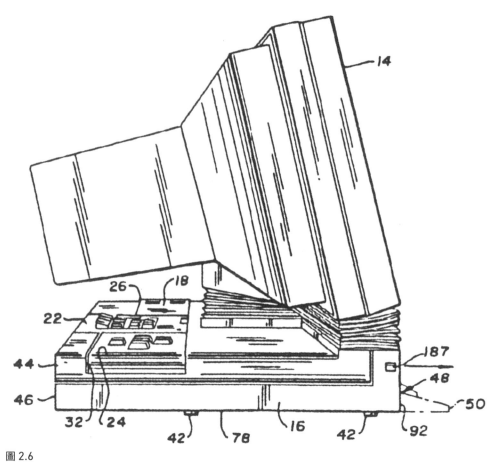

圖 2.6

美國專利號碼 4,689,761（1987 年 8 月 25 日）。Metaphor 工作站：多個獨立輸入周邊裝置。

24. Jack Kelley, "The Mouse That Roared: A Research Project Documentary" (unpublished, 2007; rev. 2010). 傑克・凱利先生大方與我分享這份文件，並在漫長的電話訪談中與我分享充實的見解和資訊（January 14, 2011）。這個活動的原始錄影有一百分鐘，目前是史丹佛大學恩格巴特特藏的一部分，可以透過道格恩格巴特網站上網觀看 http://sloan.stanford.edu/MouseSite/1968Demo.html，尤其「clip 12」可清楚看到轉盤上的滑鼠和遙控器。一九七九年，傑克・凱利獲聘為赫曼米勒公司企業設計總監。

25. Wallace B. Riley, "Getting More Mileage from Computers," *Electronics* (January 0, 1969), pp. 117–20.

26. 嚴格來說，任何創新都不是完全「沒有先例」。套用監督 Alto 硬體開發的查克・薩克所言：「我們也為現有的手動媒體能力增添了很大的價值。畢竟，這些東西已演化好幾百年了。它們的多數特質之所以持續存在，都有很好的理由。但大家比較沒有深入探究如何有效地使用它們。我們選來參考的手動媒體是紙張和油墨（顯示器）、指示裝置（滑鼠和游標）以及鍵盤裝置，範圍從打字機、鋼琴到風琴。」Chuck Thacker, et al., *Alto: A Personal Computer* (August 7, 1979), p. 15 (http://research.microsoft.com/en-us/ um/people/blampson/25-Alto/25-Alto.pdf). Also Larry Tesler, "Design of the Intuitive Typewriter" (June 25, 1973)，裡面第一次提出「剪下／複製貼上」（Cut/Copy Paste）。Papers of Lawrence G. Tesler.

27. 「由於 POLOS 系統的特色如此包羅萬象，涵蓋那麼多功能，真的稱得上是一種新媒體。」Nilo Lundgren, "POLOS: PARC On-Line Office System" (Spring 1973). 史都華・卡德的文獻，帕羅奧圖研究中心。POLOS 整合了寫作、輸入、聽寫、歸檔、複製、出版、列印、電話、郵件、微縮膠片的功能。

28. 經典的文獻包括 J. C. R. Licklider, "Man-Computer Symbiosis"，原刊於 *IRE Transactions on Human Factors in Electronics*, volume HFE-1, pp. 4–11, March 1960；J. C. R. Licklider and Robert W. Taylor, "The Computer as a Communications Device"，原刊於 *Science and Technology* (April 1968)。這些文獻現在都可以線上讀取：http://memex.org/licklider.pdf. On Licklider, see M. Mitchell Waldrop, *The Dream Machine: J. C. R. Licklider and the Revolution that Made Computing Personal* (New York: Viking, 1996)。

29. Butler Lampson to CSL [Computer Science Lab], Palo Alto (December 19, 1972), "Why Alto." 在這份知名的內部備忘錄中，巴特勒・蘭普森主張打造十台至三十台小型的平價個人電腦。這份備忘錄可以在此看到：http://research.microsoft.com/en-us/um/people/blampson/38a -whyalto/webpage.html。一般認為 Alto 是第一台可使用的個人電腦，也是大量文獻探討的主題，所以不需在此回顧。Alto 的三位主要設計師都獲得了圖靈獎（Turing Award）──巴特勒・蘭普森（一九九二年）、艾倫・凱伊（二

○○三年）、查克・薩克（二○○九年）——他們的大量簡報和論著都很容易取得。在山景城的電腦歷史博物館，薩克和蘭普森在一次精采對談中談到他們在帕羅奧圖研究中心的工作經歷 (http://www.youtube.com/watch?v=2H2BP rgxedY&feature= relmfu) (June 4, 2001)。

30. SLOT 是第一台雷射印表機。Alto 電腦的產量估計在一兩千台之間。這裡之所以寫一千台，引自 Thacker, McCreight, Lampson, Sproull, and Boggs: "Alto"，那可能是指全錄內部使用的數量。亦參見 Roy Levin, "A Field Guide to Alto-Land, or Exploring the Ethernet with Mouse and Keyboard" (rev. April 1979): Xerox Palo Alto Research Center (http://bitsavers.trailing-edge.com/pdf/xerox/alto/memos_1979/A_Field_Guide _to_Alto-Land_Apr79.pdf)。

31. Butler Lampson, "Personal Distributed Computing: The Alto and Ethernet Software," in *A History of Personal Workstations*, ed. Adele Goldberg (New York: ACM Press: 1988), p. 296；亦參見查克・薩克撰寫的伴讀手冊：Chuck Thacker, "Personal Distributed Computing: The Alto and Ethernet Hardware," ibid., pp. 267–89。

32. 約翰・艾倫比的訪談（San Francisco, July 27, 2010），以及隨後的通信。艾倫比在加州的瑟衰多（El Segundo）設立了特別專案組（SPG），那是一個半自動的製造單位，目的是為全錄科技驗證概念的可行性，Alto 電腦、Dover、Pimlico、Puffin、Penguin 雷射印表機就是這裡開發出來的：「如果全錄堅持把那些產品推出上市，特別專案組是一家已經準備好讓產品上市的公司核心。我們可以為全世界推出第一台配備真正的『所見即所得』網路（乙太網）軌跡球滑鼠，又有雷射印表機支援的個人電腦。」（艾倫比與筆者的對談：July 24, 2010）艾比・席維史東（Abbey Silverstone）在全錄瑟衰多分公司監督特別專案組的製造，道格・史都華（Doug Stewart）負責特別專案組的工程和整體運作。

33. Butler W. Lampson, et al., *Alto User's Handbook* (October 1976). 許多原始文獻現在都可以在網上找到：http://research.microsoft.com/en-us/ um/people/blampson/15a-AltoHand book/15a-AltoHandbook.pdf。

34. 訪問提姆・莫特（Palo Alto, November 22, 2010）。

35. George Pake to Paul Niquette, "Response to Gypsy Business Questionnaire" (August 27, 1975): papers of Lawrence G. Tesler. 羅伯・泰勒是全錄帕羅奧圖研究中心電腦科學實驗室副主任，二○一○年在電腦歷史博物館做簡報時，進一步闡述了這點：「實驗室不會推出產品，實驗室的任務是推出科技給那些負責推出產品的團隊。」(http://www.youtube.com/ user/ComputerHistory#p/search/2/Y0MsrrTo8jY) (May 13, 2010). 訪問賴瑞・泰斯勒（Portola Valley, August 14–November 9, 2014）和羅伯・泰勒（Woodside,

CA, December 17, 2010）。泰勒身為 NASA 外部研究專案的主任，後來又擔任美國國防部高等研究計畫署資訊處理處主任，為恩格巴特的擴增研究實驗室提供了最初的資金。

36. 系統開發部其實有兩個軟體中心：查理・爾比（Charles Irby）領導的概念設計和原型製作，主要是在帕羅奧圖完成；艾瑞克・哈斯朗（Eric Harslam）領導的加州南部瑟衰多分公司，主要是負責執行。這兩個中心以每秒五十六千位元的乙太網連接，相當於在早年實現了恩格巴特的願景：讓四處分散的團隊進行非同步的電子協作。

37. Budd Steinhilber, *Looking Backward*, vol. 2:99：未出版的回憶錄，巴德・史坦希伯授權引用。全錄那個案子後來交給平面設計師哈利・墨菲（Harry Murphy）。史坦希伯寫道：「墨菲完成了『文件』圖示，但他的圖只把文件折個角。至於『刪除』圖示呢？他用一個垃圾桶表示，那實在太妙了！全錄把墨菲設計的圖示放進新的 Star 系統螢幕中顯示──亦即我們現在泛指的『桌面』。」「桌面」這個比喻是商業文化的老化產物，個人電腦就是在那種商業文化中發展出來的。如今的年輕世代是由行動、多媒體、多工並行界定的新世代，「桌面」概念對他們來說已經變成古怪的老古董。

38. Charles Irby and Linda Bergsteinsson (ITG) and Thomas Moran, William Newman, and Larry Tesler (PARC), "A Methodology for Interface Design" (January 1977)：全錄的內部文件，查理・爾比大方提供給筆者。William L. Bewley, Teresa L. Roberts, David Schroit, and William L. Verplank, "Human Factors Testing in the Design of Xerox's 8010 'Star' Office Workstation," CHI'83 *Proceedings* (December 1983), and David Canfield Smith, Charles Irby, Ralph Kimball, and Bill Verplank, "Designing the Xerox Star User Interface," *Byte*, no. 4 (1982), pp. 242–82.

39. 大衛・萊德勒接受軟體設計協會人員採訪，Terry Winograd, ed., *Bringing Design to Software* (New York: Addison-Wesley, 1996), pp. 17–31。

40. 訪問大衛・萊德勒（Menlo Park, CA, February 1, 2011）、查理・爾比（Menlo Park, March 24, 2011）、比爾・佛普蘭克（Menlo Park, August 16, 2011, and July 18, 2013）。爾比領導資訊技術團隊，負責監督使用者介面的設計和功能，他寫道：「我們請產品規畫人員先定義目標辦公環境。我把設計師帶到那裡，請他們跟那些上班族一起坐兩天，以了解他們的工作……接著，我們回來以後非常強調一個概念模式的整體想法──亦即工作中用到的物件，以及工作時如何使用那些物件。我們這個團隊裡，約一半的人負責設計原型；他們是做軟體執行，每天都和設計師共事……我們要求設計組一定要謹守原則，我覺得後來衍生的效果很好。」Charles Irby in Goldberg, *A History of Personal Workstations*, pp. 523–24. 亦參見 Jeff Johnson, Teresa L. Roberts, William

Foreword by
John Maeda

Acknowledgments

Introduction

The Valley of
Heart's Delight

Research and
Development

Sea
Change

The Genealogy of
Design

Designing
Designers

The Shape of
Things to Come

Conclusion

Verplank, David C. Smith, Charles H. Irby, Marian Beard, and Kevin Mackey，他們寫道：「設計的一大目標是盡可能讓使用者覺得『電腦』是無形的。」"The Xerox Star: A Retrospective." *IEEE Computer* (September 1989), pp. 11–29.

41. Larry Tesler to Bert Sutherland, "Hobby and Personal Computers vs OIS" (November 3, 1977): papers of Larry Tesler, cited with permission.

42. 查爾斯・西蒙尼去微軟面試時，告訴保羅・艾倫：「重點不是全錄不知道答案，那很正常。重點是他們根本不知道問題是什麼。」Paul Allen, *Idea Man: A Memoir by the Cofounder of Microsoft* (New York: Penguin, 2011), p. 238. 其他由帕羅奧圖研究中心獨立分拆出來的事業包括 VLSI Technologies（道格拉斯・費爾貝恩〔Douglas Fairbairn〕）和為電視創造出第一個數位影像系統的 Aurora Systems（理查・舒普〔Richard Shoup〕）。

43. John Ellenby [et al.], "Proposal for a Capability Investment"（未發表，全錄的內部報告：November 3, 1978）。約翰・艾倫比大方提供這份歷史性文件給我，並在一次充實的交談中提供額外資訊（San Francisco, March 17, 2011）。

44. Alan C. Kay, "Microelectronics and the Personal Computer," *Scientific American* 237 (September 1977): p. 3. 艾倫・凱伊預測在未來十年內，「大人小孩都會有一台筆記本大小的個人電腦，效能幾乎可處理所有資訊相關的需求。」他在電腦歷史博物館的要求下，打造了一個「後設模型」──模仿當初那個已經遺失的模型，目前該模型是博物館永久展示品。

45. "Developing the First Laptop," in Bill Moggridge, *Designing Interactions* (Cambridge, MA: MIT Press, 2007), pp. 10–13 and 169–78. 這部分的其他資訊是根據下列訪談：約翰・艾倫比（San Francisco, March 17, 2011）、比爾・摩格理吉（Woodside, CA, March 3, 2008）、麥克・納托爾（Portola Valley, CA, March 13, 2011）。

46. 在約翰・艾倫比的「Wildflower」提案中，他預設一支約四十人的團隊，包括硬體和軟體工程師、一個製造基地、彈性的行政支援。他沒有把工業設計師納入團隊，因為他認為全錄會以下面的說法為由拒絕：「設計」只是用來確保企業身分一致，那可以由企業內部自己處理。訪問約翰・艾倫比（San Francisco, March 23, 2011）。

47. John Ellenby, quoted in "The Compass Computer: The Design Challenges Behind the Innovation" in *Innovation: The Journal of the Industrial Designers Society of America* (Winter 1983), pp. 4–8. See also Paul Atkinson, "Man in a Briefcase: The Social Construction of the Laptop Computer and the Emergence of a Typeform," *Journal of Design History* 18, no. 2 (2005), pp. 191–205. 比爾・摩格理吉的團隊包括工業設計師麥克・納托爾和工程師史帝夫・霍布森（Steve Hobson）。

48. 麥克・納托爾是比爾・摩格理吉的員工中，第一位加入其美國團隊的成員。他與筆者對談（Portola Valley, CA, March 11, 2011）。萊特在《自傳》（*Autobiography*）中提到，早年在幼兒園玩積木的經驗，激發了他的創意熱情。那積木是一八三〇年代福祿貝爾開發出來幫孩童學習幾何原理用的。萊特表示：「至今我仍記得那些積木的觸感。」

49. 我對這件往事的了解，主要源自下列訪談：該公司的共同創辦人大衛・萊德勒（Menlo Park, February 1, 2011）和早期工程團隊的一員戴夫・羅塞蒂（Dave Rossetti）（Milpitas, CA, April 5, 2011）。在矽谷的創業文化中，可能沒有工程師沒聽過上帝只花六天創造宇宙的那個笑話：「因為祂不必考慮預先安裝的基礎。」Metaphor 電腦與另一家成立不久的新創公司昇陽在山景城合租一棟綜合建築，它們都把未來賭在彼此的發展前景上。

50. Kristina Goodrich [Communications Director, Industrial Designers Society of America] to Mike Nuttall (May 15, 1985) and James R. Yurchenco to Steven Holt [Managing Editor, *ID Magazine*] (June 7, 1985)；吉姆・尤琴科提供給筆者的文獻收藏。這部分的其他資訊是根據下列訪談：吉姆・尤琴科（Palo Alto, March 11, 2011）和麥克・納托爾（Portola Valley, CA, March 13, 2011）。亦參見 *ID: Magazine of International Design* (July– August, 1985), pp. 90–91 and Hugh Alderssey-Williams, *New American Design: Products and Graphics for a Post-Industrial Age* (New York: Rizzoli, 1988), pp. 171–75 and 176–81。

03

Sea
Change

滄海巨變

一九七九年春季，專門服務一般百姓的非營利機構「設計中心」（Center for Design）剛在帕羅奧圖成立不久。那週造訪中心的訪客已經包括一位精神科護士（她在研究環境對癌症治療的影響）、一位小學教師（他對庫帕提諾〔Cupertino〕市中心的行人標示不清感到不滿）、一位當地的回收倡議者、一個來自舊金山的迷路建築師（有點酒醉），還有兩位來找工作的平面設計師。這天，彼得‧洛從設計中心的辦公桌上抬起頭來，看到一位身材高大、談吐得體的英國人晃進了設計中心，瀏覽著中心裡不太多的藏書和期刊。不久，他們展開了輕鬆的交談。

那位訪客才剛從倫敦遷居美國，他在倫敦有發展不錯的工業設計事業，希望到國外拓展第一個海外據點。因語言不通而排除義大利和日本這兩個選項後，他把搜尋範圍縮小到美國以及美國幾個最有活力的科技中心：麻州128號公路沿線發展已久的垂直整合科技長廊，以及擠在101號公路與280號公路之間呈水平網絡分布的新興矽谷。就像他之前的歷代探索者一樣，他決定到加州冒險一試。不過，啟程前往新世界之前，他已經挑選了十三家「很可能」的目標客戶及二十家「可能」的客戶。現在，摩格理吉正帶著設計作品集，逐一拜訪這些公司以開拓設計事業，但情況不太順利。

彼得‧洛對於歐洲移民潮所衍生的第一波效應很好奇。這時的矽谷無疑是新技術的中心，美國正處於一波長期經濟榮景的中期階段，那波榮景會一直持續到一九八〇年代初期。就像矽谷生態系統的其他元素一樣──創投業、高科技行銷、智慧財產權法、技術出版、模型製作──這裡的設計圈也迅速成長，光是帕羅奧圖就有一百二十七家設計事務所。不過，那個數字有誤導之嫌，因為除了GVO、Inova（六人合夥成立的浮誇顧問公司，不久就關門大吉），以及總部位於舊金山的Steinhilber Deutsch & Gard在山景城成立的分部之外，其餘

絕大多數都是一兩人創立的設計工作室，接案內容從餐廳的室內設計到秀展布置，再到塑膠零件，無所不包。[1] 那些能夠打進技術導向的半導體業或磁碟機產業的設計師，仍需要花大量的時間向工程師解說，因為工程師覺得他們的儀器早就「設計好了」。

費里斯與洛設計事務所（Ferris & Lowe）創立於一九六九年，是矽谷常見的那種典型獨立小公司，創辦人是兩個剛從聖荷西州立大學工業設計系畢業的年輕人。詹姆斯・費里斯（James Ferris）回憶道：「我們當初只想直接跳入業界，做產品和溝通設計，不想『從頭開始學習事業經營』。我們體驗了不少樂趣，設計了一些巧妙的東西，嘗試了創業是怎麼回事，也認識了一些有趣的人。」[2] 不過，他們知道自己是業界菜鳥，對於「歐洲」設計的象徵依然抱著敬意。一九七六年至一九七七年，他們甚至組團，帶著十幾位渴望在設計界嶄露頭角的美國設計師，到歐洲展開朝聖之旅。他們前往荷蘭恩荷芬（Eind-hoven）的飛利浦（Philips）、德國斯圖加特的保時捷設計工作室（Porsche Automotive Design Studio）、倫敦的皇家藝術學院（Royal College of Art）、米蘭的多莫斯設計學院（Domus Academy），最後到巴黎即將落成的龐畢度中心進行非公開參訪。當時他們一致認為，美國雖然有更大的發展機會，但歐洲的設計水準普遍比較高。

更慘的是，他們覺得自己遭到美國設計界忽視。美國設計界似乎抱著類似插畫家索爾・斯坦伯格（Saul Steinberg）的觀點＊，覺得紐約州哈德遜河以西都是貧瘠的內地。史塔利當時是 Ampex 的企業設計部經理，他也體會到許多西岸人覺得自己遭到「洛威、貝爾・蓋德斯

＊ 譯注｜一九七六年三月，斯坦伯格為《紐約客》畫了一張著名的封面圖，名為〈從第九大道看世界〉（View of the World from 9th Avenue），圖中顯示從紐約第九大道向西眺望，過了哈德遜河就是沙漠，太平洋遠方有中國、日本、蘇聯。那幅畫描繪了當時曼哈頓人的世界觀。

（Bel Geddes）、德雷福斯、蒂格等著名設計公司」邊緣化的感受。一九三〇年代，那些設計大師的繼任者覺得，即使對不懂設計的客戶對牛彈琴也無妨，「但是在加州做設計，你除了需要精通各種設計技巧之外，還要懂機械工程、人因、產品規畫，以及大量的製造技術。這些要求對東岸的設計師來說，可能有損尊嚴」[3]。有些設計師對於自己遭到忽視感到不滿，選擇回歸母公司──HP、富美實、IBM、瑞侃、洛克希德、NASA──的工程文化。有些設計師選擇全力投入這個領域，努力尋求全國性組織的認可。

美國工業設計師協會創立於一九六五年，「北加州」是原始的十個分區之一。舊金山分會（其實是從加州中部延伸到加拿大邊境）剛成立的那十年，多數時候都不甚起眼，幾乎從未吸引過總會的關注。一九七四年舊金山分會只有九個成員，那個圈子很小，所以分會長約翰‧加德還可以獨自一人代表美國工業設計師協會去拜訪新加入的成員。不過，到了一九七〇年代末，這個分會的會員變得難以駕馭，套用美國工業設計師協會總會長卡羅‧甘茲（Carroll Gantz）的說法，舊金山分會已經變成「美國工業設計師協會不滿情緒的集中點」[4]。新世代的工業設計師受到德裔英籍經濟學家修馬克（E. F. Schumacher）、奧地利設計師暨教育家維克多‧巴巴納克（Victor Papanek）、《全球型錄》（Whole Earth Catalogue）的文章所啟發，日益覺得美國企業是推動盲目消費主義的動力，即將為環境帶來浩劫，而不是獲利豐厚的設計合約。甘茲回憶道：「年輕設計師想設計城市，而不是設計烤麵包機。」他們把美國工業設計師協會視為只會官官相護的權貴俱樂部，「沉悶、傳統、專制、官僚」。在一九六八年學生抗議運動的顛峰期，那些美國工業設計師協會權貴是在威斯康辛州日內瓦湖畔的花花公子俱樂部裡開年會。

美國工業設計師協會舊金山分會祕書瑪妮‧瓊斯（Marnie Jones）

Foreword by
John Maeda

Acknowledgments

Introduction

The Valley of
Heart's Delight

Research and
Development

Sea
Change

The Genealogy of
Design

Designing
Designers

The Shape of
Things to Come

Conclusion

是剛從史丹佛大學設計研究院輟學的學生。一九七七年二月，她寄出第一期的月刊給分會的一百位會員。最初幾期的月刊是用她跟室友借來的史密斯―科羅納（Smith-Corona）可攜式電動打字機製作的，但感覺前景無限。她非常謙虛地寫道：「美國工業設計師協會月刊應該彰顯出這個協會的特質。」因為那是美國國內首例，而且注定成為描繪及塑造這個新興社群集體特質的鮮活力量。「我們希望被視為一群死板的商業人士呢？還是一群有原則、機靈、聰明、有創意、務實、坦率、對企業財務不可或缺的專業人士？」[5] 美國工業設計師協會的舊金山期刊《NEWS》發行一年後，已累積五百名訂戶，其中不到三分之一是美國工業設計師協會的正式會員。瓊斯表示，「這是分會的期刊，但我覺得它是在為本地的設計圈服務，不只是服務會員。」[6]

《NEWS》就像網路出現以前的部落格，號召大家關心多種議題，以幫忙界定這個地區設計文化的範疇：環境挑戰、為殘疾人士設計、設計教育、跨學科合作、電腦（「奇特的東西，但卻不是很實用」）。一些反偶像的客座作家嚴詞批評洛威的過度商業化，取笑德雷福斯的《人體尺度》（*Measure of Man*）裡那些過於理想的刻板人體尺度（「你還在為那種體型做設計嗎？」）。那份期刊的文字充滿了閒談風格，但情報豐富，報導的會議也很有趣。每月聚會是刻意安排在瑞脊酒莊（Ridge Winery）之類可眺望矽谷的地方，參觀史丹佛線性加速器中心（Stanford Linear Accelerator Center）或「克拉瑪斯號」（*Klamath*，這艘停泊的渡輪也是朗濤策略設計顧問公司的舊金山總部）之後，最後大家免不了會聚集在當地的酒館。[7] 然而，這種社交聚會不容小覷，它們促成了多元專業圈子的形成，而且參與者都有強烈的自我意識。事實上，正因為這些會員生氣勃勃，充滿凝聚力，舊金山分會才會大膽爭取舉辦美國工業設計師協會全國年度大會。

那次大會是在蒙特雷灣（Monterey Bay）邊的阿西洛馬會議中心

（Asilomar Conference Grounds）舉行。在此之前，美國工業設計師協會早就因為促進資本主義過剩的問題，又未能做出更多的貢獻而遭到抨擊，這場大會更顯現出這個專業協會的慌亂與狼狽。[8]此外，在這場指標性的阿西洛馬大會上，各界對於設計應該更加關注社會和生態的要求也齊聚於此。協會內部早就逐漸增溫的改革聲浪，此時演變成呼籲民主改革的運動。那次大會對美國工業設計師協會來說是一大轉捩點，一舉把西岸設計圈推向全國、甚至是全球矚目的地位。甘茲認為：「就在那個時點，美國工業設計師協會的領導風格開始從非選舉產生的元老獨裁掌控，變成由一般會員進行民主管理。」[9]

彼得‧洛和史塔利一起擔任阿西洛馬會議籌畫委員會主席，他們為那次會議增添了改革的緊迫性及樂觀看待前景的特質，還有灣區獨到的觀點（以異於潮流的方式擁抱科技）。「我們一致認為，我們想要創造出驚天動地、令人振奮、印象深刻的東西。」而且，他們運用設計流程來達到這個目標：腦力激盪該如何呈現牆上的牛皮紙；讓思維擴散至大膽的主題，接著再凝聚到特定的講者身上；為可行的點子不斷做原型設計。他們本來打算把那場會議命名為「Options」（選擇），後來又覺得那個名稱沒什麼吸引力而淘汰。後來，有人突然提到：「取名為『Thrival』（蓬勃）如何？」那一刻令人屏息，讓人不禁聯想到義大利詩人馬里內蒂（F. T. Marinetti）七十年前開創未來主義的情況。

在接下來的二十四小時內，我們每個人肯定都對自己和彼此說那個字眼上百萬遍了。我們入睡時說那個字，醒來時也說那個字，跟彼此通電話時也說那個字。「Thrival？」對！就是它了。接著，我們需要想一個修飾語……那似乎需要做點說明，而且搭配「Thrival」那個字眼要很好聽，韻律恰到好處，不能給人說教的

Foreword by
John Maeda

Acknowledgments

Introduction

The Valley of
Heart's Delight

Research and
Development

Sea
Change

The Genealogy of
Design

Designing
Designers

The Shape of
Things to Come

Conclusion

感覺，語調要恰當。我們想了幾十個修飾語⋯⋯「超越生存」
（Beyond Survival）似乎很到位。[10]

「蓬勃：超越生存」是為了顯示：我們已經來到一個十字路口，
設計師現在必須決定，他們究竟想成為問題的一部分，還是想辦法解
決問題。「導正自我的時候到了，因為即使科技和量產在某些方面改
善了生活品質，但目前的發展方向是有害生命的。」[11]設計師能做
的，不僅是把我們從萬劫不復的深淵邊緣拉回來。他們有能力把科技
人性化，想像替代方案，幫我們不僅生存下來，而且**蓬勃發展**。

矽谷的設計專業人士共同組成籌畫委員會，一起擔任志工，他們
大多白天還有正職。[12]大會期間，每天早上都是以瑜伽和冥想開始，
每天下午都是在海灘上放風箏結束。以德州阿馬里洛（Amarillo）的
「凱迪拉克牧場」（Cadillac Ranch）裝置藝術聞名的激進派建築團體
「螞蟻農場」（Ant Farm），在美國工業設計師協會首度舉辦的汽車
展上展示他們最新設計的「魅影夢幻車」（Phantom Dream Car），
車子周邊妝點著許多電視螢幕。費里斯（不久之後就加入剛創立的
Apple，擔任首任創意總監）為那場會議設計了一幅海報，把地球描
繪成一個發光的脆弱球體，懸浮在兩個呵護的手掌之間。他們沒有製
作傳統的會議日程，而是做了一本六十頁的《蓬勃》手冊，向會議開
幕前幾週過世的設計大師查爾斯・伊姆斯（Charles Eames）致敬。

最重要的是，會議邀請的講者陣容十分堅強，其中很多人從未對
著一群設計師發表過演說。獲加州「月光州長」傑瑞・布朗（Jerry
"Moonbeam" Brown）任命為加州建築長的西恩・范德賴恩（Sim Van
der Ryn），在會中說明「適當技術」（appropriate technology）的概
念。史丹佛研究院一群社會學家提出三種未來情景：「動態現狀的延
伸」、「經濟低迷」、「文化轉型」，做為長期規畫的架構。[13]會

議的主題講者是拉夫・納德（Ralph Nader），他在開幕式上嚴詞痛批，設計師是以多餘、不健康、不安全的產品污染地球的幫凶。他遭到現場一些以此為生的設計師嘲笑及質問，不過新生代的設計師覺得納德幫他們發聲了。許多灣區人「覺得納德跟我們是同一陣線」[14]，傑・威爾森就是其一。

在一九六〇年代加州反主流文化的微弱餘暉中，「蓬勃」大會揭露了美國工業設計師協會這個全國組織內部的深刻裂痕，也發表了令在場四百多位設計師震驚的激進議程。來自日本工業設計師協會和英國設計協會的代表，以及美國各地、墨西哥、環太平洋地區的美國工業設計師協會成員，紛紛寫信給這次大會的籌畫者，為他們努力幫日益自滿、保守、過度商業化的設計界拓展視野表達謝意，有些則是在信中表達了同仇敵愾之情。美國工業設計師協會總部的領導者向來鄙視舊金山灣區分會成員，覺得他們是一群「沒大沒小，不懂尊重的嬉皮」。但那次大會讓大家對舊金山分會留下了專注、活力十足、把握當下的印象。

從很多方面來說，一九七八年九月底舉行的阿西洛馬會議，是矽谷這個新興設計圈的關鍵時刻，因為從此以後，矽谷開始展現一種截然不同的區域特質。以前他們努力爭取外界的認同，現在這些積極行動的設計師開始貶抑美國工業設計師協會這個全國性組織過於狹隘、落伍、自以為是。設計業的界線似乎正在消失，新的結構正在成形。矽谷一群專業人士受到西岸藝術總監俱樂部（Western Art Directors' Club）的邀請所鼓舞，開始討論在帕羅奧圖市中心的萊頓公園（Lytton Park）所舉辦的每週野餐上，如何善用共同的興趣。一九七七年夏季，「蓬勃」大會緊鑼密鼓籌畫之際，舊金山的平面設計師詹姆斯・史托克頓（James Stockton）構思了一種多領域密切交流的聚會，讓各領域專業人士齊聚一堂，一起探索那些隱匿在各領域邊緣的點子。這

Foreword by
John Maeda

Acknowledgments

Introduction

The Valley of
Heart's Delight

Research and
Development

Sea
Change

The Genealogy of
Design

Designing
Designers

The Shape of
Things to Come

Conclusion

個構想促成了史丹佛設計會議（Stanford Design Conference）的誕生。

當時，創意人士唯一能交流的場合，幾乎只限於亞斯本（Aspen）舉行的知名國際設計會議，以及各種專業協會的年會。因此，史丹佛設計會議很快就成為這個求知慾旺盛的社群相互交流的另一個接觸點。在連續十四年的會議中，主辦者費盡心思拓展專業領域的界線，甚至對「設計」這個概念提出質疑。事實上，與其說那是「設計」會議，不如說是一種「刻意設計的」會議：它讓物理學家和遺傳學家有機會跟建築師及城市規畫師接觸；讓工程師和發明家有機會跟攝影師及漫畫家共進午餐；讓作家和評論家有機會跟舞蹈家及音樂家一起爬山健行；讓研究生有機會保護他們的教授，以免教授遭到生存研究實驗室（Survival Research Labs）釋放出來的失控噴火機器人攻擊。巴巴納克遭到美國工業設計師協會除名，在多數專業聚會中是不受歡迎的人物，但他是第一個受邀到史丹佛設計會議演講的嘉賓。赤腳的賈伯斯坐在草地上，暢談設計與工程流暢整合的理念，他周邊圍坐的二十幾歲年輕人個個聽得入神。由於史丹佛設計會議對流程的重視更甚於設計作品，只限三百人參與，而且他們刻意讓國際知名人物不僅彼此交流，也跟學生、年輕專業人士、無關領域的訪客相互交流，所以史丹佛設計會議的影響就像催化劑一樣，如病毒般傳播，融入矽谷那個更大的設計文化中。[15]

以上這些目的相互重疊的活動，促使彼得‧洛和瑪妮‧瓊斯於一九七九年春季成立「設計中心」。創立資金的來源包括美國國家藝術基金會（National Endowment for the Arts）提撥的兩萬五千美元補助金，他們自掏腰包的投資，以及「大量威迫利誘、軟硬兼施的募款」。設計中心一開始成立時很陽春，只向加州註冊名稱，設計一個商標，印製無個性化的名片，申請一個電話號碼。不久，設計中心就發展成一個雇用五名正式員工，並吸引二十多位志工熱情參與的組

織。這些志工包括多位工業設計師和平面設計師、一位景觀建築師、一位攝影師、一位展覽設計師、一位藝術巡演展總監、兩位執業律師。他們的熱情呼應了「蓬勃」大會宣揚的一大主題：「何不讓客戶和使用者參與設計流程呢？何不讓小孩和狗進入現場呢？」隨著美國工業設計師協會落實民主化，下個合理的演進是設計本身的民主化：「設計走出象牙塔，跟設計的目標受眾一起分享的時候到了！」[16]

　　設計中心希望能為這個逐漸壯大的設計圈凝聚能量，讓大眾注意到設計在日常生活中的角色，也培養設計圈和大眾之間的互動。[17]雖然英國設計協會從一九五六年開始在倫敦經營設計中心，德國國際設計中心（Internationales Design Zentrum）從一九六九年開始在柏林營運，當時世界各地還有十六個國家成立全國性的設計中心，但是美國並沒有類似的機構。設計中心的創辦人沒有想要把這個地方開發成全國性的中心，而是把它視為探索在地模式的機會，他們形容那裡是「草根及人本的」。他們刻意把設計中心構思成一種原型。創辦人及資助者都認為，其他城市建構類似機構時，可以把它視為參考模型。

　　雖然長遠來看，這個構想證實是無法長久延續的，但在設計中心存續期間（彼得・洛描述這個設計中心是由「一群立意良善的閱讀障礙者」管理），它不停地營造一個論壇，促進各領域及團體之間的點子交流：設計中心的月刊《中心線》（Centerline）刊登各種演講和展覽活動；設計中心也為專業人士、有興趣的大眾和小孩開了許多課程。這個座落在森林大道（Forest Avenue）旁的迷你中心裡，有參考文獻館、模型車間、瓦楞板做成的貨架上展示著「Design to Go」商品的零售店。設計中心也贊助一些公益活動，例如一項特別的能源計畫和「能動計畫」（Project Enable），後者是受到亞登・法瑞的例子啟發，以發掘及因應殘疾人士的需求[18]。設計中心的夥伴熱情吸引設計師、客戶和大眾來參與活動。顛峰時期，設計中心在矽谷及大灣

Foreword by
John Maeda

Acknowledgments

Introduction

The Valley of
Heart's Delight

Research and
Development

Sea
Change

The Genealogy of
Design

Designing
Designers

The Shape of
Things to Come

Conclusion

區接觸到的從業人員及設計愛好者多達一萬兩千多人。瓊斯在寫給國家藝術基金會的一封信中興高采烈地提到：「設計中心是我參與過的專案裡，最令人振奮的一個。這裡有無限的發展可能，而且似乎已經步上軌道。」[19]

　　一九七九年摩格理吉踏入設計中心時，矽谷的狀況就是如此。當時來到美國的歐洲人——英國的摩格理吉和納托爾先來，接著是哈特姆·艾斯林格（Hartmut Esslinger）和他的德國團隊——並不覺得新世界是荒無人跡的沙漠，而是一片有很多人開墾過的沃土。不過，彼得·洛仍記得當時曾經納悶：「這些人為什麼要來這裡？他們在矽谷發現了什麼機會，是我們這些美國設計師沒看出來的？」

　　摩格理吉設計事務所（Moggridge Associates）在倫敦是一家頗受好評的工業設計顧問公司，累積了十年的設計成果：為 Computer Technology 公司設計桌上型迷你電腦的原型，那個原型促使他早在一九七三年就開始思考散熱、連接器、介面等議題；為 ITT-Madrid 設計一台資料輸入終端機和一台電腦記憶程式記錄器；為 Hoover 公司設計一種家用風扇式加熱器，它有類似風洞的流線外型，把空氣送經熱交換器，再吹到寒冷的英國臥室裡，如果那設計有製造出來的話是那樣運作的。[20] 事實上，正因為摩格理吉越來越擅長處理科技產品的美學和人體工學，再加上英國日益偏離製造業、轉向服務業發展的趨勢令他感到失望，所以才會想要前往美國探索新事業。一九七九年，他向客戶宣布，公司即將在加州開設事務所：「我們之所以選擇舊金山灣區，是看好那裡的電子技術，也希望能把那裡的技術知識傳回英國的事務所。」[21] 雖然他暗示 ID Two 基本上只是為了支援英國本土事業而設立的殖民前哨，但他把全家安置在帕羅奧圖一棟二十世紀中葉興建的現代玻璃房屋，在車庫裡鋪上人工草坪地毯，開始去招

攬生意時，他非常清楚自己在做什麼。

　　相較於古老的英國飽受強大工會、生產力下降、工廠倒閉、利潤微薄所擾，矽谷在摩格理吉眼中宛如虛幻的天堂。歐洲的設計文化是走菁英、階級的路線，他在加州很快就發現自己身處在「資訊網絡」中，加入「無形的學院」，享受著從未聽聞過的合作經驗，亦即企業與學術界之間、在相互競爭的公司裡任職的個人之間，甚至競爭企業之間的合作。[22] 不過，即使這裡是充滿機會的樂土，卻也是錯失許多良機的地方。當時英國建築評論家雷納・班漢（Reyner Banham）稱之為「卓越小發明」的美國傳奇故事裡，不僅沒提到新產品的出現，連全新產品類別的出現都沒提到。總之，在歐洲設計的精緻傳統和美國工程的大膽創新之間，仍存在著很大的空間尚未探索。「這裡就像一張白紙，不像一般情況已經布滿了產品先例、製造設備、配銷通路。」[23] 這正是設計師的夢想。

　　後續幾年，摩格理吉持續擴大工作團隊、人脈和客群，並學習採用一套不同的規則。他指出，「在成立已久的公司裡，很多時間和精力是花在說服管理高層接納設計團隊想好的提案。」相反的，在矽谷的新興公司，「一旦大家認同點子，就可以馬上行動。」[24] 隨著 GRiD Systems 和 Convergent Technology 等客戶開始給 ID Two 穩定的設計案源，摩格理吉把英國皇家藝術學院畢業的納托爾從倫敦的事務所調過來，也開始精挑細選在矽谷本地土生土長及剛搬來矽谷的設計師，讓 ID Two 得以推出設計嚴謹的作品，同時兼顧科技和人文的考量。一位早期的客戶提到：「我們一致認為工程設計和工業設計能夠彼此相容。我覺得他的設計把形式與人體工學及扎實的工程設計融合在一起，那正是我想要的。」[25]

　　雖然那種融合在歷史上確實很有名，但過程並非一路順遂。Convergent Technology 創立於一九七九年，專門為 OEM 公司，例如寶來

Foreword by
John Maeda

Acknowledgments

Introduction

The Valley of
Heart's Delight

Research and
Development

Sea
Change

The Genealogy of
Design

Designing
Designers

The Shape of
Things to Come

Conclusion

（Burroughs）、美國無線電公司（RCA）、漢威（Honeywell），供應智慧電腦工作站。Convergent Technology 的第一批產品是一系列顯示器電腦和周邊設備，深獲市場好評，所以公司迅速成長。三年後，Convergent Technology 把先進資訊產品部門（AIPD）獨立分拆出去，以便為行動專業人士開發及行銷工具。在馬修・桑德斯（Matthew Sanders）的領導下，先進資訊產品部展開為期一年的瘋狂開發，以打造能夠執行商業試算表程式的平板電腦 WorkSlate。摩格理吉是在史丹佛大學的產品設計系兼任教職時，認識了桑德斯。WorkSlate 的設計是由摩格理吉的合作夥伴納托爾負責，英國人為這個設計案所取的代碼是 Ultra。

WorkSlate 的案例充分顯示出那個新創公司大量出現的時期，設計師所面臨的獨特挑戰。當時公司的資金很充裕，Convergent Technology 剛完成矽谷歷史上規模最大的公開募股案（IPO），科技業者普遍都有極度的自信。三十年後的今天，我們覺得帶著可執行多種 app 的超薄八吋半乘十一吋平板電腦到處跑沒什麼大不了，但在一九八○年代初期，行動運算幾乎每個面向都尚未經過測試，也未證實可行。納托爾認為，設計師的任務是平衡許多互斥的目標，達到「不太大、不太重、不太醜、不太貴」的結果。當時沒有任何先例可以指引他們，一位工程經理坦言：「根本是瞎子騎瞎馬。」[26]

不過，這種充滿不確定、模糊與妥協的空間，正好是最適合設計師發揮的環境。工程師通常把焦點放在技術上，並問道：「這怎麼運作？」但設計師在這種開放的創新氛圍中，學習以人為本，然後問道：「大家會怎麼使用呢？」在以前那個研發音頻振盪器、氣體分析儀的時代，這種問題向來無關緊要。這種人本方法是靠使用者測試計畫來提供資訊，這樣做讓 WorkSlate 計畫可以兼顧電腦的功能性和計算機的簡便性。

納托爾為 WorkSlate 設計的簡約外觀，掩飾了機器內部需要克服的超級難題。為了使機器達到前所未有的薄度（不到一吋），並容納各種周邊裝置的連接埠，電路板是以未經測試又昂貴的表面安裝技術所組成，導致製造成本遠高於原訂的目標四百九十九美元。於是，他們不得不削減行銷預算，導致產品無法在媒體上全面曝光。不過，後來真正導致計畫失敗的關鍵，在於那個極度壓縮的十二個月開發週期，因為那表示 WorkSlate 從工程設計到生產製作之間，無法安排足夠的測試階段。所以後來 WorkSlate 銷售慘澹，品質欠佳，原本執行長艾倫・米契爾斯（Allen Michels）還發下豪語，說那個產品將「徹底擊沉 GRiD Compass」，結果 WorkSlate 反而自己沉了。[27]

不過，為矽谷設計帶來滄海巨變的浪潮不是源自於英國，而是源自一九七六年由賈伯斯和史蒂夫・沃茲尼克（Steve Wozniak）這兩個出人意料的搭檔在車庫裡成立的新創企業。現在每個人都知道據傳個性內向的沃茲尼克是怎麼組裝電路板，接上鍵盤和黑白電視機，然後拖著那台「Apple I」到史丹佛線性加速器中心，參加自組電腦俱樂部每週兩次的聚會。據說那群人仔細研究沃茲尼克的創新微型電腦時，賈伯斯也在研究那群人。[28]

當時，自組電腦俱樂部的業餘玩家和《大眾電子》雜誌（*Popular Electronics*）的組裝愛好者，從山景城的電腦專賣店 Byte Shop 訂購 Apple 組裝好的印刷電路板，拿回家裝在斜接的木箱或鉚接的金屬機殼裡。沃茲尼克持續改良機器的技術面（包括色彩、高解析圖像、以更簡潔的程式碼和更少的晶片加快運轉速度），賈伯斯則是不斷追求「電腦是全功能獨立產品」的目標，他認為電腦應該更接近家電，而不是技術裝置。他向第一位撰寫 Apple 歷史的作家坦言：「我一直想把電腦放在塑膠殼裡。」[29] 受到廚房家電品牌美膳雅（Cuisinart）新

Foreword by
John Maeda
Acknowledgments
Introduction
The Valley of
Heart's Delight
Research and
Development
Sea
Change
The Genealogy of
Design
Designing
Designers
The Shape of
Things to Come
Conclusion

推出的全功能獨立家電所啟發，賈伯斯和沃茲尼克開始尋找能幫他們實現夢想的工業設計師。

他們已經看過隆納·韋恩（Ronald Wayne）提出的初步設計。韋恩是雅達利的產品開發工程師，賈伯斯曾在雅達利焊接電路板六個月，因此認識了韋恩。[30] 韋恩的初步設計似乎促使他們更想改良原始的概念，所以他們開始逐一拜訪當地最知名的設計顧問公司。GVO 的沃格和 Inova 的加德都拒絕承接這項冒險任務後，他們找上馬諾克綜合設計公司（Manock Comprehensive Design）。當時矽谷開始出現許多一人組成的設計事務所，馬諾克就是其一。

傑瑞·馬諾克（Jerry Manock）是當地的設計師，史丹佛大學產品設計研究所畢業。研究生時期，他曾到光譜物理公司跟著克萊門實習，畢業後短暫待過 HP 和 Telesensory Systems（開發輔助裝置以協助盲人閱讀，做法是把光符轉換成觸覺刺激）。[31] 後來，受到富勒的願景「綜合預期設計科學」（comprehensive anticipatory design science）所啟發，又上了幾門企管課程之後，馬諾克開始自己接設計案，他的客戶包括飛歌—福特公司（Philco-Ford）、天寶導航（Trimble Navigation），以及其他幾家技術密集型的矽谷公司。當時最熱門的流行語是**同步工程**（concurrent engineering），亦即要求設計師擔任系統思考者，與模具工程師、電子供應商，以及任何可能參與安裝可攜式雷達設施或衛星導航系統的人密切合作的模式。

一九七七年一月，馬諾克在帕羅奧圖市中心找到一個長十六呎、寬八呎的小房間，在那裡搞定了工作室。裡面擺了一個繪圖板、兩把直尺、一支熱膠槍（為了做原型），以及他心愛的 HP-35 計算機。這時，他接到一通電話，叫他去參加自組電腦俱樂部下一次的聚會。他抵達現場時，看到當時二十一歲的賈伯斯同時跟四、五個人輪流對話。不過，兩人後來還是談定了合作條件（馬諾克要求預付款）。接

下來的三週，馬諾克為一個精巧的外殼設計了一套機械製圖，那個外殼不僅可以為沃茲尼克的電路板散熱，也可以容納電源供應器，並提供使用者一套傾斜的完整鍵盤。

　　馬諾克提出一套簡潔的楔形板坯設計，但他並沒有意圖藉此表達什麼設計理念。「標準鍵盤的尺寸決定了機器的寬度。主機板和電源供應器的尺寸決定了機器的深度。周邊板子的垂直方向決定了機器的高度。如果有人在鍵盤上打字，那個鍵盤的角度將會很接近十二度。」[32] 剩下的設計考量，包括色彩、圓幅、圓角，讓他有機會把外殼設計得更柔和、平易近人、更有吸引力，但是這些細部美化依然受到「一切全靠手繪」的限制，複雜的形狀很難畫出來。馬諾克訂製了二十個手工完成的反應射出成型塑膠外殼。四月，Apple II 的原型在西岸電腦展上亮相，看起來就像大型電腦製造商量產的產品一樣。

　　大受歡迎的 Apple II 是以完全組裝好的方式銷售，也是第一台不是裝在矩形板金機殼裡的個人電腦——這個細節看似尋常，但是對電腦業及設計業來說很重要。賈伯斯的說法最能充分彰顯這一點：

> 我們認為，相對於每一位能夠自己組裝電腦的**硬體**玩家，這世上還有一千位無法自己組裝電腦的**軟體**玩家。我們覺得，如果我們能製造出一台大家不需要自己組裝的電腦，就可以銷售更多電腦——結果證明我們的想法沒錯。所以我們想把 Apple II 放在更能反映人本觀點的外殼裡。我們找到實現那理念的方法後，接下來的問題是：「那應該長什麼樣子？」、「它該傳達什麼？」、「它該怎樣運作？」。那些問題引導我們去思考那些事。[33]

　　換句話說，傳說中賈伯斯對「設計」的偏執，其實是出於策略目標的考量，而不是像無數評論者誤解的那樣，是一種原始力量的驅

Foreword by
John Maeda

Acknowledgments

Introduction

The Valley of
Heart's Delight

Research and
Development

Sea
Change

The Genealogy of
Design

Designing
Designers

The Shape of
Things to Come

Conclusion

使。既然決定把電腦設計成一個密封獨立的消費性產品,接下來自然必須解決設計的問題:外殼的美學呈現;軟體的介面;開箱體驗或使用者手冊的瀏覽──總之,就是整個產品的一切細節給人的情緒感受。一年內,馬諾克已經把百分之八十的時間都花在 Apple 的案子上,而且需要做的事情比他能處理的還多。

這樣說並不表示賈伯斯沒有為這個專案貢獻深厚的美學素養:他跟摯友提過他看著父親(光譜物理公司的技師)在自家的車庫修理汽車;欣賞他們郊區那些艾克勒住宅(Eichler houses)*的梁柱透明性;他在二〇〇五年對史丹佛大學畢業生的演講中,回憶到他從里德學院(Reed College)輟學後去旁聽書法課的體驗;他也學會欣賞沃茲尼克那些電路設計的優雅結構。[34] 平易近人的「個人」電腦概念,確實是源自於艾倫‧凱伊構思的 Dynabook,但賈伯斯在設計方面所獲得的教育可以更直接地溯及他和詹姆斯‧費里斯的往來。費里斯在矽谷的指標性行銷公司雷吉斯麥金納公司(Regis McKenna, Inc.)負責 Apple 這家客戶。從十年前費里斯和彼得‧洛所安排的「歐洲設計之旅」可以看出,費里斯深深地沉浸在歐洲的設計文化中,他也是知識淵博的嚮導與良師益友。一九七九年,他跳槽到 Apple,擔任 Apple 首任創意總監後,和賈伯斯花了很多時間爭論究竟是什麼因素讓某些產品脫穎而出,以及思考好產品和爛產品對使用者的影響。他們曾經滔滔不絕地爭辯,初代麥金塔電腦應該更像保時捷還是法拉利(「我們後來認為麥金塔可以比保時捷和法拉利更好!」)。他們無時無刻都在討論這些議題,工作中、開車一起去某處、會議上、派對上、飛

---

* 譯注|一九五〇年代至一九七〇年代,美國建築開發商約瑟夫‧艾克勒(Joseph Eichler)建造的住宅形式,採現代設計風格,以大面積玻璃牆來區隔空間,高天花板,院屋一體,寬敞開闊。賈伯斯兒時故居便是艾克勒住宅,其簡約風格影響了日後 iPhone 的設計。

往紐約或夏威夷途中，最後演變成一套成熟的理念。費里斯回憶道：「對賈伯斯來說，重點不只在於產品或甚至品牌設計，而是一種完整的設計思考，一種思考及了解事情的方法。」[35]

　　賈伯斯正好出現在矽谷設計發展史的中間點，而且由於他賦予設計一個主流技術公司裡前所未有的地位，基於這個簡單的原因，他的出現也成了整個設計發展史上的轉捩點。這不僅發生在產品設計的水準上，同樣重要的是，也發生在公司本身的設計，以及公司想要投射出來的形象上。一九八四年擔任 Apple 創意總監的克萊蒙・默克（Clement Mok）表示，「如今回顧過往，我從他那裡學到如何設計一個概念：也就是說，你需要設計內部，設計外部，設計周遭的一切。」[36] 隨著 Apple 設計理念的成熟，那理念逐漸涵蓋硬體和軟體、溝通與廣告、年報、秀展，以及 Apple 知名的「活動行銷」（event marketing）概念。默克接著說：「賈伯斯使用『設計』這個詞時，他是主張硬體、軟體、廣告、溝通、使用者經驗等方面都需要設計……專案不分大小，無論有沒有必要那麼費心，都給予同樣細膩的檢視和關注。」

　　儘管傳說中的賈伯斯很任性，管理風格惱人，又有無堅不摧的「現實扭曲立場」，但他不可能獨自辦到這一切。相反的，此時正好是尋找才華洋溢的合作夥伴來共事的最佳時機。半導體時代定義了矽谷的一九七〇年代，隨著一九七〇年代的結束，矽谷正迅速演變成帕羅奧圖研究中心的遠見家凱伊所想像的「個人電腦」時代。核心技術開始從企業的研發中心、大學的實驗室、郊區的車庫移轉出來，讓想要抽離工業設計師及工程師執念的新一代「產品設計師」有機會接觸到這些新技術；工業設計師執著於外型設計，工程師則是只關注可衡量的績效。這些人或多或少自主地組成團體，合力解決特定的問題，例如振動或黏合劑，並在問題解決後自然地解散，不帶任何包袱，繼

Foreword by
John Maeda

Acknowledgments

Introduction

The Valley of
Heart's Delight

Research and
Development

Sea
Change

The Genealogy of
Design

Designing
Designers

The Shape of
Things to Come

Conclusion

續去尋找下個機會。「基本上誰擁有客戶關係並不重要，」矽谷設計研究先驅戴維斯・馬斯騰（Davis Masten）回憶道：「真正重要的是有機會開發這世上全新的東西。」[37]

迪恩・哈維（Dean Hovey）和大衛・凱利（David Kelley）招募一群史丹佛產品設計研究所的畢業生一起成立事務所時，矽谷就是處於這樣的氛圍：那些人包括吉姆・薩克斯（Jim Sachs）、道格拉斯・戴頓（Douglas Dayton）、瑞克森・孫（Rickson Sun），還有拿藝術創作碩士學位的尤琴科，當時他幾乎已經常駐在學生工坊製作精密的動態藝術雕塑。一九七八年七月，陸續接到幾個小專案之後，包括為 Chemetrix 設計血球計數分析儀、為 Zilog 設計模組化的電腦機殼，他們組成合夥事業，在市中心某棟建築的二樓租下工作室，與一些畫家、小說家、裁縫師、數學顧問等自由工作者一起在那棟建築裡工作。「我們都覺得這是有趣的差事，只要有案子持續進來，我們就會繼續做下去。」尤琴科回憶道：「但我們也預期幾年後大家會分道揚鑣。」[38]

某天大衛・凱利走在街上，遇到馬諾克，主動向他自我介紹，他們的合作關係幾乎是馬上展開：先是合作設計操縱桿，接著是為命運多舛的 Apple III 做工業設計。他們建立了可靠的合作關係後，迪恩・哈維壯起膽子跟賈伯斯見面，向他推銷一些新點子：「我開始逐一說明清單上的點子時，他說：『好了，迪恩，別說了。你們需要做的——我是指，我們需要一起做的——是打造滑鼠。』」[39]哈維根本不知道什麼是滑鼠。

矽谷設計的恢弘世界裡，像這樣看似微不足道的細膩設計往往最引人關注。眾所皆知的傳說提到，賈伯斯兩天前才剛去造訪全錄帕羅奧圖研究中心，看到他們以要價五百美元的三鍵「滑鼠」做為輸入裝置，那個滑鼠是以恩格巴特的「x-y 定位器」為基礎，為 Alto 電腦和

Star 工作站設計的。[40] 帕羅奧圖研究中心研究員把它視為敏感的實驗室儀器，但賈伯斯覺得那是讓電腦新手自在操作電腦的關鍵器材，甚至是以親密的方式操作電腦的法寶（賈伯斯後來和哈維討論時，把手放在大腿上移動，說他希望有一個裝置可以在牛仔褲上操作）。哈維凱利設計公司的成員沉著自信地接下這個挑戰，但後來吉姆‧薩克斯憶起這件事時坦言：「既然他願意付我們二十五美元時薪做這件事，我們大可設計一個太陽能烤箱給他。」[41]

　　這群聰明的年輕人連滑鼠是什麼、做什麼用途、如何使用都不知道，卻講出那樣的狂言。但那番話所彰顯的意義，不是他們不知天高地厚。事實上，激勵他們去研究的動力，正是因為挑戰在於那不僅是一種新產品，更是一種全新的產品**類別**，當時完全沒有標準或程序可循。這種隨機應變的流程，讓一種非常即興的設計新方法就此應運而生。他們常到山景城的哈泰克（Haltek）、森尼維爾的怪物百貨（Weirdstuff）等電子器材店尋覓電子零件，從街角的大學藝術店（University Arts）採購便宜的原型材料，從自家廚房的電器拆下零組件來拼湊原型（因為這樣做比跑五金行採買零件更方便）。他們的工作室對面就是沃爾格林連鎖藥妝（Walgreen），哈維造訪 Apple 後，去了一趟藥妝店採買東西。那個週末，他利用盛裝奶油的塑膠盒和滾動式體香劑的轉輪，為第一支上市銷售的滑鼠拼湊出原型。

　　那技術是新的，但還不至於高深到超出那些自信通才的理解範圍。他們在史丹佛大學求學時，教授要求他們把自己當成「小達文西」。在後續一年中，薩克斯努力研究軟體，並開發出 x-y 光學編碼器系統；瑞克森‧孫則是實驗裝上彈簧的滾輪，避免採用全錄滑鼠那種重型軸承，讓滾輪可以自由浮動；尤琴科設計了精巧的射出成型「胸廓」，讓所有的精密組件可以在幾分鐘內輕鬆地組在一起。這樣做是為了排除那些導致全錄的滑鼠不可靠又昂貴的誤差、精確度、校

Foreword by
John Maeda

Acknowledgments

Introduction

The Valley of
Heart's Delight

Research and
Development

Sea
Change

The Genealogy of
Design

Designing
Designers

The Shape of
Things to Come

Conclusion

準等問題,並提出一種可用十美元成本量產的設計。

汽車業已存續百年,有各種測試軌道和碰撞假人可以使用。相較之下,電腦業沒有任何裝置可拿來測試第一代的電腦周邊器材,大家甚至連要測試什麼都不清楚。他們後來選擇「耐受度測試法」,把各種設計綁在轉速每秒三十三又三分之一轉的留聲機拾音臂上,直接衡量那支滑鼠可以跑多久才壞掉。他們因此發現了「費茲定律」(Fitts's Law),這個定律預測了人腦做的修正,讓人腦不需要達到極度精準的狀態。當時凱利受到磨砂塊、自行車把手等多種東西的啟發,打造了數十個木製模型。「換成是今天,我會把外科醫生找來,確保裝置不會用到沒必要的肌肉群。」他如此反思:「但是當時我們只能盲目摸索。」確定尺寸規格後,戴頓接著完成「隱藏」的工業設計。一九八〇年五月,哈維凱利設計公司已經做出可運作的原型。[42]

Apple 內部在比爾・德雷斯豪斯(Bill Dresselhaus)和賴瑞・泰斯勒領導下,又針對哈維凱利設計公司提交的原型做了數次改良,但沒有做額外的工程修改(德雷斯豪斯改良了造型、色彩、手感掌控;泰斯勒改良了性能)。那支滑鼠是為 Apple 的 Lisa 電腦(麗莎電腦)打造的,Lisa 電腦是一九八一年設計的商用電腦。兩年後 Lisa 上市時,是第一台採用點擊圖示使用者介面的桌上型電腦。Lisa 電腦可說是電腦革命中遭到埋沒的無名英雄之一,它有精密的硬體設計,率先採用實用的圖形使用者介面,搭配一鍵式滑鼠設計及許多創新。[43] 此外,Lisa 電腦為 Apple 的全面產品開發奠定了基本體驗,整合了設計流程的每個細節,從概念到紙板模型和橡膠原型,再到製造和售後服務等,都整合了起來。連龜毛的賈伯斯也很欣賞 Lisa 電腦把工業設計和工程創新融合起來的結果。正式發表之前,他把蓋在專業加工模型上的布罩揭開,瞥了一眼說:「看起來像垃圾。」由於當天沒有人立刻遭到解雇,Lisa 電腦的開發團隊把那句話解讀成高度讚賞。[44]

不過，Lisa 的銷量不佳，不如翌年推出的另一個低調專案，專案代碼是「Annie」（安妮）。「Annie」的靈感可追溯至一九七九年至一九八〇年間傑夫‧拉斯金（Jef Raskin）撰寫的一系列妙文。拉斯金是 Apple 出版部門的怪咖主管。拉斯金寫那些文章時，是想像一台「平易近人」的機器，重量不到十磅，售價不到五百美元，而且要讓那些以「不懂電腦為傲」的怪人都覺得很有吸引力。「絕對不能露出機內零件、絕對不能使用太多插座，鍵盤上絕對不能有太多按鍵、絕對不能採用電腦術語，使用者手冊絕對不能太厚（太厚肯定是爛設計）。」最重要的是，「那台電腦必須是一體成型。」拉斯金不喜歡以女性的名字做為電腦代碼，所以那些文章在 Apple 內部稱為「麥金塔之書」（The Book of Macintosh）。[45]

即使 Lisa 電腦的上市日期日益逼近，拉斯金依然悄悄籌組了一支團隊。那支團隊裡有一位天才程式設計師、一位自學成才的電子專家、一位以「軟體行家」自居的人、一位行銷專員，還有工業設計師馬諾克。馬諾克的任務是負責設計那個一體成型的外型。這項新計畫的工作量很快就超出馬諾克私人顧問事業的負擔，所以一九七九年二月，他關掉自己的事務所，加入 Apple 成為第二四六號員工，為拉斯金工作。

成為「公司的產品設計經理」後，馬諾克開始籌組一支團隊，因應眼前的艱巨挑戰。他第一個招募的成員是聖荷西州立大學工業設計系畢業的吉姆‧史都華（Jim Stewart），第二個成員是泰瑞‧小山（Terry Oyama）。小山從洛杉磯的藝術中心設計學院（Art Center College of Design，原名藝術中心學校）畢業後，在灣區兩岸連續做了幾個工作，每份工作都是做三年左右。馬諾克的設計方法受到史丹佛大學產品設計系的影響，史丹佛強調兼顧工程、製作和行銷。相反的，小山則是受到藝術中心設計學院的薰陶，重視表面、造型和完美

Foreword by
John Maeda

Acknowledgments

Introduction

The Valley of
Heart's Delight

Research and
Development

Sea
Change

The Genealogy of
Design

Designing
Designers

The Shape of
Things to Come

Conclusion

呈現。小山搬到灣區後，開始了解到把一個點子從概念轉變成完整設計布局的重要，所以兩人的背景差異逐漸融合成一種完美互補的搭檔關係。賈伯斯只明確要求麥金塔電腦必須採用垂直結構，避免占用寶貴的桌面空間，同時也是為了讓它從四面八方看起來都很上相。除此之外，設計師可以完全放手設計。一九八一年三月，馬諾克和小山為這個一體成型的精簡電腦展示了第一版設計。麥金塔電腦的機殼是採用四十五度的寬稜角（減少視覺上的笨重感）、斜頂，以及抗紫外線的淺褐色調（PMS 453），並以 Apple II 和 Apple III 設計語言為基礎，但是減少了商務性質，往消費者導向的方向發展。小山設計了機殼的正面，馬諾克設計背面，而結合前後機殼的螺絲則是隱藏在手柄的底部，象徵著兩人流暢完美的合作關係。[46]

麥金塔電腦甚至在發布以前，就已經取得指標性的地位。大家常提到那支在一月二十四日超級盃中場播放的知名廣告，雷利·史考特（Ridley Scott）執導，廣告旁白宣布道：「一九八四年不會像那個《1984》。」那支廣告甚至連麥金塔電腦本身都沒有描述。[47] 不過，早在麥金塔電腦發布以前，馬諾克就開始有一種感受：獨立運作、甚至彼此相互競爭的產品團隊，對於 Apple 這個新興品牌的健全發展構成了威脅。早在一九八一年一月，他就已經在自己的筆記本裡，寫到他對「Apple 系列外觀」的想法。[48] 這個擔憂促使馬諾克組織一個非正式的產品設計工會（Product Design Guild），每個月開會，讓 Apple 內部的七個部門一起分享資訊。Apple 的「設計導向」聲譽，主要是源自於產品設計工會不斷地發起活動，以獲得正式的肯定及管理高層支持。然而，遺憾的是，產品設計工會從未獲得正式的肯定，也未獲得高層支持。[49]

產品設計工會之所以命名為「工會」，是為了強調他們對設計技藝的極度講究。那是一個交流點子的地方，也是同儕相互評論的論

壇。馬諾克呼籲「八〇年代應有新的統一外觀」，並以這個工會做為追求那個目標的平台。[50] 一方面，Apple 因為缺乏一套統一的設計規範，而使 Apple 的產品不僅看起來像來自不同的部門，更像來自不同的公司。另一方面，這種「視覺混亂」開始為周邊的產品製造麻煩，因為這些周邊產品必須同時搭配各種平台及各種產品組合。最後，Apple II 的成功，使 Apple 從一家雜亂的新興公司，搖身變成全球企業，終於擺脫車庫起家的身分，發展成為跟奧利維蒂（Olivetti）、百靈（Braun）、索尼等知名業者並駕齊驅的全球企業。

在這個關鍵時刻，幾項計畫正好同時進行，一舉提升了設計在 Apple 內部及外部的地位。一項提案是建議當時成立五年的 Apple 創立企業設計中心，做為「設計專用設施」，集中資源、促進規畫和交流，使 Apple 日益成長的產品線之間更有一貫性。特別是，那個設計中心又可以當成展示區，供有興趣的大眾參觀（當時 Apple 每年都會收到數百封信件，要求參觀其設施）。不過，這項提案並未獲得青睞。[51] 另一個提案是由一九八二年起擔任 Apple 創意總監的湯姆·蘇伊特（Tom Suiter）提出，他提議成立一個整合的企業識別專案。第三個提案由馬諾克提出，這個提案不僅大膽，對馬諾克個人來說也有不小的風險。他提議找一位全球頂尖的顧問，來幫 Apple 打造一套統一的產品設計語言。這個計畫稱為「Snow White」（白雪公主）專案，最後的影響不僅超越 Apple 的七個部門，也為整個矽谷帶來徹底改變，使矽谷從地方性的設計聚落，搖身變成獨霸全球的設計之都。

「Snow White」競賽是由羅伯·戈梅爾（Rob Gemmell）推動，戈梅爾在 Apple II 部門擔任工業設計師，他是把歐洲設計帶進矽谷的一大功臣，但是當時他可能自己也沒有意識到這點。他從聖荷西州立大學畢業之後，到加州聖拉菲爾（San Rafael）的光影魔幻工業公司（Industrial Light and Magic）* 短暫工作了一陣子，為電影《星際大

Foreword by
John Maeda

Acknowledgments

Introduction

The Valley of
Heart's Delight

Research and
Development

Sea
Change

The Genealogy of
Design

Designing
Designers

The Shape of
Things to Come

Conclusion

戰》打造太空船。接著，他在俄亥俄州哥倫布的理查森史密斯公司
（RichardsonSmith）找到基層職位。理查森史密斯公司是第一批把人
因、認知研究、市場分析、策略規畫整合到設計流程中的全國性顧問
公司之一。在那個可以多方體驗的環境中，戈梅爾有機會參與多種專
案，從簡單的消費性電子產品設計，到為安迅和全錄規畫有指標意義
的企業識別專案。他因為理查森史密斯公司與俄亥俄州立大學設計系
關係密切，認識在那裡任教的萊因哈特‧布特（Reinhart Bütter）。
布特教授是主張「設計語義學」的建築師之一，那種「後包浩斯」的
概念強調「形隨意義，而非機能」（form follows meaning, not func-
tion）[52]。戈梅爾當時身處在美國的中心地帶，開始閱讀義大利的
《多莫斯》雜誌（Domus）和德國的《形式》雜誌（Form）。《多莫
斯》雜誌讓他接觸到馬里奧‧貝利尼（Mario Bellini）的精緻優雅，
以及埃托‧索特薩斯（Ettore Sottsass）的放肆猖狂。《形式》雜誌則
讓他學到迪特‧拉姆斯（Dieter Rams）的「少，但更好」（Weniger,
aber besser）極簡主義，以及艾斯林格的情感導向形式主義。

　　一九八○年十二月，戈梅爾已進入俄亥俄州立大學攻讀碩士學
位，並忙著撰寫論文，題目是「創意專業人士的電腦運用」。這時
Apple 電腦風光地在股市掛牌上市，幾個月後，他到庫帕提諾接受馬
諾克和小山的面試。受到全球視野及企業品牌塑造經驗的激勵，戈梅
爾幾乎是一加入 Apple，馬上展開「使 Apple 放大思維」的活動。對
於這項提案，馬諾克欣然接受了，小山也懷抱著熱情，賈伯斯更是批
准了預算，派三位設計師到歐洲去評估最先進的工藝[53]，因為賈伯
斯曾經對產品設計工會宣布：「我希望我們的設計不僅是個人電腦業
中最好的，也是全世界最好的。」

＊ 譯注｜喬治‧盧卡斯為拍攝第一部《星際大戰》而專門設立的特效公司。

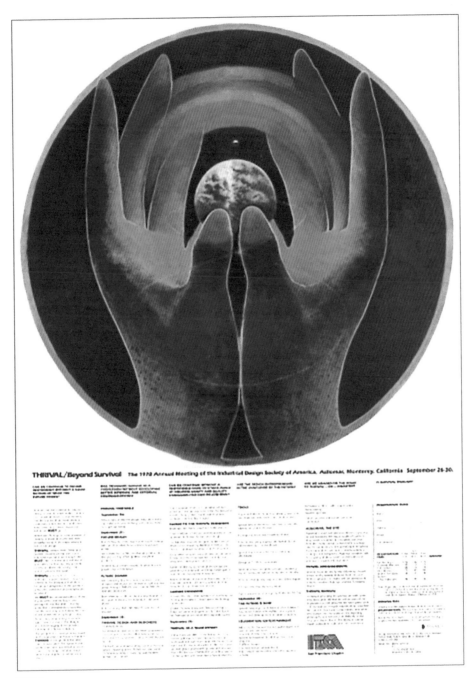

圖 3.1

「蓬勃：超越生存」宣傳海報，1978 年美國工業設計師協會全國年會。Collection of Marnie Jones.

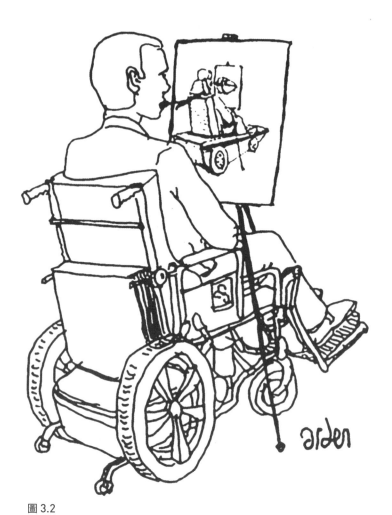

圖 3.2

亞登・法瑞，自畫像。Courtesy of Gwen Farey.

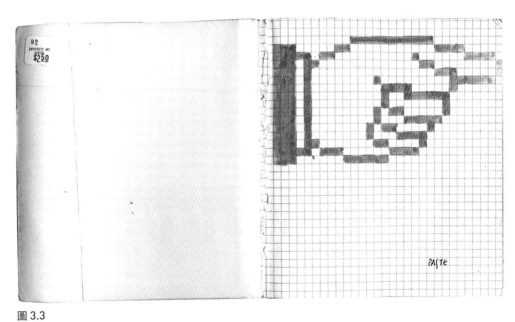

圖 3.3

蘇珊・凱爾的筆記本——麥金塔電腦圖示研究（1982）。Courtesy of Susan Kare.

圖 3.4

　「Snow White」專案競賽。上圖：BIB Design；下圖：Esslinger Design。Courtesy of Stephen Bartlett and Hartmut Esslinger.

一九八二年四月，馬諾克、小山和戈梅爾搭乘頭等艙前往歐洲（彷彿為了讓自己處於相配的心境）。他們的第一站是倫敦，在當地造訪了 Pentagram（五角星設計）和摩格理吉設計事務所的負責人，接著前往巴黎，拜訪工業設計師羅傑・塔隆（Roger Tallon）。在米蘭，他們訪問了打破傳統、特立獨行的索特薩斯。不久前，索特薩斯才以其曼菲斯設計事務所（Memphis）那些令人費解的作品，震驚了歐洲設計界。貝利尼以可能和奧利維蒂有利益衝突為由，婉拒受訪。拉姆斯也因為幫西門子（Siemens）設計，而以同樣的理由婉拒受訪。在兩個月的旅程中，最後他們把範圍縮小，鎖定位於德國黑森林邊緣阿爾滕斯泰希小鎮（Altensteig）的艾斯林格設計公司（Esslinger Design），以及尼克・巴特勒（Nick Butler）和史蒂芬・巴特列（Stephen Bartlett）經營的倫敦設計顧問公司 BIB。他們分別向這兩家公司提出十一個項目所組成的產品概念，一套產品規格（從射頻干擾遮罩到線路管理都包含在內），以及 Apple 打算以「Snow White」這個設計語言來統一的七個產品類別（分別以七個小矮人的名稱為代碼）：以 Lisa 電腦為基礎的商業工作站（「Doc」）、Apple II 為基礎的家用電腦（「Sneezy」）、入門款的麥金塔電腦（「Happy」）、有如電子寫字板的「筆記型」電腦（「Bashful」）、滑鼠（「Sleepy」）、桌上型點陣印表機（「Grumpy」）、外接軟碟機（「Dopey」）。另外，還有五・二五吋的外接硬碟機，以電影《小鹿斑比》中的小臭鼬名字「Flower」為名。[54] 他們給予每家公司六個月的設計時間，預算是五萬美元。

當時，一些設計公司努力接觸握有策略決策權的管理高層，BIB 可說是這方面的業界代表。許多公司認為那種做法威脅到中階管理者的私人地盤。設計圈裡有些才華洋溢的外型設計師認為，把觸角延伸到設計的物件之外，彷彿是冒險跨入自己無從貢獻的陌生領域（現在

Foreword by
John Maeda

Acknowledgments

Introduction

The Valley of
Heart's Delight

Research and
Development

Sea
Change

The Genealogy of
Design

Designing
Designers

The Shape of
Things to Come

Conclusion

依然有設計師抱持這種看法）。不過，Apple 似乎正想邀請設計師做這樣深入的參與。在 BIB 負責這項專案的巴特列，以劇作家皮藍德婁（L. Pirandello）的劇本《六個尋找作者的劇中人》（*Six Characters in Search of an Author*）來比喻這次機會：

> 「Snow White」這項挑戰的絕對魅力，在於我們在 Apple 公司發現了一群想要尋找企業形象的人。這些產品的開發目的是什麼？它們會變成什麼樣子？我們如何開發一套實用的視覺語言，但又同時兼顧創新這個非凡篇章中的傳奇與詩意？[55]

這幾位設計師和客戶都知道，他們正在探索的是未知領域。在那個領域中，設計師的參與度仍未有任何規範。

如果說賈伯斯是派三名使者橫跨大西洋去尋找「歐洲的究極水準」，他確實如願以償，獲得了想要的成果。BIB 公司設計了一系列深煤灰色的模型，顛覆「西岸一貫的米白色乏味色調」。巴特列認為當代的美國辦公設備「外型俗氣」、「風格保守」，所以他們的板坯設計有明顯的斜度，搭配機器內部搭載的前衛軟體。在那套模型中，看不到馬諾克的招牌設計特色「稜角」，那是用來減少機器的視覺笨重感。類似「高爾夫球」表面的凹痕設計，成了七種產品類別的共通特質，也彌補了射出成型的侷限，當時射出成型的技術會導致流線設計變形、表面單調，還會產生討厭的靜電。最後，BIB 意識到平面螢幕的時代即將來臨，為了讓顯示器也「適合未來」，他們把外殼縮小。這樣一來，以後新科技出現時，就不需要再製作新模具，也不會損及整體的設計語言。

BIB 的設計成果所呈現的視覺修辭，比較像在表達黑天鵝的鬱悶煩憂，而不是白雪公主的單純天真。事實上，BIB 和艾斯林格的設計

簡直是南轅北轍，有人甚至懷疑當初他們向這兩家公司做簡報時，是不是給了不同的產品簡介（畢竟賈伯斯以「衝突式管理」*著稱）。BIB 積極地展現前衛科技，艾斯林格則是採用一系列柔和的外型和淡雅的色彩，感覺更容易親近，也讓人聯想到拉斯金當初構思麥金塔電腦時的用詞「平易近人」：渾圓邊角；零錐度的模具；米色的色調；以傾斜的 Garamond 字體做為鍵盤圖示，把麥金塔電腦軟體的使用者親和性延伸到硬體。[56] 一九八三年三月十三日，Apple 管理高層齊聚一堂，聽取來自英國和德國的兩家公司正式簡報他們的設計概念。停車場內一字排開多台相同的保時捷 911 跑車，車牌分別是「Apple 1」到「Apple 9」，其實這排保時捷跑車已經預告了兩家設計公司競爭的結果。接著，Apple 開始和艾斯林格設計公司協商合約。

　　艾斯林格看待「Snow White」專案的方式，不是把它當成設計比賽，而是把它視為一種傳統世界觀（Weltanschauungen）的衝擊。他覺得美國人的思維卡住了，因為他們以設計語言的簡化詞彙來界定問題，但其實這個專案攸關的範疇更大：「奧利維蒂從來沒有設計語言，他們有一套設計理念。百靈的背後有一套設計理念。索尼對於怎麼做事也有一套理念。」問題不在於美國設計師不夠優秀，而在於他們受到的訓練是以造型設計師或工程師的身分來做設計。這種受到學科限制的狹隘眼界，導致他們無法看到更大的挑戰，亦即「想辦法以文化來詮釋新科技」，同時充分彰顯出一家新公司的精髓：「簡單、潔白、天真、迷人，同時帶點與眾不同。」[57]

　　在產品設計的通俗語境中，「文化」與「世界觀」的用語似乎顯得很另類，但是這種「視域融合」正是把歐洲特質挹注到矽谷的產品設計、流程設計，以及設計這項專業中的關鍵。[58] 艾斯林格深受宗

教意味濃厚的施瓦本虔敬主義（Swabian Pietism）[*]影響，這點明顯展現在他毫不妥協的態度及「形隨情感」（form follows emotion）的後功能學派理念上。他是在施瓦本格明德（Schwäbische Gmünd）的工藝學校接受教育，當時工藝學校的教學是技藝導向，為他奠定了美學史的基礎——從巴比倫到包浩斯美學——那種教學深度在美國的藝術學院裡很罕見，甚至在美國的工程教育中更是前所未聞。後來，在歐洲「後納粹」時代的強烈政治氛圍中，美國流行文化的洗禮為艾斯林格灌輸了主動參與的民主理念，使他的設計概念不僅平易近人，還有出了名的反主流風格。艾斯林格十三歲時看了電影《養子不教誰之過》，隔天自己搭乘公車到斯圖加特的美軍基地，買了兩件 Fruit-of-the-Loom 公司[†]出品的正版 T 恤。

　　艾斯林格設計公司成立於一九六九年，其設計作品迅速獲得德國客戶肯定，包括消費性電子公司 WEGA[‡]、牙科設備製造商 KaVo。一九七五年，艾斯林格和設計雜誌《形式》協商了長期合約，為《形式》雜誌設計引人注目的封底廣告。當時有一小群眼界豐富的美國人看過那些廣告，包括戈梅爾。艾斯林格設計公司後來陸續和法國的路易威登、美國的德州儀器，以及索尼簽約，尤其索尼的合約讓艾斯林格日益揚名國際，艾斯林格也因此開始從海外招募才華洋溢的設計師，包括來自倫敦皇家藝術學院的史蒂芬‧皮爾特（Stephen Peart）

---

* 譯注｜德國西南部巴登─符騰堡包括斯圖加特在內的許多地方，稱為施瓦本地區。虔敬主義是十七世紀晚期至十八世紀中葉，發生在新教路德宗的一次變革所產生的思想。

† 譯注｜一八五一年創立的美國 T 恤公司，可說是美國 T 恤的代名詞。詹姆斯‧迪恩在《養子不教誰之過》一片中穿著性感的 T 恤，成了反叛的標誌，年輕人紛紛仿效，使 T 恤成為反潮流的象徵。

‡ 譯注｜索尼於一九九七年推出的電視機品牌，名稱來自織女星（Vega）。

和羅斯・勒葛羅夫（Ross Lovegrove），接著是來自加州的年輕人傑克・霍肯森（Jack Hokanson）。當時霍肯森身無分文，貿然出現在艾斯林格設於阿爾滕斯泰希的工作室門口，說要找實習機會。後來，霍肯森把他在德國學到的技藝帶回灣區，創立了模型製作公司，不久就開始接 HP、雅達利、昇陽電腦（Sun Microsystems）、Apple 的案子。艾斯林格經常往返德國和日本。一九八二年一月，他在加州中途停留時，霍肯森在工作室幫他辦了一場小派對，他在那場派對上認識了戈梅爾。一年後，艾斯林格因為獲得前所未有的兩百萬美元巨額預付金，深受鼓舞，開始把精密的設計儀器從德國運到在美國剛成立的 frogdesign。[59]

從「設計中心」在帕羅奧圖創立，提出天真的理想，到幾家專業設計顧問公司成立，中間相隔不到十年。專業設計顧問公司後來變成了矽谷設計的招牌特色。IDEO 是由摩格理吉的 ID Two、納托爾的 Matrix Design，以及大衛凱利設計公司合併而成，是名副其實的歐洲設計與美國工程技術的融合。frogdesign 為加州帶來根源於包浩斯和烏姆（Ulm）的歐陸設計理論傳統。在日益擴大、多元及複雜的矽谷生態系統中，這只是兩家最大的設計公司。即使他們草創時期規模仍小，但他們抱負遠大，未來似乎充滿了蓬勃的前景。誠如《暴風雨》（The Tempest）中精靈愛麗兒（Ariel）的吟唱：

> 他的存在不曾殞滅，
> 只是遭逢滄海巨變，
> 化為富麗珍奇的瑰寶。

Foreword by
John Maeda

Acknowledgments

Introduction

The Valley of
Heart's Delight

Research and
Development

Sea
Change

The Genealogy of
Design

Designing
Designers

The Shape of
Things to Come

Conclusion

注釋

1. *Peninsula Times Tribune* (May 11, 1979)，報導中引用瑪妮·瓊斯的說法：「帕羅奧圖有一百二十七家設計事務所，其中五十五家在市區。」泰柏－史坦希伯公司一九六四年在舊金山創立，是率先和當時矽谷新興的電子業合作的設計公司，為他們設計控制台介面、光碟機、錄影機、一些創新的醫療設備。一九七二年，巴德·史坦希伯和平面設計師貝瑞·多伊奇（Barry Deutsch）創立史坦希伯與多伊奇設計顧問公司（Steinhilber & Deutsch），客戶包括英特爾、雅達利、Telesensory Systems、GRiD Systems、Convergent Technology、Visicorp、美商藝電。一九八〇年，他們在山景城開了分公司，變成 Steinhilber, Deutsch, Gard；巴德·史坦希伯的文獻收藏：Syracuse University Special Collections，以及約翰·加德的文獻收藏與訪談（Mountain View, March 9, 2010, and September 10, 2013）。

2. 詹姆斯·費里斯與筆者的通訊（April 25, 2011）。這部分的資訊是根據下列訪談：比爾·摩格理吉（Woodside, CA, October 3, 2008）、彼得·洛（Healdsburg, CA, December 15, 2010），以及彼得·洛在美國工業設計師協會舊金山分會的刊物《News》中發表的文章，24, August–September 1979。在此特別感謝凱琳·摩格理吉（Karin Moggridge）和提姆·布朗讓我自由讀取摩格理吉的檔案。

3. Darrell Staley, *News* 8 (October 1977), p. 2.

4. 此處引述及下面的引述皆出自 Carroll Gantz, "My 50 Years with the IDSA" (unpublished: 2011), *passim*，卡羅·甘茲與筆者分享。甘茲在美國工業設計師協會領導內部的改革運動，也在美國工業設計師協會最動盪的時期（一九七九年至一九八二年）擔任會長。

5. 瑪妮·瓊斯致美國工業設計師協會會長卡羅·甘茲（January 28,1979）；瑪妮·瓊斯的文獻收藏，瓊斯出借給筆者。

6. 《NEWS》雜誌的祕書兼編輯瑪妮·瓊斯致分會領導人（January 2, 1978）；瑪妮·瓊斯的文獻收藏。

7. 在這個人際關係密集的地區，地點的挑選可能是因為瑞脊酒莊是史丹佛研究院三位最傑出的電腦科學家共同創立的：大衛·班尼恩（David Bennion）、查理·羅森（Charles Rosen）、修伊·克蘭（Hewitt Crane）。朗濤策略設計顧問是一家大型的品牌設計公司。傑·威爾森評論過雷蒙德·洛威（*Centerline*, April 1980）。工業設計師戴爾·科茲在一九八〇年十二月期的雜誌中，嚴詞批評以電腦做為設計工具的有限應用。

8. 美國工業設計師協會會長卡羅·甘茲與筆者的私人通訊（April 7, 2011）。關於美

國工業設計師協會飽受各界抨擊的情況，參見 Victor Papanek, *Design for the Real World: Human Ecology and Social Change* (New York: Pantheon, 1971) 和 *Fortune Magazine*, "The Decline of Industrial Design" (February 1968)。

9. Gantz, "My 50 Years with the IDSA."

10. 備忘錄（未標註日期，但很可能是瑪妮・瓊斯在會議後馬上寫的）；瑪妮・瓊斯的文獻收藏。關於這個主題，參見 John Markoff, *What the Dormouse Said: How the Sixties Counterculture Shaped the Personal Computer Industry* (New York: Viking, 2005), Fred Turner, *From Counterculture to Cyberculture: Stewart Brand, the Whole Earth Network, and the Rise of Digital Utopianism* (Chicago: University of Chicago Press, 2006), and Theodor Roszak, *From Satori to Silicon Valley* (2000): Stanford University Library Special Collections, "Making the Macintosh," accessible online at http://searchworks.stanford.edu/view/5465486: primary documents。

11. 「大會動機」，備忘錄，美國工業設計師協會舊金山分會（未標註日期，但顯然是一九七八年夏季）；瑪妮・瓊斯的文獻收藏。

12. 指導委員會成員包括彼得・洛（會議協調員）、達瑞爾・史塔利（行政）、瑪妮・瓊斯（專案）、吉姆・戈德堡（Jim Goldberg，主持人）、卡琳娜・奧特（Karlina Ott，學生）、達夫・安德森（Dave Anderson，顧問）和亞登・法瑞（顧問）。

13. *Thrival Manual: The 1978 Annual Meeting of the Industrials Designers Society of America, Asilomar, Monterey, California, September 26–30*，彼得・洛出借給筆者。彼得・洛曾開著一九七六年分的福特 Pinto 汽車，載著《任何速度都不安全》（*Unsafe at Any Speed*）的作者拉夫・納德（那本書主要是批評車廠不願為汽車加裝安全功能並改善汽車的安全）去機場。

14. Jay Wilson, "Results of Core Group" (September 30, 1978), papers of Marnie Jones; "Stand up for Safety, Nader Urges Designers," *Monterey Peninsula Herald* (September 28, 1978).

15. 這部分的資訊節錄自史丹佛設計會議的紀錄，屬於筆者的收藏（筆者多年前曾妄想恢復這個會議）。至於「設計會議」和「刻意設計的會議」的區別，則是出自筆者與理查・紹爾・沃爾曼（Richard Saul Wurman）的談話（May 29, 2012）。一九八〇年代初期，沃爾曼曾在史丹佛會議演講。隨後，他於一九八四年在附近的蒙特雷（Monterey）創立 TED 大會。

16. Marnie Jones to Eudorah Moore (April 12, 1979); papers of Marnie Jones. Peter Lowe, "What is the Center for Design?" in *Centerline: The Newspaper for People Concerned with Design in Northern California* (Palo Alto, CA, February 1980). 彼得・洛是中心的執行總監，瑪妮・瓊斯是專業互動的協調者，菲琳・布拉荷（Philene Bracht）是公共互動的協調

Foreword by
John Maeda ｜ Acknowledgments ｜ Introduction ｜ The Valley of
Heart's Delight ｜ Research and
Development ｜ Sea
Change ｜ The Genealogy of
Design ｜ Designing
Designers ｜ The Shape of
Things to Come ｜ Conclusion

者。值得一提的是，尤朵拉·摩爾（Eudorah Moore）促成了帕薩迪納藝術博物館每年的系列展覽，那些展覽向大家介紹「加州設計」的概念。

17. 在《中心線》第一期中，瑪妮·瓊斯估計一九八〇年約有一萬兩千位設計師在灣區工作，雖然其中有很多人跟「矽谷」產業毫無關連（Palo Alto, February, 1980），p. 5。

18. 亞登·法瑞罹患漸凍症之前，負責領導 Ampex 的工業設計團隊。他是中心裡少數支薪的員工之一。他領導工作小組訂製出美國工業設計師協會的道德準則，並在「蓬勃大會」上發表，博得全場一致讚賞。

19. Marnie Jones to Eudorah Moore (April 12, 1979); papers of Marnie Jones. "New Palo Alto group has designs on better things," *Peninsula Times Tribune* (May 11, 1979). 卡羅·甘茲自稱是「堅定的保守派」，他原本認為灣區的人是一群「沒大沒小，不懂尊重的嬉皮」，但他特地寫信給他們，「讚賞這份一流的出版品」[*Centerline* 5/80]。

20. "Just for the Look of the Thing," *Design* 368 (August 1979). 這部分的其他資料來自下列訪談：比爾·摩格理吉（Woodside, CA, October 3, 2008）和麥克·納托爾（Portola Valley, CA, September 9, 2008, March 13, 2011, and ongoing）。

21. "Bill Moggridge Associates Industrial Designers" 宣傳手冊（未標註日期，但應該是一九七九年），筆者的收藏。

22. Bill Moggridge, "The Lessons of Silicon Valley," *Design* 371 (November 1979): 50–52.

23. Bill Moggridge, quoted in "The Compass Computer: The Design Challenges Behind the Innovation" in *Innovation: The Journal of the Industrial Designers Society of America* (winter 1983), pp. 4–8. Reyner Banham, "The Great Gizmo," in *Industrial Design* 12 (September 1965): 48–59; reprinted in *A Critic Writes: Essays by Reyner Banham* (Berkeley: University of California Press, 1996). See also Nigel Whitely, *Reyner Banham: Historian of the Immediate Future* (Cambridge, MA: MIT Press, 2001).

24. "The Computer Peripheral as Open Book," *Design* 384 (December 1980): 48–49.

25. 馬修·桑德斯，Convergent Technology 共同創辦人，出處同上。

26. 硬體工程經理陶德·林區（Todd Lynch），引自內部分析〈Convergent Technologies, Inc.—WorkSlate〉，很可能是馬修·桑德斯寫的，筆者的收藏。其他見解取自下列訪談：Convergent Technology 產品行銷長凱倫·托蘭（Karen Toland）（Redwood City, July 29, 2011）和麥克·納托爾（Portola Valley, CA, July 22, 2011）。

27. 艾倫·米契爾斯的不當豪語引起 GRiD Systems 執行長約翰·艾倫比的注意，他覺得 ID Two 為這樣相近的競爭對手效勞，是一種無法接受的利益衝突。雙方協商後，麥克·納托爾於一九八三年離開 Matrix Design，持續為 Convergent Technology 效力。Matrix Design 和 ID Two 於一九九一年再次結合，並和大衛凱利設計公司組成

IDEO。

28. Stephen Wozniak, "Homebrew and How the Apple Came to Be" (http:// www.atariarchives. org/deli/homebrew_and_how_the_apple.php)。

29. 史帝夫‧賈伯斯，引自 Moritz, *The Little Kingdom*, p. 186。

30. 隆納‧韋恩跟賈伯斯及沃茲尼克一起創立 Apple。雅達利創辦人諾蘭‧布希內爾在華盛頓州雷德蒙的一場簡報中曾提過這段往事（October 20, 2009）（http://www. bizjournals.com/seattle/ blog/techflash/2009/10/atari_founder_nolan_bushnell_on_steve_ jobs _amazoncom_and_more.html）。亦參見 Paul Kunkel, *Apple Design*, p. 13。

31. Telesensory Systems 是約翰‧林維爾（John Linville）創立的，他是史丹佛大學電機工程系的傑出教授，發明了讓失明的女兒能夠閱讀的視觸轉換器 Optacon。

32. 傑瑞‧馬諾克與筆者的談話（Palo Alto, November 7, 2011），以及從佛蒙特州伯靈頓做的電訪（May 28, 2011）。關於 Apple II 的其他資訊，參見 Moritz, *The Little Kingdom*, pp. 187–94, and Kunkel, *Apple Design*, pp. 14–16。

33. 史帝夫‧賈伯斯接受筆者的訪談（Cupertino, November 11, 1998）。

34. 史帝夫‧賈伯斯接受大衛‧薛夫（David Sheff）的訪談，*Playboy Magazine* (February 1, 1985)。

35. 詹姆斯‧費里斯，私人通訊（October 16, 2011）。費里斯在一九七〇年代初期是費里斯與洛設計事務所的合夥人。湯姆‧蘇伊特接在費里斯之後，擔任 Apple 的設計總監，他形容賈伯斯是「我這輩子遇過最優秀的創意總監」（訪問蘇伊特，Menlo Park, September 15, 2014）。關於另一位知情人士的描述，參見 Regis McKenna, *The Regis Touch* (Reading, MA: Addison-Wesley, 1985), pp. 151–73，以及《Communication Arts》的特刊（May/June 1985）。這個注釋讓我們有機會終止美國電腦科學家安迪‧赫茲菲爾德（Andy Herzfeld）提出的錯誤回憶及華特‧艾薩克森（Walter Isaacson）和無數部落客的錯誤傳播所引起的誤解：頌揚保時捷美感的是費里斯，而不是賈伯斯（費里斯離開 Apple 後，變成保時捷的創意總監），賈伯斯依然開著他那台顯然不性感的賓士。

36. Clement Mok, *Apple Creative Service* (2013)，克萊蒙‧默克與筆者分享的私人印製作品集及訪談（San Francisco, October 14, 2014）。Chiat-Day 廣告公司是 Apple 的外部廣告商。Apple 內部的創意部門是由歷任創意總監領導（詹姆斯‧費里斯、湯姆‧蘇伊特、克萊蒙‧默克、修‧杜伯利），每年負責約一百個專案——「我們包辦 Chiat-Day 廣告公司不做的一切。」（蘇伊特與筆者的談話，Menlo Park, September 15, 2014）

37. 訪問戴維斯‧馬斯騰和克里斯多夫‧愛爾蘭（Atherton, November 30, 2010）。

38. 吉姆‧尤琴科，IDEO 的內部電郵，宣布退休。授權引用，那「差事」持續了三十五年。

39. 迪恩‧哈維接受科技預測專家方洙正（Alex Pang）的採訪（Los Altos, June 25, 2000）。這是為史丹佛大學圖書館專案所做的系列訪問之一，"Making the Macintosh: Technology and Culture in Silicon Valley" (http:// searchworks.stanford.edu/view/6559489)。

40. 滑鼠、乙太網、圖形使用者介面從全錄帕羅奧圖研究中心轉移到 Apple 的故事是矽谷傳說的一部分，版本眾說紛紜，幸好本書沒必要再增添另一個版本。這部分的資訊是根據筆者下列訪談：迪恩‧哈維（Palo Alto, May 18, 2011）、大衛‧凱利（Mountain View, July 11, 2011）、吉姆‧尤琴科（Palo Alto, March 11, 2011）、賴瑞‧泰斯勒（Portola Valley, CA, August 14, 2014），以及上一則注釋提到的方洙正訪談。其中最可靠的資料來源包括 Michael A. Hiltzig, *Dealers in Lightning: Xerox PARC and the Dawn of the Computer Age* (New York: Harper, 2000), chapter 23; Alex Soojung-Kim Pang, "The Making of the Mouse," *American Heritage of Invention and Technology* 17, no. 3 (Winter 2002): 48–54。關於第一人稱的敘述，參見 Larry Tesler, "The Legacy of the Lisa," *MacWorld* (September 1985)、泰斯勒接受《Byte》的訪問 no. 2 (1983), pp. 90–114，以及一九九七年十月二十八日他在山景城電腦歷史博物館舉辦的論壇演講（http://www.computerhistory.org/collections/catalog/102746675）。

41. 吉姆‧薩克斯接受方洙正的採訪（Redwood Shores, March 29, 2000）；參見 n. 27。在華特‧艾薩克森倉促出版的賈伯斯傳記中，一個明顯損及該書可信度的重大錯誤是，它宣稱，賈伯斯參觀了帕羅奧圖研究中心後，「去當地一家工業設計事務所 IDEO」，委託那家公司設計可上市的滑鼠。事實上，IDEO 直到一九九一年才創立，是在這一切事情發生十幾年後才創立的，而且 IDEO 也不是「工業設計事務所」，從來都不是。若要認真了解矽谷的科技和設計之間的關係，那是理當理解的根本區別。參見 Walter Isaacson, *Steve Jobs* (New York: Simon and Schuster, 2011), p. 98。

42. 大衛‧凱利接受方洙正的採訪（Palo Alto, July 24, 2000）；參見 n. 27。哈維凱利設計公司的使用者測試是採臨場發揮的方式：「你是運用直覺，展現給你能找到的人看」、「你覺得這個怎樣？好吧，那麼這個怎樣？」。Apple 的人體工學評估是由「一群匿名的祕書」來執行（專案經理 Bill Lapson，"Lore of the Mice"，列印手稿，July 28, 1982，已故吉姆‧薩克斯的收藏）；http://searchworks.stanford.edu/view/6630103。比較這個例子和驅動費柴爾德攝影器材公司（Fairchild Camera and Instruments，幾乎整個矽谷都是這家公司催生的）的第一代創新者很有幫助。莫瑞‧席格爾（Murray Siegel）說：「那個年代沒有所謂的儀器商場，你想要某種東西，需要坐下來並把它畫出來。有人會在一旁觀看，提出建議，然後你按建議嘗

試，就那麼簡單，也那麼複雜。」引自 Michael Malone, *The Big Score*, p. 88。

43. Lisa 電腦儘管名稱引來眾多臆測，它其實是 Logically Integrated Stand-alone Assistant（邏輯整合獨立助理）的縮寫。它是採用一鍵而非兩三鍵的滑鼠，基本原理在於相信「既然學習使用 Lisa 介面的人都是新手……人因必須符合最嚴格的標準，以減少辦公室出現不尋常的裝置時，自然而然產生的抗拒效應」。同樣的原則也主導了 Lisa 介面的設計：「使用者介面盡量以單一方式完成任何動作，任何使用者行動在整個系統中只會產生一種作用。」Larry Tesler and Bill Atkinson, "One Button Mouse" (August 18, 1980), and Bill Atkinson, Jef Raskin, and Larry Tesler, "Eternal [sic!] Specifications for the LISA User Interface" (August 22, 1980); papers of Larry Tesler, cited with permission.

44. 這段討論是源自比爾・德雷斯豪斯連續多次為筆者所做的第一人稱敘述（April–June, 2012），當年他是 Lisa 產品設計的領導者，擔任 Lisa 的設計經理。其他的資訊是根據 Apple 第一任創意總監詹姆斯・費里斯大方提供給筆者的早期宣傳文獻。同時參見 Tesler, "The Legacy of the Lisa"。

45. Jef Raskin, "Thoughts on Annie: Design Considerations for an Anthropophilic Computer" (May 28–29, 1979): Stanford University Libraries Special Collections (hereafter SUL/SC), Jef Raskin papers, M1147, box 8, folder 13；一些檔案文獻可以上網讀取：http://searchworks. stanford.edu/ view/6630103。

46. Paul Kunkel, *Apple Design*, pp. 14–16，書中引用傑瑞・馬諾克的說法：「賈伯斯很堅持機殼必須一體成型，他不想看到任何明顯的分線或螺絲頭外露。」早期團隊的其他成員包括 Laszlo Zeidek、Steve Balog、Dave Roots、Ben Pang。

47. Jef Raskin, "The Genesis and History of the Macintosh Project (February 16, 1981): Jef Raskin papers, SUL/SC: M1147, box 8, folder 11. Andy Hertzfeld, *Revolution in the Valley* (Sebastopol, CA: O'Reilly, 2005), pp. 181-83，以及相關網站：http://www.folklore.org/ StoryView.py?project=Macintosh&story=Revolution_in _the_Valley.tx）。

48. "Apple Engineering Notebook, Book No. 37, assigned to Jerry Manock" (June 16, 1980)；傑瑞・馬諾克的文獻收藏，大方與筆者分享。

49. 傑瑞・馬諾克（麥金塔經理）、克萊夫・崔曼（Clive Twyman，DOS 經理）、吉姆・史都華（周邊裝置經理）、比爾・麥肯茲（Bill Mackenzie，先進產品部經理）、羅伯・戈梅爾（PC 經理）致 Apple 執行長約翰・史考利（John Scully）和賈伯斯（July 3, 1983）聯合信函草稿。在這封信中，這些部門經理呼籲 Apple 更密切整合設計職能，也呼籲管理層級提供支援。傑瑞・馬諾克的文獻收藏，與筆者分享。

50. Jerry Manock, ed., "Product Development: A Designer's Viewpoint," Apple Product Design

Foreword by
John Maeda

Acknowledgments

Introduction

The Valley of
Heart's Delight

Research and
Development

Sea
Change

The Genealogy of
Design

Designing
Designers

The Shape of
Things to Come

Conclusion

Guild, (March 17, 1983)；傑瑞‧馬諾克的文獻收藏，與筆者分享。

51. Keith Cassell, "Proposal for a Corporate Design Center" (October 30, 1981). 傑瑞‧馬諾克的文獻收藏：M1880, box 1, folder 3。

52. 關於設計語義，參見 Reinhart Bütter and Klaus Krippendorff, guest editors, *Design Issues* 5, no. 2 (Spring 1989)。

53. Steve Jobs, Design Council Meeting (March 1982), cited in "Product Development: A Designer's Viewpoint." 訪問羅伯‧戈梅爾（Portola Valley, CA, May 3, 2011）及泰瑞‧小山（Palo Alto, July 20, 2011）。賈伯斯最初駁回麥金塔的概念，所以後來賈伯斯把麥金塔的概念占為己有時，傑夫‧拉斯金怒不可抑。拉斯金說：「那時流傳一個笑話：如果你想說服賈伯斯一件事，做法是先告訴他，聽他拒絕你，然後等一週後，他會跑來告訴你，他想到一個最新的點子。」"Working with Steve Jobs" (February 19, 1981)：傑夫‧拉斯金的文獻，SUL/SC: M1147, box 8, folder 5。

54. "Project Snow White," ed. Jerrold C. Manock (Rev. 05, August 12, 1982)：傑瑞‧馬諾克的文獻收藏，與筆者分享。這本描述性的筆記是為了激發國際設計顧問的興趣。

55. 史蒂芬‧巴特列與筆者的私人通訊（June 13, 2011）。我很感謝巴特列先生與我分享他們的作品和觀點。

56. 除了艾斯林格之外，團隊的主要成員都是他最初的合作夥伴，包括 Andreas Haug、Georg Spreng、Herbert Pfeifer、Steven Peart（倫敦皇家藝術學院畢業生），還有美國人 Tony Guido。艾斯林格其實為「索尼」、「Americana」和激進的線板術語做了一系列初步研究：Hartmut Esslinger, *Keep It Simple: The Early Design Years at Apple* (Sttutgart: Arnoldsche Verlagsanstalt, 2014)；艾斯林格教授大方與筆者分享尚未出版的書稿。

57. 訪問哈特姆‧艾斯林格（Mountain View, April 20, 2011）。這是筆者為電腦歷史博物館進行的訪談，將會收錄在博物館的「矽谷口述史」收藏中。關於 Snow White 專案的比稿競爭，參見 Paul Kunkel, *Apple Design*, pp. 28–35。

58. 這個詞是借自德國哲學家高達美（Hans-Georg Gadamer）的哲學經典 *Truth and Method* (London: Sheed and Ward, 1989)。

59. 這個數字有多種公開的版本，這裡的數字直接出自艾斯林格（參見注釋 25）。

04

The Genealogy of
Design

設計的家系淵源

　　舊金山灣區很多公司的大廳裡，都掛著一張知名的海報（史丹佛大學商學院的圖書館也掛著同一張海報，而且並非偶然）。那張海報猶如電子工程的家譜，以積體電路的邏輯閘和開關來重新詮釋樹狀圖的根部和枝幹。信號是從一個標示為「蕭克利電晶體」（Shockley Transistor）的元件發出來，首先經過快捷半導體擴散開來，接著傳到英特爾、國家半導體、超微半導體，以及一個由第三代、第四代、第五代科技公司所組成的直線型迷宮。他們把聖塔克拉拉的果園，轉變成矽谷這個微處理器的大本營。我們可以把矽谷的設計公司想像成這個密集整合網路中的子系統，其源頭是 IDEO、frogdesign、Lunar Design。這幾家關係友好的競爭對手開創了這個複雜生態系統中的絕大部分，那個系統涵蓋了工作室、合夥事業、虛擬顧問公司，還有許多設計個體戶，使灣區變成設計界的全球焦點。他們的徒子徒孫也持續繁衍擴張，生生不息。[1]

　　開在灣區或總部位於灣區的設計公司大量增加，純粹就數量來說，在灣區的數量可說是獨步全球，但這只是故事的一部分，雖然是很大一部分；另一部分則涉及到設計領域的持續擴張。新的產品類別──互動電玩、教育軟體、遙控外科手術設備──催生了設計的新方法，甚至催生了全新的設計實務領域。工業設計厭倦了「形必隨機能」的現代主義教條，逐漸培養出互動設計。使用者經驗設計取代了市調。人體工學特別重視身體的耐受性，並逐漸演化成人因，把分析延伸到對產品使用的認知、感受、行為面的分析。[2] 在後續掀起的風潮中，一批受過社會科學及行為科學訓練的專家興起，開始加入那些早就以「設計師」自居的藝術家和工程師，跟他們一起共事。

　　當然，設計實務領域的擴張不是矽谷特有的。不過，矽谷獨特的地方，在於新興技術和設計師之間的緊密關係。企業聘請這些設計師來實現那些創新，為創新賦予意義，增添愉悅感。以最明顯的實例來

Foreword by
John Maeda

Acknowledgments

Introduction

The Valley of
Heart's Delight

Research and
Development

Sea
Change

The Genealogy of
Design

Designing
Designers

The Shape of
Things to Come

Conclusion

說，個人電腦從研究實驗室移轉到零售店，這段移轉在矽谷中可能發生在短短的一趟單車路程內。

前面提過，這些圍繞在摩格理吉、大衛・凱利、艾斯林格周圍的圈子，是受到電腦業的滋養。GRiD Systems、Convergent Technology、Apple 電腦之類的客戶提供他們長期的預付金，或至少提供他們穩定的案源，讓他們可以在灣區迅速擴張，最終在美國及海外開疆闢土，攻城掠地。凱利原本單純只想「跟若干好友一起打造很酷的東西」，但後來發現他不得不擴大公司的營運，因為案子不斷湧入。「那個年代案子多到接不完，有人可能直接上門，你也不知道他是誰，他劈頭就說：『能不能幫這個電腦做個機殼？』他們不久就變成 3Com、Rolm 或 Zilog。視算科技（Silicon Graphics）的創辦人吉姆・克拉克（Jim Clark）也來了，我根本不認識他，其實當時連他自己都不曉得他是什麼人物！當時一切實在發展得太快了，我們完全跟不上那種瘋狂的速度。」[3]

此外，他們的功能性擴展了，增添了新的能力以因應新科技、新公司、新行業的要求。改良現有的廚房用具是一回事，業者要求你設計滑鼠或數據機又是另一回事。因此，矽谷的設計顧問公司不得不培養新技能，那不僅是為了因應新產品，也是為了因應毫無前例可循、形式和機能之類的老舊教條不再適用的全新產品類別。對這類全新的類別來說，認知和行為議題攸關產品的成敗，而且跟產品的瞄準線或腰托一樣重要。

不過，即使這些新創的設計顧問公司持續成長，他們很努力維持內部文化，促進創新的解題方法、另類思考，以及最重要的——歡樂的氣氛，避免收入偏低的設計師被企業客戶挖角到企業的內部設計部門。美國工業設計師協會和《商業週刊》贊助的頒獎典禮，搭配了大

量的伏特加 Absolut vodka 和吉拉德鷹牌巧克力（Ghirardelli），為大家創造了相互交融的機會。「渴望星期四」（Thirsty Thursdays）成了帕羅奧圖大學街（University Avenue）上許多設計師下班後流連忘返的聚會。而且，敵對公司的設計團隊常一時興起，吆喝大家一起跳上越野單車，騎二十五英里到海邊一遊。儘管矽谷的環境多變，設計公司相互挖角的情況卻出奇少見。但這些公司先天就有冒險進取的本質，常激勵裡面的設計師獨立出來，自立門戶。

　　GVO 可能是第一個分拆出獨立公司的案例。彼得・洛在帕羅奧圖的「設計中心」關門後，加入 GVO 擔任行銷經理。一九八二年，他號召三位 GVO 的年輕同仁傑夫・史密斯、傑拉德・弗伯蕭、羅伯特・布倫納，一起創立 Interform 顧問公司。[4] 諷刺的是，GVO 設計公司成功把自己定位成矽谷的「首席顧問公司」，但是彼得・洛覺得，那反而導致 GVO 在「矽谷」正要成為全球品牌之際，縮限了整家公司的焦點。彼得・洛在他的 Apple II 上以 VisiCalc 試算表說服那三位潛在的合作夥伴相信，只要匯集他們的互補才華，他們可以在灣區打造出第一家真正有國際影響力的顧問公司。

　　Interform 顧問公司草創那幾年充滿了挑戰，但他們逐漸接到幾家國內客戶的案子：通用汽車，當時已開始考慮把電腦嵌入車體中；世楷家具（Steelcase）的 6000 系列辦公家具，世楷希望藉由這套設計，走出設計導向的赫曼米勒公司所布下的陰影；為德羅寧汽車公司創辦人約翰・德羅寧（John DeLorean）設計一款概念車（但他從來沒付設計費）；為 CL 9 公司設計可自行設定的通用遙控器，那是 Apple 共同創辦人沃茲尼克開設的公司（他有付設計費）。三年內，《工業設計》雜誌已經報導 Interform 是「一家引領業界的加州設計公司，年營收上百萬美元」[5]。彼得・洛是以「西岸折衷派的風格」來招攬客戶；從 frogdesign 跳槽過來的彼得・繆勒（Peter Müller）則向記者解

Foreword by
John Maeda

Acknowledgments

Introduction

The Valley of
Heart's Delight

Research and
Development

Sea
Change

The Genealogy of
Design

Designing
Designers

The Shape of
Things to Come

Conclusion

釋，Interform 有能力結合矽谷技術和「歐式」風格。繆勒曾在多元的環境任職，待過德國、義大利、英國的設計公司，他其實很清楚「歐洲根本沒有那種東西」，但美國的客戶就是很信他說的那一套。[6]

彼得·洛本身是從 GVO 慫恿同事一起離職創業的人，某天他度假回來，得知其他夥伴密謀仿效二十五年前從威廉·蕭克利（William Shockley）的實驗室出走的「八叛徒」（Traitorous Eight）* 時，比任何人都還要震驚。彼得·洛的商業計畫是大量投資於前台，迅速壯大公司。這裡所指的前台包括：聘請王牌建築事務所（Ace Architects）設計前衛的辦公空間；採用頂級的攝影、法律、公關服務；在《華爾街日報》大打廣告；由舊金山知名平面設計師麥克·凡德彼爾（Michael Vanderbyl）來主導企業形象專案，他設計了延伸的 *inter f o r m* 商標。彼得·洛的目的是為了展現出成熟又成功的企業形象，但是套用一位合夥人的說法，Interform 當時仍是「靠虛名營運」。相反的，史密斯、弗伯蕭、布倫納認為比較審慎的營運策略，是追求緩慢的自然成長，先建立卓越的聲譽，省吃儉用那些日益減少的現金。但最後證明，這兩種策略無法協調。布倫納以前在聖荷西州立大學就讀時，曾在夜間兼差接案，當時他在名片上印了一個「月食」的商標，他一直沒忘記當時兼差接案用的事業名稱，所以一九八四年十二月，他們三人從 Interform 出走，宣布成立 Lunar Design。[7]

相較於彼得·洛為 Interform 規畫的條理化策略，Lunar Design 團隊在業務開發方面頂多只是素人玩票性質。一個跟弗伯蕭在同一家健身房運動的業務員想出了一種設計概念，那個裝置可以幫倉庫的員工搬運大箱子。另一個跟他一樣利用午休時間跑步的廣告人，主動表示

---

* 譯注｜那八人接受謝爾曼·費爾柴德（Sherman Fairchild）的資助，一九五七年創辦快捷半導體。

願意介紹一位認識的客戶給他。不過，這種現象在當時並不罕見，因
為那時有近半數的公司都是小規模營運，很多老闆是拿藝術創作碩士
學位，充滿理想，對於「經營計畫」這種俗氣的東西沒什麼耐心。就
連比較大型的設計顧問公司也是採陽春的營運模式，簽那種按時程與
材料計價的合約，跟一九三〇年代產業欣欣向榮時期沒有多大差別。
不過，Lunar Design 也密切關注 frogdesign、ID Two、Matrix Design 的
發展，抱著布倫納所謂的「阿 Q 樂觀」精神，認為「如果那些公司
能辦到，我們也能辦到」[8]。

　　久而久之，這種內容導向的「自然成長」策略有了回報：史密斯
變成優異的專案經理，弗伯蕭更深入了解小規模製造的知識，布倫納
逐漸嶄露頭角，成為他們之中最耀眼的設計人才。就策略上來說，他
們那種微薄到幾乎不存在的獲利，也衍生出一種意想不到的效果：為
了省錢，他們甚至把工作室分租給兩位工程師。那兩位工程師是以教
他們使用第一代可在桌上型電腦上運作的電腦輔助設計工具 Auto-
CAD，來取代租金。當時多數的設計工作是在繪圖桌上以自動鉛筆
繪製，Lunar Design 因此成為業界最早採用軟體工具的業者之一。後
來，熟悉 CAD 軟體很快就變成入行的必備條件。[9]

　　過了一段時間，重要的設計案終於開始進來了，欣泰（Zehntel）
雇用他們設計一個大型的晶片測試機；盧卡斯影業（Lucasfilm）的子
公司 Droidworks 跟他們簽下高額的合約，設計家具、硬體互動，以
及為影音編輯控制台設計模組化的控制。這些知名的案子讓他們的事
業開始步上軌道，接觸到工程密集的專案，也有機會深入熟練剛學會
的 CAD 技巧。然而，為 Lunar Design 敞開關鍵大門的是德雷斯豪斯。
德雷斯豪斯是史丹佛大學設計系畢業生，一九七〇年代早期曾和彼
得・洛共事，並為 Interform 提供工程流程上的建議。後來，德雷斯
豪斯加入 Apple 的 Lisa 團隊，他找上 Lunar Design 的朋友來做一個小

Foreword by
John Maeda

Acknowledgments

Introduction

The Valley of
Heart's Delight

Research and
Development

Sea
Change

The Genealogy of
Design

Designing
Designers

The Shape of
Things to Come

Conclusion

組件，基本上那不是多了不起的工作，但當時 Apple 是矽谷設計圈最渴望拉攏的客戶，那個案子成了 Lunar Design 接觸 Apple 的敲門磚。一九八五年賈伯斯黯然離開 Apple 後，Apple 和 frogdesign 的獨家合作關係開始冷卻，這時 Lunar Design 已經準備好在接下來幾年承擔越來越重要的設計工作。

事實上，Lunar Design 的角色實在太重要了。到了一九八〇年代末，布倫納有近四分之三的時間都花在 Apple 的專案，包括迎合教育市場的低價電腦、可攜式電腦的概念研究。此外，他提出一套詳盡明瞭的觀點：Snow White 的設計語言正在老化，Apple 若要持續進步，設計語言非進化不可。這番說法免不了引起 Apple 產品設計總監理查·喬登（Richard Jordan）的注意，邀他加入 Apple。布倫納婉拒了兩次，最後他在確定加入 Apple 後不必管理 Apple 的外包商，只要在 Apple 內部打造工業設計團隊就好，終於首肯。一九八九年至一九九六年，布倫納一直在 Apple 任職，他後來笑稱那是「蘋無賈時期」（between Jobs）[*]。那段期間，他為後來最受全球推崇（也最神祕）的企業設計團隊雇用了多位核心大將。

隨著布倫納離開 Lunar Design——又或者更確切地說，是他從 Lunar Design 的「合夥人」身分轉變為 Lunar Design 的「客戶」——Lunar Design 不得不因應充滿挑戰和機會的業界變化。關於當時業界變化，最簡明的描述如下：設計公司若要吸引走在科技尖端的客戶，必須進一步提高自己的工程力。Lunar Design 在這方面展開的第一個行動，是和麻州劍橋的高級工程顧問公司 Product Genesis 聯盟，但後來兩家公司因距離遙遠及文化差異而難以持續合作。那段聯盟關係結束後，Lunar Design 決定乾脆豁出去，自己做工程。所以一九九六年

---

[*] **譯注｜** Between jobs（j 小寫）是「待業中」之意。

開始，Lunar Design 建立了自己的工程團隊，由來自 Apple 印表機事業群的羅伯‧霍華德（Robert Howard）帶領。[10] 結合強大的工業設計，以及日益深厚的電腦輔助繪圖和複雜表面建模的技術，使 Lunar Design 不再只做簡單的機殼（套用行話是「面板搭鉸鏈」的簡單活兒），而是做獲獎肯定的設計，並幫忙界定了九〇年代一些創新的產品類別：為 Apple 設計的 PowerBook 電腦，那是 Apple 第一台上市的膝上型電腦；為視算科技設計的「O2 Workstation」，曲線表面是呼應機器本身就有那種建模功能；為飛利浦設計備受好評的個人數位助理 Velo 1。他們也探索了醫學技術的外圍，為直觀醫療器械公司（Intuitive Surgical）設計劃時代的達文西（da Vinci）機器人手術系統。

　　醫療設備和消費性電子產品的設計是採用全然不同的設計框架。消費性電子產品的研發週期極短，每年在拉斯維加斯舉辦的電腦展 COMDEX 幾乎決定了消費性電子產品的研發時程。不過，這兩種設計框架都顯現出密集的專業網絡，那也是矽谷這一帶的關鍵特質。而且在矽谷，往往可以追蹤一個新產品的整個開發週期——從實驗室研發到打造工程原型，再到設計、測試、行銷——這一切都集中在方圓十五英里內。個人電腦是最明顯的例子，遠距手術或所謂的「遠端呈現」（telepresence）手術則是另一個例子。

　　一九九〇年，史丹佛研究院生物工程研究室負責人菲力浦‧葛林（Philip Green）向美國國立衛生研究院申請補助金時，提出一個激進的主張：「我們可以利用遠端呈現來創造『虛擬現實』，把我們全部的運動和感知能力投射到遠端或惡劣的環境中、投射到微觀和宏觀的環境裡，甚至投射在只存在於電腦記憶體內的環境。」[11] 美國國立衛生研究院對於改善低侵入性的腹腔鏡手術很感興趣，似乎也是合理的研究資金申請來源，但是當時申請資助的技術頂多只在臆測階段。葛林第二次申請補助金時，美國國立衛生研究院以「不切實際」為由

Foreword by
John Maeda

Acknowledgments

Introduction

The Valley of
Heart's Delight

Research and
Development

Sea
Change

The Genealogy of
Design

Designing
Designers

The Shape of
Things to Come

Conclusion

加以拒絕。他不死心，再次以原案提出申請，但這次多加了一支影片，顯示他運用那個系統把一顆葡萄切成薄片，結果這次申請馬上就獲得批准。

　　有了史丹佛研究院、美國國立衛生研究院，以及後來的國防高等研究計畫署（DARPA，專門探索在戰區或太空提供緊急醫療介入的方法）的補助，葛林帶領一支醫療工程團隊，探索立體成像、電信、感應器、機器人技術等方面的最新發展。[12] 一九九五年，他們打造了遠端呈現工作台的原型，並由一位戴上立體投影眼鏡的操作員示範如何透過套管來使用沒有彈性的手術裝置，並在不必克服人類手臂的支軸效應下，操作一支配備「腕部」顯微手術工具的機械手臂。

　　就像幾年前恩格巴特曾試圖擴張人類智力，而不只是把人類的智慧自動化一樣，史丹佛研究院的遠端呈現概念是為了提升外科醫生的技能，而不是取代外科醫生。從促進分散各地的知識工作者相互合作，到促使機器人輔助外科手術，史丹佛研究院顯然不乏才華洋溢的遠見家。不過，誠如一位部門管理者所言：「以道格〔恩格巴特〕和菲力浦〔葛林〕的例子來說，他們的遠見都超出了他們實現夢想的能力。」[13] 史丹佛研究院遠端呈現系統的根本概念，最終授權給醫療創業三人組——約翰・弗朗德（John Freund）、佛雷德利・摩爾（Frederick Moll）、羅伯・揚格（Robert Younge），他們一起創立了直觀醫療器械公司，把那套裝備推向市場。他們在兩年內就打造了機器人手術系統的第一個原型，把它取名為「Lenny」（達文西幼名）。

　　直觀醫療器械公司的一流工程師團隊逐漸改良 Lenny 的設計，並加入一個讓外科醫生彷彿身歷其境的觸覺環境、一個四臂的電機傳動裝置，以及一套可擴展的軟體，能夠穩定心跳或抵銷技術熟練但年老醫生的手顫。當時他們沒有考慮到人體工學，沒有做適用性研究，也沒有想到要以那套系統做什麼「宣言」。弗朗德和揚格都是從艾克森

醫療設備公司（Acuson Corporation）來到直觀醫療器械公司，以前跟
Lunar Design 合作開發過開創性的「紅杉」（Sequoia）數位超聲波系
統。Lunar Design 現任設計副總傑夫・薩拉查（Jeff Salazar）得知他們
獲得設計機會時臆測：「我們快紅了！」[14]

　　一五四三年，維薩留斯（Andreas Vesalius）率先讓中世紀的醫生
離開講座，直接對人體進行手術，此後外科醫生開始慢慢地靠近患
者。但是達文西系統出現後，過去五世紀以來逐漸拉近的醫生操刀距
離，又突然被拉了開來，使醫生撤退到手術室遠端角落的工作台，戴
上立體投影眼鏡與力覺回饋操縱器。對於多數接受傳統技藝，非常重
視觸摸、嗅聞、聽聲的醫生來說，達文西系統是一種完全陌生的環
境。工程團隊的挑戰在於讓系統正常運作；設計團隊的挑戰在於使系
統方便好用[15]。

　　Lunar Design 團隊處理這個問題的方式，正是矽谷各地的設計師
學習因應嚴格受限、技術複雜、系統性問題的方式：他們前往史丹佛
大學醫院研究手術流程，觀察醫生、護士、技師之間的時序流動；也
到史丹佛工業園區的客戶設施，分析手術室環境的空間向度，那裡的
場地使用費高達每分鐘六百美元。為了親身體會外科醫生動手術的感
覺，他們花了好幾個小時把豬縫合。

　　直觀醫療器械公司的工程師努力追求系統結構和資訊的完美之
際，Lunar Design 的設計師則是開發了一套側重人類體驗的流程。這
是從一系列的「沉浸式研究」開始做起，目的是讓客戶參與討論「可
能的操作環境」。那個環境從完全封閉的模組，到介於競賽摩托車和
運動機器之間的開放框架都有可能。Lunar Design 在帕羅奧圖的工作
室，打造了互動式操作台的可調模型，使男性和女性外科醫生都覺得
簡單好用、舒適、有足夠的活動空間。他們最終開發出一套很酷的設
計語言，把機器人和監控設備從一套令人望而卻步的科技組合，轉變

成視覺上渾然一體的套件。雖然在業界找不到可以相較的東西，但一九九九年美國工業設計師協會賦予這個價值一百五十萬美元的顛覆性機器人手術系統最高的榮譽：醫療裝置類金牌獎。

初代達文西系統是在毫無實用先例的情況下設計出來的，後來德國、比利時、美國的醫院採用這套裝置時，免不了需要經歷學習曲線。以前腹腔鏡手術的醫生開刀需要站立好幾個小時，同時抬頭看上方架設的螢幕，現在他們很愛使用這套裝置，但護士不時會被電線絆倒，或撞到機器人的手臂，也畏懼清洗機器的辛苦工作。直觀醫療器械公司執行長蓋瑞・古哈特（Gary Guthart）坦言，第一輪工業設計其實是事後思考的產物：直觀醫療器械公司邀請 Lunar Design 設計師加入的時間不夠早，他們找 Lunar Design 設計師加入時，只指示他們：「幫我們為機器增添一些美感，以便上市銷售。」所以，第二輪改良時，直觀醫療器械公司的工程師與獨立的設計師里卡多・薩利納斯（Ricardo Salinas）密切合作，把焦點轉移到整個手術團隊的體驗，而不只是外科醫生的體驗而已：以光纖取代手術室地板上蜿蜒的粗大銅線；薩利納斯教他們如何縮小機器占用的空間，避免碰撞、減輕重量，並進一步縮小整體的視覺感；他們也回頭採用比較適合醫療環境的溫和設計語言，並改用替換率較低、生命週期很長的產品。[16]

因此，大型設計顧問公司正式參與了二十世紀末的產品開發。雇用他們的業者大多抱著節奏明快、承受高壓的創業心態，所以這些設計公司也創造出功能多元、技術精良、原型先進的設備來配合業主的要求。他們都沒有嚴謹的設計方法：frogdesign 提供「策略整合設計」專案，以便把客戶的思維從個別的物件轉移到整合系統；Lunar Design 則是主張「形隨一切」，他們認為產品的「功能」應該涵蓋情感訴求、簡易好用、易於製造、品牌整體形象。在大衛凱利設計公司，反叛傳統的人學習定期運用「FLOSS」策略，使用一種證實很有價值

的「有效防衰設計法」：Fail sometimes（有時失敗）、be Left-handed（換左手操作）、get Out there（到現場）、be Sloppy（偶爾馬虎）和 Stupid（愚痴）。[17] 許多客戶會走訪這三家公司，尋求最好的價格及最適的夥伴。

這時 ID Two 已經搬離帕羅奧圖，遷到顯然比較時髦的舊金山北灘。它在新興的軟硬體概念化方面，採取最大膽的模式。一九八〇年代初為 GRiD Systems 做設計時，摩格理吉突發奇想：鉸接的「膝上型」電腦，螢幕可折疊到鍵盤上，當時那是一種激進的創新（四十三個獲得專利獎的創新之一）。但是他開始實驗工作原型時，卻受到螢幕的另一面吸引：「我覺得最重要的那些主觀特質，幾乎都和軟體互動有關，而不是實體設計。」半個世紀來，包浩斯的「藝術＋工程」（藝術與工程合一）框架，協助設計師因應複雜的機制。但設計複雜的互動時，包浩斯那一套無法因應相關的議題。「我的失望與靈感都存在這個虛擬空間裡。」[18]

雖然 ID Two 的設計師，主要是摩格理吉和比爾・佛普蘭克（Bill Verplank），可能有尼采所謂的「崇高命名權」，但「互動設計」這個新領域的基礎，其實是至少十年前由一群熟悉的玩家奠定的。一如矽谷傳承中的典型特質（近親繁衍、同派相承），Ampex 和全錄的傳承脈絡匯集在雅達利的混亂文化及互動遊戲界的自由奔放世界中。

雅達利是一九七二年由諾蘭・布希內爾（Nolan Bushnell）創立，他是矽谷傳奇中最豐富有趣的科技創業家之一。布希內爾在猶他大學讀工程系時（該系所在伊凡・蘇澤蘭〔Ivan Sutherland〕領導下打造出全球最早的資工系之一），同時在鹽湖城外一個遊樂園打工以支應學費。這段歷史是大家經常引用的細節，一語道盡他一輩子執迷於高科技和大眾文化的交集。布希內爾因為進不了夢寐以求的迪士尼公

Foreword by
John Maeda

Acknowledgments

Introduction

The Valley of
Heart's Delight

Research and
Development

Sea
Change

The Genealogy of
Design

Designing
Designers

The Shape of
Things to Come

Conclusion

司，而到 Ampex 任職。Ampex 的工作讓他有充裕的閒暇時間和多餘的零件，可以去實驗可接上改良型黑白電視機的平價 TTL 電路。一九七二年，布希內爾相偕同在 Ampex 擔任工程師的同事泰德·達布尼（Ted Dabney）一起創立雅達利。[19]

當時，雅達利幾乎是矽谷唯一一家明確朝消費性產品發展的主要科技公司。那時 HP 和英特爾雖然跨足消費性產品市場失利，雅達利卻靠著投幣式電玩遊戲機《乓》（Pong）一炮而紅。那是完全不需要動腦又令人看得出神的遊戲，但紅遍大街小巷，催生了如今產值約一百二十億美元的電玩業。[20] 布希內爾的商業模式是把電玩從撞球間和園遊會娛樂場之類的不良娛樂場所，搬到學生活動大樓、購物商場之類比較光明正大的地方，最後進入了居家環境。電玩就像《大亨小傳》主角蓋茲比、《教父》主角柯里昂等等想要躋身上流社會的底層人物，從來不曾完全擺脫卑微的出身，亦即布希內爾所謂彈珠台上的「刺耳和吵雜」。但是由於消費性產品的設計師必須放眼技術方案之外，處理很多人因，這個次文化現象明顯影響了矽谷設計的軌跡。

第一位在新興的電玩業中工作的設計師是喬治·歐普曼，亦即最初合創 GVO 設計顧問公司的那個 O。布希內爾聘請他為雅達利設計商標：一個圖像化的 A 字母，兩邊的手臂代表兩個熱中於《乓》電玩的玩家。在雅達利草創時期，歐普曼為雅達利的投幣式電玩機設計機台。那段期間雅達利的銷售額約每年翻一倍，產品從《乓》增加到二十四種電玩機台，那些投幣式電玩機台持續從比薩店和保齡球館蔓延到郊區的住家，引領數百萬青少年進入虛擬世界。套用早期某位業界觀察家對當時的現象所做的嘲諷評論：「他們的眼睛彷彿跳過大腦，直接連上了雙手和腎上腺。」[21]

隨著雅達利的產品線持續成長與多元化，設計師的人數不斷增加。一九七三年，Ampex 設計團隊的元老之一查斯·格羅斯曼（Chas

Grossman）跳槽到雅達利，成為內部設計團隊第一任經理。那個設計團隊包括 Roy Nishi、喬治・法拉科（George Faracco）、Regan Chang 等成員，他們最早的設計作品是鉋花膠合板做成的投幣式電玩機台，接著是設計第一代家用電玩遊戲機，其中最引人矚目的是顛覆業界的雅達利電視電腦系統（Atari Video Computer System），這個機種的第三代刻意設計成仿木紋扁平機殼，以便塞在居家櫥櫃的縫隙之間。[22]

不過，遊戲設計師才是雅達利的首腦和核心，從《乓》的開發者艾倫・艾爾科恩（Allan Alcorn）開始，他們之中有許多人在現實世界中打造了一個猶如教派的社群，他們在社群裡的地位就像大祭司一樣崇高。早在南加大或舊金山藝術大學（Academy of Art University）成立遊戲設計系讓大學生主修之前，這些遊戲界的巫師就開始施展一種前所未見、參數未定的巫術。因此，他們的古怪行徑備受包容，連在矽谷這個放任文化盛行的地方，他們享有的包容度也相當罕見。一九七五年，布希內爾協商了一項協議，讓連鎖零售商西爾斯（Sears）成為家用電玩《家乓》（Home Pong）的獨家經銷商，那是矽谷科技業首度進軍家庭娛樂市場。西爾斯的高階管理者從芝加哥飛到桑尼維爾參觀雅達利的製造廠，其中一人看到《影像音樂》（Video Music）這個律動頻繁的電子音樂視覺化儀器時，隨口開玩笑問道：「你們開發這玩意兒時，是吸了什麼東西？」沒想到設計師還乖乖地打開抽屜，讓那個人看他吸了什麼。[23]

　　雖然雅達利付給設計師的薪酬不高，但公司把那些開發飆車、射擊、運動電玩的設計師捧得很高，對他們相當敬重。不過，一九七六年，布希內爾為了募資以便資助他對家用電腦事業所抱持的願景，接受了華納傳播公司（Warner Communications）和雷蒙・卡薩爾（Raymond Kassar）的收購。卡薩爾曾經在伯靈頓實業（Burlington Industries）擔任行銷副總裁，有哈佛大學 MBA 學位，他接替布希內爾擔

Foreword by
John Maeda

Acknowledgments

Introduction

The Valley of
Heart's Delight

Research and
Development

Sea
Change

The Genealogy of
Design

Designing
Designers

The Shape of
Things to Come

Conclusion

任雅達利的執行長。卡薩爾試圖把他在紡織業的管理技巧套用到科技業，結果引發極大爭議。在他任職的五年中，雅達利的利潤飆漲，但設計師和管理高層的關係幾乎是馬上惡化。他公開嘲笑設計師是「神經質的大頭症」，解雇一群設計師時還對他們說：「任何人都會做遊戲卡匣，你們並沒有比那些在裝配線上組裝卡匣的工人重要。」艾倫・米勒（Alan Miller）是第一波離開雅達利的人。他回憶道，有一次卡薩爾把他們召集到公司的餐廳，先是自我介紹，接著解釋他打算怎麼整頓雅達利的亂象：

> 有人問道：「您的背景是什麼？」他說他以前在紡織業，做布料之類的進口。
>
> 有人問他：「那您打算怎麼跟電子產品設計師互動呢？」
>
> 他說：「我這輩子都在跟設計師共事。」
>
> 我記得當時心想：「這話是什麼意思？」
>
> 他接著說：「毛巾設計師……」
>
> 我心想，糟了，我們麻煩大了。這會是一場災難。[24]

結果確實是一場災難。一九七〇年代末，街機賽車遊戲《Gran Trak 10》、《終極戰區》（*Battlezone*）、《冒險》（*Adventure*）等遊戲賣出數百萬套。但在雅達利，「設計師」並不是大家對「程式設計師的敬稱」[25]。早年，一位設計師包辦從概念到執行的一切，「你想到一個點子，寫下程式，開發圖像，製作音效，抓程式漏洞，找孩子測試遊戲，一直改良到你滿意為止，然後寫下遊戲手冊草稿」[26]。他們知道怎麼在八吋乘八吋的螢幕上顯示像素、上色、移動之後，遊戲設計開始走上跟「工業設計」一樣的專業化軌道，越來越遠離製造業及平面設計，也因此抽離了印刷工藝。[27] 隨著根本技術的逐漸進步，

設計日益變成一門獨立的專業。遊戲設計的專業化就像相關領域的專業一樣，也期待大家把遊戲設計師視為專業人士對待。

　　第一代遊戲設計師中，有些是讀資工系，例如華倫・羅比特（Warren Robinett）；有些是讀電機系，例如艾倫・米勒、羅伯・富洛普（Rob Fulop）。第一代遊戲設計師共約有三十人，多娜・貝莉（Dona Bailey）是唯一的女性，她原本是軟體工程師。後來遊戲設計師的人數逐漸增加，開始有藝術家、音樂家、動物學家或大學輟學者加入，那些人都有構思原創故事並以程式表達的天賦。他們沒有一個受過「遊戲設計」本科的訓練，畢竟這個科系就是他們集體開創出來的。事實上，這些創始者後來幾乎都離開雅達利的原因，主要是因為渴望獲得肯定，希望有人肯定他們是新藝術的大師，而不是卡薩爾口中「不希罕」的工人。艾倫・米勒、戴夫・克蘭（Dave Crane）、鮑勃・懷海特（Bob Whitehead）、賴瑞・卡普蘭（Larry Kaplan）這「四人幫」於一九八〇年離開雅達利，一起創立第一家協力遊戲開發商「動視公司」（Activision）。霍華・德爾曼（Howard Delman）、羅傑・赫克特（Roger Hector）、艾德・羅伯格（Ed Rotberg）這「三個臭皮匠」創立了 Videa 電子娛樂公司。比爾・格魯布（Bill Grubb）、鮑伯・史密斯（Bob Smith）、丹尼斯・克伯（Denis Koble）、馬克・布拉德利（Mark Bradley）、富洛普這個「拇指發麻團」創立短命的 Imagic 公司。華倫・羅比特回憶道：「當時我們那些留在雅達利的人則是以『蠢蛋團』自稱。」[28]

　　然而，從雅達利獨立出來的新創事業中，最了不起的其實不是往娛樂界發展，而是往教育界。羅比特一直對「互動圖像媒體」模擬複雜現象的潛力很感興趣——「車輛載運貨物，在湍流中旋動的獨木舟，繞著恆星運行的行星，在多變生態中競爭的動物，思緒從錯綜複雜的知識網絡中一閃而過。」他離開雅達利之前，在電玩《冒險》的

Foreword by
John Maeda

Acknowledgments

Introduction

The Valley of
Heart's Delight

Research and
Development

Sea
Change

The Genealogy of
Design

Designing
Designers

The Shape of
Things to Come

Conclusion

角落藏了一個「彩蛋」（他的簽名），接著他就離開「步態蹣跚的大笨龍和緩慢滑行的蛇」，投身數學教育。羅比特偕同教育心理學家安·麥考蜜克·皮絲楚普（Ann McCormick Piestrup）、剛從史丹佛大學拿到數學教育博士學位的泰利·波若（Teri Perl）、生物學家萊絲莉·葛里姆（Leslie Grimm）一起拿到美國國家科學基金會的補助金，致力研究「運用微型電腦初步學習幾何與邏輯」。在第一個產品《洛基的靴子》（Rocky's Boots）中，他開發了一款互動式圖像模擬程式，運用冒險遊戲中常見的元素——通關和可移動的物件——來教國小二三年級的學生如何以布林邏輯（Boolean logic）* 解題。不過，《洛基的靴子》顯然不是那種常見的冒險遊戲。事實上，他寫道：「那完全不是冒險遊戲，而是以冒險遊戲裡的房間和物件做為背景的教學軟體。」[29] 為了讓八歲孩童了解困難的概念，設計師多少可以自作主張調整一些東西，但在平價的微型電腦（尤其是 Apple II）所開創的教育軟體領域，《洛基的靴子》可說是第一批跨入該領域的產品之一。他們從國家科學基金會取得的補助金用光後，又從創投公司取得資金，《洛基的靴子》成為學習公司（Learning Company）的旗艦產品，而學習公司也是第一代教育軟體發行商中最傑出的業者。

遊戲設計的驚人成長催生了大量的書籍、雜誌、網站、會議、訴訟案、學程，還有許多學術刊物，例如《遊戲與文化》（Games and Culture）、《遊戲與虛擬世界》（Gaming and Virtual Worlds）。那也催生了大量的理論，而那些理論的基礎出乎意料地接近源頭。約翰·韋克菲爾德（John C. Wakefield）是雅達利第一任總裁，他從一開始

---

* 譯注｜布林邏輯是布林代數（Boolean algebras）應用於邏輯學上的稱謂。布林代數是英國的喬治·布林（George Boole）研究符號邏輯運算時設計的，使邏輯可以如同數學加減乘除一般，以符號方式運算。布林邏輯的可運算性，使得資訊檢索更加便利。

就堅持，遊戲開發不只涉及程式設計和說故事而已，更需要「深入了解人類行為，決定什麼東西可以挑戰、挫敗、滿足及激勵玩家」。一般工程師或 MBA 比較不會講出這樣的話，但是對臨床精神科醫生韋克菲爾德來說，這是慣常用語。他曾在堪薩斯州托彼卡（Topeka）的知名精神治療中心「梅寧格基金會」（Menninger Foundation）擔任住院醫師，接著在加州洛思加圖斯（Los Gatos）執業看診，專長是「組織診斷」，在加州開業時被姊夫布希內爾挖角去當雅達利的總裁。

韋克菲爾德認為，相較於無線電視的被動、無彈性、無法自己設定的特質，電玩本質上就是互動的。事實上，雅達利互動設計的專業化，有極大部分是因為他們發現，玩創意遊戲時會啟動基本認知架構、行為流程、學習策略，他們對那些領域的科學越來越感興趣。在那些方面，雅達利的程式設計幾乎跟一群先進研究中心的水準不相上下：西摩爾・派普特（Seymour Papert）和馬文・閔斯基（Marvin Minsky）在麻省理工學院主持的人工智慧實驗室；約翰・麥卡錫（John McCarthy）創立的史丹佛人工智慧實驗室；以及充滿遠見的艾倫・凱伊在全錄帕羅奧圖研究中心領導的學習研究小組（Learning Research Group, LRG）。在《科學人》雜誌（Scientific American）的特刊中，凱伊寫道：「電腦媒體不像傳統媒體，它是活性的：它可以因應查詢和實驗，甚至讓使用者參與雙向交流。」[30] 雅達利的董事會向潛在投資者強調「雅達利的遊戲設計側重遊戲理論和玩家心理」時 [31]，他們不只是抓到一個新的市場區隔，更抓到了以電腦做為「創意互動全新媒體」的初期願景。

這些不單只是獨立發展的軌跡而已，在矽谷這個扭曲的空間中，延伸的平行線免不了會有交會的一天。在那十年間，艾倫・凱伊和艾黛兒・戈德堡（Adele Goldberg）常帶著帕羅奧圖的中學生到學習研究小組實驗室，衡量他們在他所謂的「臨時 Dynabook」上（隔壁電腦

Foreword by
John Maeda

Acknowledgments

Introduction

The Valley of
Heart's Delight

Research and
Development

Sea
Change

The Genealogy of
Design

Designing
Designers

The Shape of
Things to Come

Conclusion

科學實驗室的同仁稱之為 Alto 電腦），運用物件導向程式語言 Small-talk 的能力。一九八二年，凱伊因為他對教育科技的熱誠無法激發全錄高層的興趣，離開帕羅奧圖研究中心，加入雅達利研究實驗室擔任首席科學家。就像遊戲理論指引雅達利的明星設計師投入教育界一樣，教育理論也指引帕羅奧圖研究中心的權威人物投入遊戲界。

當然，這裡面涉及的細節比表象更加複雜。一九八二年，電玩業盛極而衰，開始迅速走下坡。現金充裕的雅達利要求凱伊去幫忙成立一個企業內部的研究中心，任務是對互動多媒體的未來進行基本研究。凱伊知道這是個高風險的事業，去 HP 那樣受到業界敬重的公司才是比較合理的職涯選擇。不過，雅達利的消費者導向，正好符合凱伊對透明介面及一千美元簡單好用兒童電腦的平民遠景。「雅達利擁有所向無敵的客群。」他向訪問者解釋他加入雅達利研究實驗室的原因，「他們正是我十五年來一直說我感興趣的那種人，所以我已經到了要麼趕快行動、不然閉嘴的抉擇時機。」[32]

雅達利的設計師忙著設計投幣式機台和遊戲主機時，凱伊開始從麻省理工學院架構機器團隊、卡內基美隆大學資工系、帕羅奧圖研究中心招募天賦過人的年輕研究員。這些年輕人大多不太需要誘導就加入了。一九八〇年代初期，個人電腦已開始大增，但是幾乎沒有人料到個人電腦會如此深入地滲透日常生活的每個角落，也沒有人料到個人電腦可以做為創作工具，而不只是昂貴的電算機器而已。凱伊主張：「這是第一種後設媒體（metamedium），所以它在呈現與表達上有前所未有的自由度，也幾乎沒有人探索過。」更重要的是，他覺得有必要補充提到：「它很有趣，所以本質上是值得投入的。」[33]這是使用恩格巴特所謂的「自舉」策略，為一個正在成形的學科領域，開發概念工具的最佳良機。

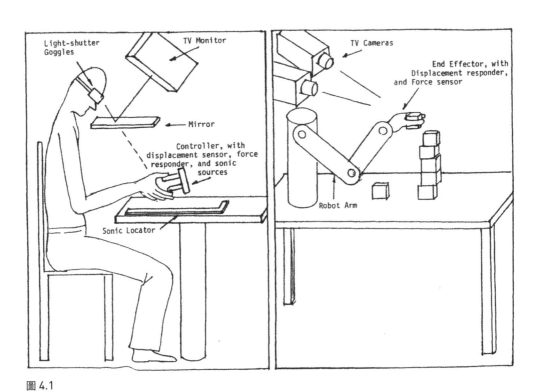

圖 4.1

菲力浦・葛林，遠端操作者使用「遠端呈現」機器的設計草圖（1984）。

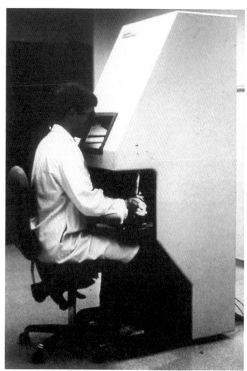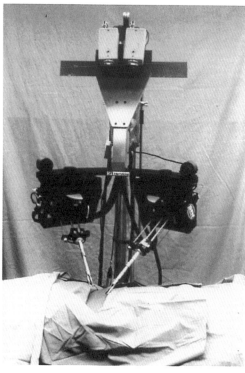

圖 4.2

史丹佛研究院「遠端呈現」原型：雙遠距操控器和立體攝影機（約 1995）。

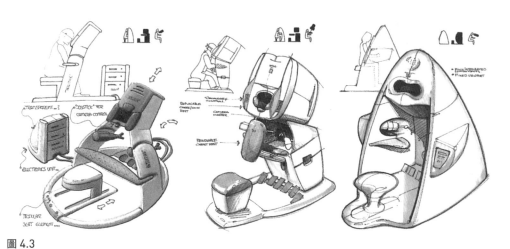

圖 4.3

直觀醫療器械公司和 Lunar Design：「沉浸度」（1998）。Courtesy of Lunar Design.

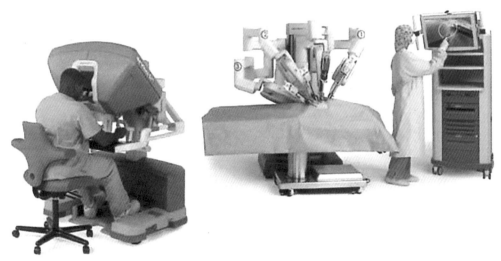

圖 4.4

直觀醫療器械公司和里卡多・薩利納斯：達文西系統（2002–2012）。從實驗室科學到上市商品都在方圓十五英里內發生。Courtesy of Intuitive Surgical.

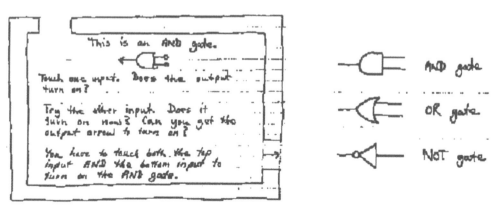

圖 4.5

華倫・羅比特，《洛基的靴子》草圖（1980）：通關和可移動的物件。Courtesy of Warren Robinett.

圖 4.6

「三年級學生研究太空旅行的諸多面向。右邊那個小組在模擬火星登陸,左邊的學生正在研究太空船的設計。」[69] 為華納公司高層製作的一系列情境圖,用以說明「智慧百科全書」的可能用法。迪士尼動畫師葛連・基恩(Glenn Keane)繪製(1982)。後排的孩子正在做後排小孩常幹的事。Courtesy of Robert Stein.

圖 4.7

左圖:Apple 人機介面指南(1987);右圖:「圖解年鑑」指引手冊(1988–89)。

　　雅達利研究實驗室位於桑尼維爾的兩層樓建築中，為研究人員提供資金充裕的研究環境。這裡的團隊成員就像英國作家伊夫林・沃（Evelyn Waugh）小說裡的人物，分成「樓上」和「樓下」[*]。「樓上」的人開發互動軟體，「樓下」的人開發電路與晶片。[34] 雖然他們有些研究很搞笑（例如，凱伊休長假期間，他們故意打造了一個有點像麻省理工媒體實驗室主持人尼古拉斯・尼葛洛龐帝〔Nicholas Negroponte〕的化身 Art T. Fischell 來管理實驗室；提議打造一個讓海豚和人類一起玩耍的互動電玩），他們的探索預告了語音與體感介面、資料視覺化、虛擬實境的開發，那些都將在十年後成為科技的主流。這個實驗室在顛峰之際約雇用了一百名研究員，自由地遊走在理論物理學、認知科學、即興表演之間。

　　這個實驗室的整體任務，是探索次世代的電子技術如何活用使用者的智識、身體、情感能力。正式來說，這個專案是在「可見群集」（visibility clusters）內進行，那些群集代表了一些複合的實務，例如互動動畫、由古怪的遊戲設計師克里斯・克勞佛（Chris Crawford）領導的遊戲研究小組、資訊環境（包括一個用來研究聲音、觸覺、手勢、形象整合的媒體室）。此外，這個實驗室資助許多內部研究人員所提出的「特殊專案」，那些研究人員都很有才華，只是有點古怪。蘭迪・史密斯（Randy Smith）原本在加州大學戴維斯分校努力以方程式跟大學生解釋相對論，現在發現他在雅達利可以利用互動模擬來顯示放慢至時速十或二十英里的光速，而且不必違反物理學基本定律：「這種方法可以讓你實體感受相對論的意義，讓任何年齡的人都能學習宇宙是什麼樣子及宇宙是如何運作的。」布蘭達・洛蕾爾應用

---

* **譯注**｜在昔日的英國，所謂樓上是指主人家，通常以貴族為主，樓下是僕人待的地方，通常是一般平民百姓。

Foreword by
John Maeda

Acknowledgments

Introduction

The Valley of
Heart's Delight

Research and
Development

Sea
Change

The Genealogy of
Design

Designing
Designers

The Shape of
Things to Come

Conclusion

她的戲劇背景來研究電玩互動階段的敘事幻想律動。勞勃・史丹（Robert Stein）想了解大家如何在資訊無處不在的未來世界中遊走，所以設計了一台想像問題機，從史丹佛大學招募教職員的十二歲孩子，記錄他們平常一天當中想到的所有問題。麥可・奈馬克（Michael Naimark）也不甘示弱，找一位菲律賓獵人頭族伊富高人（Ifugao）的十二歲後裔來做相同的實驗。[35]

這些專案中最積極體現這個實驗室對教育與娛樂興趣的，是一項打造「智慧百科全書」（Intelligent Encyclopedia）的協力計畫，那是一九四五年萬尼瓦爾・布希（Vannevar Bush）夢想發明出一種名叫 Memex 的裝置時首度提出的概念*，後來由美國國防部高等研究計畫署的資訊處理處（Information Processing Technology Office）推動發展，並於一九六○年由泰德・尼爾森（Ted Nelson）構思超文字協定，首度將它命名為「仙那度計畫」（Project Xanadu）。[36] 史丹原本對走上街頭參與政治活動相當熱中，一九八一年開始對科技感到狂熱，並大膽地寄給凱伊一份長達一百二十五頁的論文，描述一種未來協力活動，由像大英百科全書、全錄、盧卡斯影業那樣迥異的實體一起合作。雖然當時上流文化、大眾媒體、科技業之間的連結尚未進入電腦科幻小說的領域，但凱伊一口氣讀完了那份論文，並宣布：「這正是我想做的。」一年內，一群雅達利的「啟蒙哲士」開始為一套可無限擴展、自我修正、豐富互連的《百科全書》（Encyclopédie）奠定概念基礎†。史丹原創的初版是一本利用影音擴增內容的書，但在凱伊的策畫下，那個概念逐漸演變成不僅是多媒體形式，更是互動式多媒體。凱伊質問史丹：「關於那個你很感興趣的『智慧百科全書』，你

---

* 譯注｜Memex 常被視為網際網路的先驅。

† 譯注｜原指一七五一年至一七七二年間由法國一些啟蒙思想家所編撰的法語百科全書，但此處是指新世代的百科全書，「啟蒙哲士」一詞也呼應這個詞彙。

不覺得讀者也想貢獻點什麼嗎？」[37]

　　自古羅馬時代的老普林尼（Pliny the Elder）以降，要重新改造一種早就存在的類型，無論是改用什麼形式，都不是一件容易的事：從整體系統架構的層級，到小圖示以及是否以字型、顏色或粗體來顯示連結等等細節，都有問題需要解決。此外，文字、圖畫、動畫和聲音需要整合呈現，例如有關「簡諧運動理論」的條目，應該讓讀者流暢地從閱讀文字轉為瀏覽圖片，接著聆聽音頻，甚至可以擺動一個虛擬的鐘擺或撥動一根振動的弦。由於百科全書專案不是科技或市場驅動的，而是以使用者經驗為重，所以這個專案充分體現了另一個從科學和工程，轉移到設計與設計研究的過程。這個案子的範圍驚人，規模前所未有，挑戰了創新者的耐心，他們知道他們的研究已經超出他們所能理解的範圍。那也挑戰了雅達利的母公司華納傳播公司管理高層的耐心，他們之中沒有人使用電腦，也不了解他們買下的這個實驗室有什麼潛力。

　　隨著凱伊越來越抽離實驗室的日常運作，大家常在寫給他的便箋末尾寫道：「如果我們得不到您的回覆，我們就認定……」後來從麻省理工媒體實驗室來到西岸的克莉絲蒂娜・胡珀・伍爾西（Kristina Hooper Woolsey）被任命為實驗室的實際負責人。伍爾西召集全體成員宣告：「未來一兩年內，我們真的可以把這裡打造成一流的研究機構，有別於傳統的類型，而是研究當代最重要的問題。」[38] 她希望藉此重振士氣，但事與願違。一九八四年，華納傳播公司因股價暴跌、內部醜聞導致公司四分五裂，加上小精靈（Pac-Man）卡匣生產過剩而侵蝕獲利，突然把雅達利拋售給傑克・特拉梅爾（Jack Tramiel）。特拉梅爾把雅達利的營運焦點從電玩轉為家用電腦，立刻解雇大部分的研究人員並關閉實驗室。當時伍爾西擔負起那個吃力不討好的角色，勇敢地面對實驗室關門的命運，並安慰每個專案團隊他們

Foreword by
John Maeda

Acknowledgments

Introduction

The Valley of
Heart's Delight

Research and
Development

Sea
Change

The Genealogy of
Design

Designing
Designers

The Shape of
Things to Come

Conclusion

的研究都是最頂尖的,「現在有問題的是雅達利,不是我們」,但是安慰再多也無濟於事。實驗室關閉得很倉促,事先毫無通知。這件事令人聯想起五十年前包浩斯最後的那段日子,大批警衛搭巴士前來,要求創意部門員工收拾好私人物品,押著他們離開大樓。[39]

旋風橫掃過雅達利研究實驗室後,把雅達利的互動設計種子吹散到矽谷各個角落。這時矽谷的邊界已擴展到狹長的聖塔克拉拉之外。有些人往北移,越過金門大橋,來到馬林郡(Marin)的盧卡斯影業。有些人越過聖塔克魯茲山前往南方的繽特力公司(Plantronics)。還有為數眾多的人來到舊金山市中心的一個車庫改裝空間,Apple 電腦在那裡成立了一個特殊任務小組,致力於多媒體教育的未來。

當時 Apple 剛發布開創性的麥金塔電腦(一九八四年),儘管採用大家熟悉的「桌面」比喻,「圖示」也好用,新媒體的互動可能性大致上仍未探索。凱伊和 Apple 執行長約翰.史考利(John Sculley)在為期一年的腦力激盪中,構思了名為「知識領航者」(Knowledge Navigator)的前瞻計畫,規畫了一套路線圖,並由 Apple 創意總監修.杜伯利(Hugh Dubberly)領導的團隊在六週內密集執行計畫。在充滿未來感的說明影片中,一位西裝筆挺的加州大學柏克萊分校教授運用語音、手勢、互動的觸控螢幕裝置(那是工業設計組的蓋文.艾維斯特〔Gavin Ivester〕做出的實體模型)來規畫多媒體演講,講題是森林濫伐。他在演講中叫出最新的研究資料,並以外推法來推測未來,過程中都有遠端的同事協力配合(同事責怪他凡事都拖到最後一刻才做)。在此同時,一個打著蝴蝶領結的智慧機器人提醒他,接下來的開會行程、預約、父親的生日即將到來。Apple 每個設計小組的成員都還記得,他們第一次看完內部放映「知識領航者」的影片時,搔著頭問彼此:「那要怎麼做出來啊?」[40]

如果說「知識領航者」揭示了一種完全互動的多媒體願景,那麼

HyperCard 應用程式和程式設計工具則為多媒體設計師提供了實現那個願景的工具。[41] HyperCard 是由麥金塔初代團隊中的比爾・艾金森（Bill Atkinson）開發的，它以成疊的索引卡做為視覺比喻，讓設計者處理過去十年來醞釀的一系列挑戰：新科技如何支持創意研究和表達？科技和媒體公司如何合作開發產品，讓教育體驗更加生動有趣？多媒體如何協助在教學與學習之間「模糊兩者的界線」？

　　這些都是 Apple 多媒體實驗室探索的問題，他們的任務是確保電腦從辦公室轉移到學校課堂時，能夠呈現「影像和聲音」，而不只是簡單的文書和資料處理功能而已。Apple 多媒體實驗室是由一位認知科學家（雅達利的伍爾西）和一位教育心理學家（蘇安・安布隆〔Sueann Ambron〕）共同領導。那裡成了吸引想要透過圖像和影音來提升電腦教育潛力的第一代灣區設計師的地方。[42]

　　為了解開那些問題，實驗室和一些組織建立合作關係，包括盧卡斯影業、國家地理學會、史密森尼學會（Smithsonian Institution）、奧杜邦學會（Audubon Society）、貝德曼圖庫（Bettmann Archive），以及一群外包者和志工組成的網絡（該網絡最後成長到一百多人）。實驗室運用每個設計師都懂的方法──故事腳本、情景構建、迭代式原型──開發出二十多個「設計實例」，以便向 Apple 內部及一些潛在的合作夥伴和開發商說明新媒體先天具有的可能性。

　　那些設計實例通常是以三個月的時間，花五萬美元來呈現出粗略的產品概念：「三〇年代的聲音」是由納森・沙德羅夫（Nathan She-droff）和艾比・東（Abbe Don）聯合一群當地教師一起設計的，那個設計栩栩如生地呈現了作家史坦貝克以第一人稱敘述的美國樣貌；「生命故事」是讓人學習 DNA 結構的程式。不過，實驗室最具代表性的研究成果是一份龐大的「圖解年鑑」（Visual Almanac），那可以算是朝著雅達利未實現的電子百科全書願景邁出第一步。「圖解年

鑑」中包含一張 VCD、一張 CD-ROM，還有一本指引手冊，把大量的資訊、圖像、短片、影音嵌入有七千個超連結的「資料卡」。學生可以利用那些資料來規畫自己的動態簡報。相較於其他急就章拼湊的設計實例，「圖解年鑑」是一個為期兩年的專案，由多媒體實驗室核心成員負責，還另外從灣區新興的互動與介面設計社群招募了三十人來支援。在 Apple 的企業文化變得保密到家、滴水不漏之前，這個非商業的專案在界定社群方面扮演關鍵的角色，那個社群很快就湧入舊金山的「多媒體峽谷」（Multimedia Gulch）*。誠如當初實驗室核心成員查理‧克恩斯（Charles Kerns）回顧時所說的：「如今我遇到的每個人，都自稱是設計師，但是在一九八八年沒有人那樣說，可見這個實驗室是促使『設計』變成一個常用語或常見行為的推手。」[43]

　　至少同樣重要的是，「圖解年鑑」跟多媒體實驗室一樣，以研究為基礎及設計導向。沒有人懷疑電腦會持續變得更快、更小、更便宜，一九八〇年代中葉的基本技術平台已經有充分的成熟度，讓大家不再問：「我們能讓電腦正常運作嗎？」，而是問：「我們該怎麼運用電腦？」也就是說，誠如本書一再提到的，那些問題比較適合由設計師來回答，而不是讓科學家或工程師回答，即使設計師、科學家和工程師就在同一個實驗室裡工作，甚至是一人同時具有三種身分亦然。「工程師知道如何奠定技術基礎，」伍爾西在加州大學洛杉磯分校的圓桌討論上提到：「設計師則是為事物構思初始的概念，而且他們有意圖去實現那個構想。」[44] 因此，實驗室的根本策略是讓核心設計團隊去創造一套經驗，然後向企業高層簡報那就是他們想達成的目標。當時多數企業的內部設計團隊仍需要努力爭取大家的肯定，

---

* 譯注｜一九九〇年代舊金山索瑪區（SoMa）的「多媒體峽谷」計畫，希望讓網路服務、多媒體、數位娛樂、影片後製等公司進駐當地。

「以設計驅動工程和行銷決策」的概念簡直是倒行逆施，即使是當時最先進的公司也不是那樣運作的。

　　Apple 多媒體實驗室始終沒有為其媒體創新找到可行的商業模式，光碟的封閉世界很快就被網際網路的無限宇宙所取代。不過，那個實驗專案最後是在功成身退下結束。他們在唐人街（Sacramento Street）的實驗室開了一場盛大的派對，吸引了眾多舊金山設計圈的人士參加。相較於雅達利研究實驗室的草草關閉，「多媒體的黃金年代」是在歡樂聲中劃下驚嘆號，而非嗚咽結束。[45]

　　在 Apple 多媒體實驗室工作的設計師形容自己是偵察員，任務是探索新領域、開闢新前哨，並設法吸引一波先鋒來開疆闢土。「我們堅守在崗位上，協助大家適應轉變。」「圖解年鑑」的作者群如此宣稱，「但隨後又出發去尋找下個前哨。」[46] 事實上，在這個實驗室被納入 Apple 的教育科技團隊之前，它的首要之務是從「推出專家創作的產品」轉變成「把創作權交給使用者」。一九九二年伍爾西受訪時表示，「我現在對產品沒那麼感興趣了，我更感興趣的是，使用者能夠自己隨意地製作媒體。」[47]

　　這種「還權於民」的思潮，呼應了伍爾西為 Apple 桌面的介面開發一套準則時，就已經做過的事。當時那套準則是以不言而喻的資料為基礎，雖然大家使用電腦系統才沒幾年，但「大家在現實世界中已有多年的生活經驗」[48]。當電腦從程式設計師和裝備製造商的高深領域，轉移到一般「隨興」或「任意使用」的使用者手中，設計師了解及處理基本認知結構的能力，對他們的整個工作流程變得日益重要。

　　把「一般人使用的介面」加以理論化的任務，分散由 Apple 眾多事業單位負責，包括喬伊・孟芙德（S. Joy Mountford）管理的人機介面小組（Human Interface Group, HIG），孟芙德是 Apple 從航太業挖角過來的人因專家，之前設計過軍機駕駛艙顯示器，那種案子的容錯

Foreword by
John Maeda

Acknowledgments

Introduction

The Valley of
Heart's Delight

Research and
Development

Sea
Change

The Genealogy of
Design

Designing
Designers

The Shape of
Things to Come

Conclusion

度極低，任何偏差都可能釀成可怕的災難。由於她具備那樣的高科技背景，帶著笑臉的小麥金塔電腦令她困惑不解。她也不明白為什麼會有人想要買功能那麼少的電腦。不過，她受到的專業訓練讓她有深刻的人本思想，她把那些理念帶進了 Apple。隨著電腦的使用擴展到職場及狹隘的「桌面」比喻之外，掌握介面性質變成她那個實驗室的關鍵使命。[49]

隨著人機介面小組的成長及多元化，它不斷地演變：從擔任「設計警察」，針對許多工程部門犯下的設計錯誤，執行新訂的人機介面指南（human interface guidelines），變成製作原型及測試示範產品，再變成越來越強調跨領域的協作和原始使用者經驗的研究。孟芙德認為，如果要讓電腦真正散發廣大的魅力，電腦科學家和設計師需要先化解他們對彼此的不信任，尤其介面設計師需要了解大家使用電腦時的心智模式。為此，他們必須把焦點轉向外部，開發適合使用者行為、而非他們個人行為的研究方法，但這不是很容易辦到。軟體業不是不知道「易用性測試」，但這種測試還在發展初期，幾乎沒有規則可循，受過培訓的調查員也很少。

孟芙德的解決辦法是直接跳過狹隘的電腦專業圈，去找年輕世代，因而贊助了一年一度的大學介面程式研討會（University Workshop Interface Program）：這是一九九〇年開始的研討會，有八所大學的五百名學生參加。主辦單位會給那些學生一份設計綱要，要求他們根據觀察到的需求及持續的使用者意見回饋來改變介面原型。學生有機會在現實世界的約束條件下，解決現實世界的問題。人機介面小組不僅可以借此機會發掘出色的年輕人才，也可以在培育新世代上持續發揮重要的影響力。[50]

事實上，人機介面小組為後代留下的不朽傳承，不是它在 Quick-Time 影片編輯程式、QuickTake 數位相機，或 WalkAbout 個人錄音程

式的貢獻，而是它培養了一群介面設計師，其中有一百多人是以全職研究員、實習生或顧問的身分參與它的專案。此外，這不是簡單的「群聚效應」促成的，因為一個趨勢發展到某個時點時，只要有微幅的增量就能啟動質變。一九八八年十二月，人機介面小組舉行一場為期三天的密集研討會。那場研討會促成了一套開創性的論文集，其研究範圍是在研討會那三天確立的。洛麗・佛泰妮（Laurie Vertelney）的論文也收錄在那套論文集中，她在文中提到那個關鍵階段的變化：「一九七〇年代，有一群專業的主機程式設計師為其他的程式設計師寫程式。在另一個極端，有一群平面設計師沉浸在平面媒體中。在Apple 的人機介面小組裡，我們開始看到『兼容並蓄的介面設計師』這種罕見物種的第一批成員。」人機介面小組把平面設計師與電腦程式設計師融合在一起，在促成新設計領域的持續發展下扮演決定性的要角。佛泰妮預測：「下一步，將會是設計整個產品的使用者介面，那可以更巧妙地稱為互動設計。」[51]

佛泰妮的看法充滿了先見之明。幾年前，摩格理吉和 ID Two 的同仁也判斷，他們需要一套可以把數位體驗加以人性化的新架構，就像他在實體領域受過的訓練那樣：「這個領域就像工業設計，涉及主觀和定性價值，是從產品或服務使用者的需求和渴望出發，努力創造給人美感及持久滿意與歡愉的設計。」[52] 一九八四年，在一場會議上，摩格理吉提出「軟面」設計（"soft-face" design）這個詞，但是當季爆紅的椰菜娃娃（Cabbage Patch）搶了他的風采，他因此覺得最好再重新想一個用語。早在一九八二年舉行指標性的蓋瑟斯堡電腦人因會議（Gaithersburg Conference on Human Factors in Computing）之前，軟體社群就已經採用「介面設計」一詞。「對話設計」這個說法似乎只有全錄帕羅奧圖研究中心使用，外界並未跟進。「互動分析」是人

Foreword by
John Maeda

Acknowledgments

Introduction

The Valley of
Heart's Delight

Research and
Development

Sea
Change

The Genealogy of
Design

Designing
Designers

The Shape of
Things to Come

Conclusion

類學家之間日益流行的領域，但是對設計圈來說，那個詞代表後工業時代的未知領域。因此，他們最後決定採用「互動設計」一詞。[53]

　　ID Two 的舊金山工作室確立「互動設計」這個新領域時，互動設計已經在雅達利經歷了誕生創痛，在 Apple 度過悠哉的童年——以及我們後面會看到的——即將在 Interval Research 進入雜亂的青春期。這時「互動設計」逐漸有一個成熟學科的輪廓，即使邊界仍不明朗、核心概念尚未形成、從業人員為數稀少，但缺乏明確的定義反而變成龐大的機會。就像德雷福斯在人體測量學上的開創性研究，直到尼爾斯·迪福倫特（Niels Diffrient）把它編入《人體尺度》時才確立，摩格理吉試圖招募佛泰妮加入 ID Two 未果後寫道：「妳有能力成為互動設計領域的迪福倫特。」[54]

　　「遊戲設計」是電腦科學家、軟體工程師、駭客被迫共處之下所演化出來的，「互動設計」重新利用這個流程，也是從既有的專業拼湊出來：摩格理吉開始大舉招募人才，第一個找來的是多才多藝的佛普蘭克，接著陸續網羅了提姆·布朗（Tim Brown）、心理學家珍·富爾頓·蘇瑞（Jane Fulton Suri）、深澤直人（Naoto Fukasawa）、彼得·施普林堡（Peter Spreenberg）。佛普蘭克為全錄開發的 Star 介面，使他在這個新興圈子廣為人知。布朗當時剛從英國皇家藝術學院畢業。蘇瑞把「人因」從缺陷產品的事後分析，轉變成設計流程中的主動角色。深澤直人離開精工愛普生（Seiko Epson）的企業設計部後，成為日本設計界的超級巨星。施普林堡是率先把「互動設計師」這幾個字印在名片上的人。十年後，ID Two 已經有一支多元又才華洋溢的團隊。這群菁英就只缺一個客戶捧著卓越的理念及豐厚的預算上門。

　　他們並沒有等很久。阿諾·華瑟曼（Arnold Wasserman）是全錄

新上任的人因與工業設計經理。他看到全錄的精密影印機不敵日本的單一功能零售機，過去五年失去百分之五十的市占率時，相當震驚，覺得難以置信。[55] 全錄工程師對此的反應是為機器增添更多的特色和功能，但那樣做只是讓情況更加惡化：客戶打電話來要求維修的數量持續增加；相對的，理光（Ricoh）、美能達（Minolta）、夏普等日本公司的業務專員則是訂單接到手軟。

華瑟曼決定找出問題根源，於是推動一項研究。在使用者導向的設計研究演化中，那項研究後來成了標準。華瑟曼從位於紐約州羅徹斯特的公司總部，派人因專家實地走訪產品使用現場，了解為什麼那些昂貴的維修電話會持續增加。統計上來看，他們發現那些電話大多是辦公室的祕書打來的。那些祕書通常很年輕，百分之九十五是女性。遇到影印機卡紙或碳粉匣用完，她會接觸那個狀似「麥道 DC-10」飛機控制面板的操控板，然後搜尋說明書上的指令（假設說明書還在，沒人順手拿走）。假設她在看不到明顯說明的情況下，設法扳開那個工程維修面板又沒有弄斷指甲，她可以選擇把手伸進一堆油膩的齒輪和沾滿油墨的滾筒之間，或是像穿著俐落的低薪辦公室助理那樣，選擇比較明智的做法：直接打維修電話。[56]

華瑟曼意識到，如果全錄希望從每五千萬美元的研究中得到什麼，就必須從發明技術商品，轉變成開發一致的設計語言及規畫一套正式的設計策略。一致的設計語言是為了統一那些技術商品，正式的設計策略則是為了指引他們的發展。隨著華瑟曼把焦點從全錄自負的技術轉移到產品的「使用環境」上，他首先從俄亥俄州知名顧問公司理查森史密斯請來約翰・萊茵法蘭克（John Rheinfrank），根據上述的見解開發一套全面的設計策略。[57] 他也開始花越來越多時間在帕羅奧圖研究中心，倚靠在常見的懶骨頭椅子上，並用帕羅奧圖研究中心每個辦公隔間都看得到的桌上型 Alto 電腦打字，跟一群柏克萊的

Foreword by John Maeda

Acknowledgments

Introduction

The Valley of Heart's Delight

Research and Development

Sea Change

The Genealogy of Design

Designing Designers

The Shape of Things to Come

Conclusion

人類學家交流。帕羅奧圖研究中心可說是全球科技最密集的研究實驗室之一，柏克萊的人類學家完全滲透帕羅奧圖研究中心的祕密基地。

帕羅奧圖研究中心第一代研究員人才濟濟，全球百大頂尖電腦科學家中，一度有五十八人在帕羅奧圖研究中心工作。這些科學家根本不在乎全錄的影印機事業，雖然影印機事業的獲利正是他們的薪水來源——對此，他們一直感到很自豪。但是約翰・希利・布朗（John Seely Brown）接掌帕羅奧圖研究中心期間，情況開始變了。布朗是一九七八年加入帕羅奧圖研究中心，他很高興看到「來自總部的高階管理者」竟然對他找來認知與教學科學小組（Cognitive and Instructional Sciences group, CIS）的人類學家、社會學家、民族誌學家、語言學家感興趣。於是，布朗底下的社會學家和華瑟曼底下的工業與介面設計師開始展開合作，一起推動「操作性專案」（Operability Project）。實驗室進入第二個十年時，帕羅奧圖研究中心一些最有遠見的研究者提出的問題，開始從「我們怎麼打造產品？」變成「他們怎樣使用產品？」。[58]

當然，即使在帕羅奧圖研究中心成立之初，就已經可以察覺到它隱約有一種設計傾向。一九七一年一月，全錄的外部顧問艾倫・紐厄爾（Allen Newell）草擬了一份提案。提案中指出，第一代電腦科學家對於人類和組織行為等事物幾乎完全不感興趣，他們覺得那個電腦科學屬於自然科學或技術學科的領域。紐厄爾是人工智慧領域的共同創始者，對他來說，電腦科學家對人因無動於衷不只代表資訊科學的一個空白而已，他指出，「詳細了解人類怎樣處理資訊，並運用那些知識來設計系統，其實可獲得可觀的回報（金錢上）。」[59] 他接著主張：「在電腦科學導向的工業研究實驗室中打造一個心理研究單位」可能是矯正這種失衡現象的理想情境。

後來經歷了三年辛苦的協商，一九七四年，在志同道合的實驗室

負責人伯特・薩瑟蘭和羅伯・泰勒做為靠山下，帕羅奧圖研究中心總監喬治・帕克答應資助一項十年計畫，以打造一套理論，用來預測人類在符號環境中的行為，並根據那個理論建立一套設計人機介面的方法。應用資訊處理專案（Applied Information-Processing Project, AIP）是由帕羅奧圖研究中心的史都華・卡德（Stuart Card）和湯瑪斯・莫蘭（Thomas Moran）共同領導，紐厄爾則從他在卡內基美隆大學的辦公室提供支援。這個專案的目標是為了替介面設計奠定概念基礎，以便像紐厄爾想像的，「程式設計、甚至編寫程式碼之類的任務，都可以視為設計任務（例如把設計視為為了達成目標而開發產品）」。值得注意的是，在他們撰寫的基礎文件《人機互動心理學》（The Psychology of Human–Computer Interaction）的最後一章，卡德、莫蘭、紐厄爾還從高高在上的科學殿堂走下來，提出「給設計師的建言」[60]。

社會學可以對機器智慧、系統架構之類的深奧領域產生金錢效益——這個當時尚未檢驗的概念，可以說是設計研究史上的戲劇性轉折點。紐厄爾預測：「那幾乎可以變成一種新的時代思潮。」但是心理學和語言學的引進——即使是涉及大量數學的認知心理學及嚴謹的電腦語言學——只是開端。有一群帕羅奧圖研究中心的電腦科學家，開始對奧斯丁・亨德森（Austin Henderson）描述的「電腦科技的僵固與人類生活的豐富之間的落差」感到不耐[61]，其中最明顯的不滿者是傑夫・魯利夫森（Jeff Rulifson），他是從恩格巴特的擴增研究中心轉移到帕羅奧圖研究中心的人才，管理帕羅奧圖研究中心的辦公研究小組。魯利夫森為了避免出現行銷人士和數學家的短視，又因為閱讀心理學家皮亞傑（Jean Paul Piaget）和李維史陀（Claude Lévi-Strauss）的著作深受啟發，而規畫了一項研究，探索全錄聖塔克拉拉銷售中心的辦公程序，以期找出訓練有素的電腦科學家能夠辨識出來的潛在常規。不過，他對研究結果並不滿意，覺得需要一種知識上的對比，於

Foreword by
John Maeda

Acknowledgments

Introduction

The Valley of
Heart's Delight

Research and
Development

Sea
Change

The Genealogy of
Design

Designing
Designers

The Shape of
Things to Come

Conclusion

是採用一個極不尋常的方法，招募一小群柏克萊的年輕人類學家，從無規律、不連續、適應等觀點來研究那個問題。結果，電腦科學家的圖表和社會學家的敘述之間呈現驚人的對比。社會學家的敘述是根據俗民方法論（ethnomethodology）、符號互動論（symbolic interactionism）、行動者網絡理論（actor-network theory），以及新興的互動分析領域所提供的訊息。程式設計師是以獨立資訊封包的線性流程來代表辦公室的流程，人類學家則是從分析任務環境，轉變成分析社交環境，並從辦公室的聊天、另類變通做法，以及複雜的人類組織中先天就有的「自然對話」擷取資料[62]。

不過，說帕羅奧圖研究中心在這段期間出現九十度的「行為轉彎」，或者一群反抗的文化派掌控了整個實驗室的運作，都有嚴重的誤導之嫌。相反的，帕羅奧圖研究中心的人類學家——露西·薩奇曼、珍娜特·布倫伯格（Jeanette Blomberg）、布麗姬·喬丹（Brigitte Jordan）——常覺得自己身處一個有爭議的地盤，甚至一度學《西城故事》那樣，穿著繡著代表色的緞面幫派外套，吵鬧地在走廊上行走。[63] 不過，無可否認的，當時的重心確實正在轉移，而且將會在全錄帕羅奧圖研究中心及以外的地方開啟一個全新的設計研究時代。

一九八〇年夏季，華瑟曼位於羅徹斯特的工業設計與人因小組到全錄的客戶那裡進行實地觀察時，帕羅奧圖的研究人員正把他們的「反身性方法學」（reflexive methodology）套在自己身上——套用薩奇曼的說法，「創新必須反過來把帕羅奧圖研究中心本身當成目標」[64]。薩奇曼和亨德森預期全錄遲早會在機器上加裝顯示螢幕，但又擔心他們對人機互動的人因面沒有根本的了解，無法因應那個徹底的改變，所以在實驗室安裝了一台 8200 影印機，並在上面裝上攝影機，也準備好記事本以便隨時做紀錄。實驗室人員使用並濫用了那台複雜的機器，觀察人員錄下數小時影片，接著根據各自的領域專長來

分析那些影像：電腦科學家發現參試者的行為有一些規律型態，他們會去適應設備的固定程序；人類學家看同樣的資料細節時，卻是注意到使用者彼此互動及人機互動時的特殊方式。[65] 薩奇曼和亨德森在內部發表他們的研究結果，並向羅徹斯特的華瑟曼底下的產品設計師簡報。他們跟那些產品設計師做了長期又有成效的合作，而且隨著華瑟曼持續把自己的重心轉移到灣區，他們的合作關係越來越深厚。

　　一九八二年七月，華瑟曼宣布一項新的「使用者導向」設計策略，那個策略預告了一大轉變，而且那轉變不只發生在全錄內部，更遍及整個專業實務。這時大家日益明白，資訊或電腦商品不能再用以前大家衡量打字機及計算機的用語來思考，而且它們帶來的挑戰遠遠超出一般人體工學的考量，例如統一按鍵大小和工作台面高度。「使用者導向不只是我們對產品的思考有顛覆性的轉變：從機器端到人機介面的使用者端；從機器架構到人員配置；從機器邏輯到人類邏輯；從工程師了解的機器運作方式到操作者了解的任務完成方式。」[66]這個策略指出一種全新的概念方向，全錄起初稱之為「對話設計」。那個名稱並未留存下來，但關鍵的見解確實流傳下來了：「使用者操作的是介面，而不是機器。」

　　華瑟曼因為對灣區的實驗與創新文化日益著迷，一九八六年聘請 ID Two 來和理查森史密斯公司及帕羅奧圖研究中心一起為全錄規畫創新策略。當時他們為創新策略設定的時間框架是延伸到二十一世紀初。摩格理吉親自帶領一支團隊，負責打造一個整合軟硬體的檔案創作工作站原型，以同時改善文書處理、網路、資訊管理。這些概念探索的意義在於，從發明轉向創新、從科技轉向設計，而這種模式後來變成矽谷的象徵。誠如遊戲設計是程式設計師、工程師、藝術家被迫共處下所演化出來的，摩格理吉以現有的專業領域來打造團隊：一人有資訊設計的背景，一人有平面設計的背景，一人有工業設計的背

Foreword by
John Maeda

Acknowledgments

Introduction

The Valley of
Heart's Delight

Research and
Development

Sea
Change

The Genealogy of
Design

Designing
Designers

The Shape of
Things to Come

Conclusion

景。如此經過十年後,他們都以「互動設計師」自居。

結語

　　二〇一〇年,摩格理吉前往史密森尼的庫珀―休伊特國立設計博物館(Cooper-Hewitt National Design Museum)擔任館長前,暫停下來回想設計領域的拓展,他覺得那有一種層次感,反映出矽谷設計師必須處理的新物件類別所產生的限制日益複雜,這些類別為:手術機器人、互動遊戲、多媒體教學資源、檔案建立工作台。「技術因素」仍屬於既有設計領域(工業設計、機械工程、軟體工程)的範疇,但相對於「技術因素」,企業的設計團隊和獨立的顧問公司也學習納入越來越多的「人因」:

　　人體測量學:人體尺寸,為了設計實體物件。
　　生理學:身體運作的方式,為了設計實體的人造系統。
　　心理學:思維運作的方式,為了設計人機互動。
　　社會學:人際互動的方式,為了設計互聯系統。
　　人類學:人類狀態,為了全球設計。
　　生態學:生物的相互依存關係,為了永續的設計。[67]

　　這不是一種簡單的抽象概念,因為一九八〇年代和一九九〇年代設計顧問公司招募的人才,完全呼應了這種遞升的限制層級:摩格理吉最早是和同為工業設計師的納托爾共事;他雇用一位機械工程師一起做 GRiD Systems 的案子;接著一九八六年,招募第一位人因專家加入團隊;翌年,幾位互動設計師開始加入公司;隨著公司越來越常幫全錄和日本電氣(NEC)那種規模的企業處理策略議題,他開始招

募系統設計師，專門負責整合複雜的社會技術系統（sociotechnical system）的多種要素。公司的成長反映了整個矽谷設計專業的同步成長。多數設計顧問公司開始以無限多種排列組合，在該區擴展繁衍。

在這種人口稠密的生態系統當中，設計師比較可能是一個設計團隊，由「T型」人組成，他們各有自己的本行專業（T的直槓），但也有能力和專業領域截然不同的人共事（T的橫槓）。不然他們要怎麼設計出一個裝置，可以從網路下載 MP3 檔案，開車通勤塞在海灣大橋時，利用車上音響播放那些 MP3 呢？除了 CAD 軟體和快速成型設備之外，設計師的工具箱後來也包括心理模式、心智圖、未來預測、體力激盪（bodystorming），以及取自人類行為的知識論工具。

儘管詩人奧登（W. H. Auden）曾嚴詞告誡不要輕信社會科學，但二十世紀進入尾聲時，矽谷設計師已學會「相信社會科學」了。[68]

注釋

1. 那張圖是一九七七年由唐‧霍夫勒（Don C. Hoefler，率先在媒體上使用「矽谷」一詞的記者）、哈利‧史莫伍德（Harry Smallwood）、詹姆斯‧溫徹勒（James E. Vincler）一起繪製。那張圖後來由半導體及奈米科技業的專業團體「國際半導體產業協會」（SEMI）更新再版（http://corphist.computerhistory.org/corphist/documents/doc-45ff3e214d9ea.pdf ?PHPSESSID=d20fe9a0dbce91cecb8181fa92e4d84e）。設計業的顧問權威麗塔蘇‧席格爾（RitaSue Siegel）指出，當時約五千家美國公司有自己的設計部門，員工超過十人的設計顧問公司僅八家，大多位於中西部，設在企業總部或製造中心的附近（*Design* [June 1982], pp. 22–27）。聖荷西的 Whipsaw；帕羅奧圖的 Studio NONOBJECT；舊金山的 fuseproject、Ammunition、Astro Design、New Deal Design 是比較著名的中型公司，他們的創辦人都是從 IDEO、frogdesign、Lunar Design 獨立出來開業；參見第六章。

Foreword by
John Maeda

Acknowledgments

Introduction

The Valley of
Heart's Delight

Research and
Development

Sea
Change

The Genealogy of
Design

Designing
Designers

The Shape of
Things to Come

Conclusion

2. 近年來設計學科激增，免不了導致術語混亂。關於這些令人眼花繚亂的縮寫（XD; UX; IxD; HFE; HCI, HCC……），可參見 Analia Ibargoyen, Dalila Szostak, and Miroslav Bojic, "The Elephant in the Conference Room: Let's Talk about Experience Terminology," *CHI 2013 Extended Abstracts*, April 27–May 2, 2013。

3. 訪問大衛・凱利（Computer History Museum, Mountain View, July 11, 2011）。

4. 第五個合夥創辦人唐・泰勒（Don Taylor）不久就獨自開公司了。

5. Beth Sherman, "Silicon Valley Style," *i-D Magazine* 33, no. 3 (May–June 1986): 49–53.

6. Peter Müller，出處同上，以及與筆者的談話（Woodside, CA, April 19, 2011）。

7. 彼得・洛和彼得・繆勒持續經營合夥事業直到一九九一年，接著彼得・洛出售持股，把興趣往上延伸，協助創立世界設計基金會（World Design Foundation）。繆勒持續把 Interform 經營成一家虛擬設計顧問公司。這部分的資訊取自以下資源，包括下列訪談：彼得・洛（Healdsburg, CA, December 15, 2010）、彼得・繆勒（Woodside, CA, April 15, 2011）、傑夫・史密斯和傑拉德・弗伯蕭（Palo Alto, October 21, 2011）、羅伯特・布倫納（San Francisco, March 16, 2010）；以及弗伯蕭未出版的回憶錄《Blue Moon》，大方提供給筆者參考。

8. Furbershaw, *Blue Moon*.

9. 設計界從 2D 改換 3D 實體建模軟體時，Lunar Design 是改用 *Pro/E*。那是 Parametric Design 開發的先進程式。當時 frogdesign 使用法國 Matra Datavision 公司開發的 CAD 軟體 *Euclid*。大衛凱利設計公司採用 HP 的 *ME30*。Apple 使用航太業採用的高端 CAD 系統 *Unigraphics*。

10. 撰寫本書之際，羅伯・霍華德與家人不幸在高速公路的車禍中喪生。矽谷設計圈為他的離世同感哀悼。

11. "Telepresence for Intra-abdominal and Endoscopic Surgery," Grant Application: Department of Health and Human Services (September 28, 1990), p. 32；菲力浦・葛林的文獻，授權引用，葛林亦大方接受筆者的訪談（Palo Alto, October 19, 2011）。

12. 基於術語的精確性，這裡應指出，美國國防部的「高等研究計畫署」於一九七二年改名為「國防高等研究計畫署」。史丹佛研究院在越戰期間脫離史丹佛大學，並於一九七七年更名為史丹佛國際研究院。儘管有些用語已廣泛流通使用，但嚴格來說，史丹佛研究院的系統或達文西系統都不能稱為「機器人」，因為機器人意指一種獨立、可編寫程式的裝置。

13. 這是實驗室負責人唐納德・尼爾森（Donald Nielson）謙虛的估計，取自他與筆者的交談（Menlo Park, October 7, 2011）；亦參見 Nielson, *A Heritage of Innovation: SRI's First Half-Century* (Menlo Park: SRI International, 2006), pp. 5-1–5-6. Philip S. Green,

"Commercialization of SRI International's Telepresence and Minimally Invasive Surgery Technologies: Prospectus for a New Business Venture" (March 30, 1992)；菲力浦・葛林的文獻，授權引用。

14. 訪問 Lunar Design 設計副總裁傑夫・薩拉查（Palo Alto, September 23, 2011）。

15. 「這個故事帶我們超越了一般的機械描述，回到潛藏在神聖樹林裡的古代巫醫那裡，那個年代只用咒語和極少的侵入性手法來幫患者驅除病魔。」Barry M. Katz, "The Science of Incision," *Metropolis* 16, no. 3 (October 1996): 53–58. 關於遠端呈現技術從史丹佛研究院移轉到直觀醫療器械公司的敘述，可參見 Nielson, *A Heritage of Innovation*, pp. 5-1–5-6。

16. 這部分的資訊取自下列訪談：直觀醫療器械公司執行長蓋瑞・古哈特及資深工程副總裁薩爾瓦多・布羅尼亞（Salvator Brogna）（Sunnyvale: October 21, 2011），他們讓筆者操作了達文西系統；Stacey Chang（Palo Alto, October 10, 2011）；里卡多・薩利納斯（San Francisco, November 10, 2011）。

17. *Methodology Handbook* (draft), David Kelley Design (March 1991)，授權引用。

18. 比爾・摩格理吉，為菲利浦親王設計獎（Prince Philip Designers Prize）提供的資料，已故的摩格理吉提供。

19. 在日本圍棋「碁」中，atari 這個字音同「當たり」（check），亦即「叫吃」。尼克・蒙福特（Nick Montfort）和伊恩・博格斯（Ian Bogos）指出，「為了突破，布希內爾需要把他身為電機工程師和娛樂場打工仔的經驗融合起來。」參見 *Racing the Beam: The Atari Video Computer System* (Cambridge, MA: MIT Press, 2009), p. 7. 亦參見雅達利歷史博物館（Atari History Museum）網站上的開放文獻（http://www.atarimuseum.com）。感謝諾蘭・布希內爾特地騰出時間與我暢談雅達利（February12, 2015）。

20. Henry Lowood, "Video Games in Computer Space: The Complex History of Pong," *IEEE Annals of the History of Computing* 31, no. 3 (July–September 2009): 5–19.

21. *Atari Age* 1, no. 5 (February 1983): 6 (http://www.ign.com/articles/2008/03/11/ al-alcorn-interview). Malone, *The Big Score*, p. 353. 雅達利早年的豐厚營收讓諾蘭・布希內爾和泰德・達布尼投資的五百美元很快就回本了：

一九七四年：11,967,733 美元

一九七五年：18,912,846 美元

一九七六年：38,952,275 美元

艾倫・艾爾科恩的文獻：Stanford Special Collections: M1758, box 1, folder 1/4。

22. 一九八二年雅達利推出 5200 SuperSystem 時，VCS 更名為初代產品編號「Atari 2600

Foreword by
John Maeda

Acknowledgments

Introduction

The Valley of
Heart's Delight

Research and
Development

Sea
Change

The Genealogy of
Design

Designing
Designers

The Shape of
Things to Come

Conclusion

系統」。相較於上一代的遊戲專用機，2600 系統內建完整的 CPU（Apple II 採用的知名 MOS Technology 6502）。身為平台，它可以搭配不同的遊戲卡匣，玩多種遊戲。2600 系統的工業設計是由道格拉斯·哈迪（Douglas Hardy）和弗雷德里克·湯普森（Fredrick Thompson）負責；2600 系統的連接器是第一批中國公司（富士康）生產的西方電子元件。這部分的資訊是由查斯·格羅斯曼的訪談內容補充（Sunny-vale, June 18, 2012）。

23. 艾倫·艾爾科恩對史帝夫·布魯姆（Steve Bloom）談的內容，"The incredible, incre-dible story of Atari— from a \$500 lark to a \$2 billion business in 10 short years" (cited in Steve Fulton, "The History of Atari, 1971-1977" (http://students.expression.edu/historyofgames/ files/2011/10/Atari_History_GamasutraFeature.pdf)。

24. Alan Miller, quoted in Steven L. Kent, *The Ultimate History of Video Games* (New York: Three Rivers Press, 2001), p. 113. 雷蒙·卡薩爾隨口吐露的這段話並無意公開，但出現在《財星》雜誌的訪談中。雅達利和華納之間的文化戰爭從接任執行長和離任執行長的首次會議即明顯得見：卡薩爾穿著一身訂製的西裝，散發著古龍水的香味和 MBA 的氣息；諾蘭·布希內爾散發著全然不同的氣息，穿著 T 恤現身，T 恤上印著「I love to fuck」。Tristan Donovan, "The Replay Interviews: Ray Kassar" (http://www.gamasutra.com/view/feature/6364/the_replay _interviews_ray_kassar.php).

25. Scott Cohen, *Zap! The Rise and Fall of Atari* (New York: McGraw-Hill, 1984), pp. 87–93.

26. Warren Robinett, "Adventure as a Video Game," in *The Game Design Reader*, ed. Katie Salen and Eric Zimmerman (Cambridge, MA: MIT Press 2006), p. 692.

27. 關於工業設計和平面設計的專業化，參見 Arthur Pulos, *American Design Ethic* (Cam-bridge, MA: MIT Press, 1983) and *American Design Adventure* (Cambridge, MA: MIT Press, 1988), and Steven Eskilson, *Graphic Design: A New History* (New Haven: Yale University Press 2007), p. 29。

28. 華倫·羅比特，引自 Kent, *The Ultimate History of Video Games*, p. 179。多娜·貝莉和艾德·羅格（Ed Logg）是《Centipede》和《Asteroids》遊戲的開發者。艾德·羅伯格、霍華·德爾曼、羅傑·赫克特一起開發了十幾種遊戲，包括熱賣的《終極戰區》。戴夫·史圖本（Dave Stubben）和戴夫·索爾（Dave Theurer）分別設計了《Football》和《Four-Player Soccer》。羅比特設計及撰寫了《冒險》遊戲。

29. Warren Robinett, *Inventing the Adventure Game* (unpublished ms., 1983–84)，華倫·羅比特授權引用，並在訪談中回答了其他問題（Palo Alto, April 1, 2012）。《洛基的靴子》的房間路線圖後來出了教學指南。他為物件形狀（「符號小物件」）挑選電機工程師在電腦電路圖中使用的標準符號。

30. Alan Kay, Microelectronics and the Personal Computer, *Scientific American* 237, no. 3 (September, 1977), pp. 230–244.

31. Atari Business Plan, Papers of Al Alcorn: Stanford Special Collections: M1758, box 1, folder 1/4.

32. "Atari Chief Scientist Composes his Thoughts" in *InfoWorld: The Newsweekly for Microcomputer Users* 4, no. 23 (June 14, 1982): 34–37.

33. Alan Kay, "Computer Software," in *Scientific American* 251, no. 3 (September 1984): 59. 從使用者的觀點而不是從程式設計師的觀點談電腦的文獻，後來才慢慢出現──換句話說，不是把它視為技術問題，而是把它視為設計問題：早期的經典文獻包括 James Martin, *Design of Man—Computer Dialogues* (Englewood Cliffs, NJ: Prentice-Hall, 1973); Harold Smith and Thomas Green, eds., *Human Interaction with Computers* (London: Academic Press, 1980); *The Psychology of Human–Computer Interaction*, the foundational text by Stuart Card, Thomas Moran, and Alan Newell, was published only in 1983 (Hillsdale, NJ: L. Erlbaum Associates, 1983)。一九六七年尼葛洛龐帝創立的架構機器團隊是麻省理工媒體實驗室的前身。「ArcMac」率先使用空間隱喻做為圖形電腦介面，而不是使用文字隱喻。

34. 身為首席科學家，艾倫‧凱伊負責監督三個相關實驗室的研究專案：主要設施設在桑尼維爾，洛杉磯有一個小型實驗室，還有一個康橋實驗室是共同開發者辛西雅‧所羅門（Cynthia Solomon）偕同 LOGO 程式設計語言的開發者西摩爾‧派普特和瓦利‧弗齊格（Wally Feurzig）一起管理。

35. 電話訪問蘭迪‧史密斯（Redwood City, December 9, 2011），亦參見 Smith, "Computers and the Theory of Relativity: Testing Our Ability to Educate Out Intuition by Simulating Four Dimensional Space-time" (October 10, 1983)：雅達利研究備忘錄，克莉絲蒂娜‧胡珀‧伍爾西的文獻，大方與筆者分享。關於那台問題機（預告了 SIRI 和資訊無處不在的未來），參見 R[obert] Stein to IE Distribution, "First Question Journal" (February 24, 1983), ibid., and Michael Naimark, "The Question Machine," *Whole Earth Review* 65 (Winter 1989)。

36. 關鍵文章包括：Vannevar Bush, "As We may Think," *Atlantic Monthly* 176, no. 1 (July 1945): 101–08; J. C. R. Licklider, "Man-Computer Symbiosis." *IRE Transactions on Human Factors in Electronics* (1960), and Licklider and Robert W. Taylor, "The Computer as a Communications Device." *Science and Technology* (April 1968); and Theodore Nelson, "Complex Information Processing: A File Structure for the Complex, the Changing, and the Indeterminate," *Association for Computing Machinery: Proceedings of the 20th National*

Foreword by
John Maeda

Acknowledgments

Introduction

The Valley of
Heart's Delight

Research and
Development

Sea
Change

The Genealogy of
Design

Designing
Designers

The Shape of
Things to Come

Conclusion

Conference (NewYork: ACM, 1965), pp. 84–100。

37. Stephen Weyer, Alan Borning, Dave McDonald, Craig Taylor to Alan Kay, "Encyclopedic Research Plans: Draft" (July 1, 1983); Alan Borning, "The User's View of the Electronic Encyclopedia" (memorandum, July 30, 1982); Weyer et al., "Encyclopedia status and immediate plans" (August 1, 1983); "Intelligent Encyclopedia: A Seminar with Charles van Doren, 12/20–21, 1982"；克莉絲蒂娜·胡珀·伍爾西的文獻，授權引用。凱伊的話引自他接受勞勃·史丹的訪談內容（電訪，May 30, 2012）；亦參見他的供稿：Ian Piumarta and Kimberly Rose, eds., *Points of View: A Tribute to Alan Kay* (Glendale, CA: Viewpoints Research Institute, 2010)。這個傳承順序可以說是從泰德·尼爾森的「仙那度計畫」開始，接著傳到 Apple 的 HyperCard，再傳到維基百科。

38. Kristina Hooper [Woolsey] to [Michael] Naimark et al. (July 24, 1983)：克莉絲蒂娜·胡珀·伍爾西的文獻，授權引用。我對雅達利和 Apple 實驗室的背景了解，源自我和伍爾西的討論（San Francisco, March 6 and March 20, 2012）。

39. Kristina Hooper [Woolsey] to A[tari]R[esearch]Lab]S[unnyvale] (May 31, 1984)：克莉絲蒂娜·胡珀·伍爾西的文獻；訪問艾瑞克·霍爾廷（Eric Hulteen）（Palo Alto, November 7, 2012）和布蘭達·洛蕾爾（Palo Alto, July 18, 2011）。這些駭人的細節是取自 Allucquère Rosanne Stone, *The War of Technology and Desire at the End of the Mechanical Age* (Cambridge, MA: MIT Press, 1995), pp. 147–55，以及 Howard Rheingold, *Virtual Reality* (New York: Summit Books, 1991)。實驗室的關閉其實是分兩階段進行，兩個階段一樣殘忍。二月到三月是第一階段，六月是第二階段。雅達利為家用電玩系統推出了最熱賣的《小精靈》遊戲，但過度高估銷售額。

40. 那支影片的背景設定是二〇一〇年。到了二〇一〇年，片中的主要元素幾乎都已經實現了。John Sculley with John A. Byrne, *Odyssey: Pepsi to Apple, A Journey of Adventure, Ideas, and the Future* (New York: Harper, 1987); Hugh Dubberly, "The Making of Knowledge Navigator," in *Sketching User Experience: Getting the Design Right and the Right Design*, ed. William Buxton (Boston: Elsevier, 2007). 訪問修·杜伯利（San Francisco, February 19, 2013）和洛麗·佛泰妮（Palo Alto, September 21, 2012）。「知識領航者」是創意服務部門（Creative Services）開發出來的一系列未來影片，藉此探索電腦應用在醫療、幼童教育等的議題。

41. HyperCard（原名 WildCard）是比爾·艾金森指導的一支小團隊開發出來的。艾金森之前曾開發 MacDraw 和 MacPaint。HyperCard 是一九八七年在 MacWorld 上發布。平面設計師蘇珊·凱爾（Susan Kare）為麥金塔的「垃圾桶」、「手提箱」等圖示創造了圖像語言。「icon」（圖示）這個詞是透過電腦科學家傑夫·魯利夫森

進入矽谷。他聽一位加拿大安大略省的公路工程師說，公路的路標一定要同時放英文和法文，令人頭大。史丹佛人工智慧實驗室的大衛‧史密斯（David Smith）在一九七五年的博士論文中以此為題：“Pygmalion: A Computer Program to Model and Stimulate Creative Thought” (Basel: Birkhäuser, 1977)，後來把這個圖形語言套用在他為全錄開發的 Star 工作站。

42. 這裡值得一提的是，後續內容並未講述 Apple 的歷史，因為那已經是無數書籍、文章、部落格、網站、推文、Youtube 影片等資源的主題，未來肯定還會出現很多。此外，這裡不太可能提到太多矽谷設計文化中的非矽谷根源：麻州劍橋的麻省理工學院和 BBN 科技（Bolt, Beranek, & Newman）；卡內基美隆大學的湯瑪斯‧莫蘭及其他人從事的早期人機互動研究；ARCMAC 的亞斯本電影地圖（Aspen Movie Map，1978）和泰德‧尼爾森的仙那度計畫（一九六〇年的構思）等開創性的專案。

43. Charles Kerns, Lab Members' Retrospective (2009), Golden Age of Multimedia: Innovations of the Apple Multimedia Lab, 1987–1992 (http://web.nmc.org/pachy/ goldenage/). 亦參見 “Visual Almanac: Technical Report” (San Francisco, 1991)。這部分及其他的技術報告是克莉絲蒂娜‧胡珀‧伍爾西提供，“The Golden Age of Multimedia: Innovations of the Apple Multimedia Lab, 1987–1992” (http://web.nmc.org/pachy/goldenage/)。「圖解年鑑」背後的主要「產品設計師」（他們的稱法）包括 Woolsey Hooper、Sueann Ambron、Fabrice Florin、Nancy Hechinger、Steve Gano、Robert Mohl、Margo Nanny、Kristee Rosendahl、Nick West。另一個有趣觀點，參見 Mizuko Ito, *Engineering Play: A Cultural History of Children's Software* (Cambridge, MA: MIT Press, 2012), pp. 92ff。

44. Kristina Hooper Woolsey, “Multimedia Content in Computer Environments”，對加州大學洛杉磯分校多媒體圓桌會議的演講（April 1, 1991）；克莉絲蒂娜‧胡珀‧伍爾西的文獻。

45. ”Multimedia Lab Projects: From Professional Publications to Casual Multimedia,” San Francisco (February 12, 1992). 這裡的「宇宙」隱喻——我們認為非常貼切——是來自亞歷山大‧夸黑（Alexander Koyré）的科學革命經典研究 *From the Closed World to the Infinite Universe* (Baltimore: Johns Hopkins Press, 1957)。一九八七年，美國平面設計協會（AIGA）在舊金山舉行全國會議，平面設計圈普遍認為那次會議肯定了灣區崛起成為重要的設計樞紐。

46. *The Visual Almanac: An Interactive Multimedia Kit—Companion* (prerelease version: Apple Computer, 1989), pp. 1–12.

47. Quoted in Janice Maloney, “Apple's Multimedia Lab: A Linear History,” in *Digital Media* (September 1992). 亦參見實驗室成員 Steve Gano, “Multimedia Technology Is for Casual,

Foreword by
John Maeda

Acknowledgments

Introduction

The Valley of
Heart's Delight

Research and
Development

Sea
Change

The Genealogy of
Design

Designing
Designers

The Shape of
Things to Come

Conclusion

Everyday Use," in *Interactive Multimedia: Visions of Multimedia for Developers, Educators, and Information Providers*, ed. Sueann Ambron and Kristina Hooper (Redmond, WA.: Microsoft Press, 1988), p. 255. A companion volume, *Learning with Interactive Multimedia*, was published in 1990。

48. *Human Interface Guidelines: The Apple Desktop Interface*, n.a., but authored by Kristina Hooper Woolsey (Reading, MA: Addison-Wesley, 1987), p. 3. 二十五年後，筆者的一位大學部學生思索「桌面」這個比喻的「現實世界」起源時指出，「這是誰想出來的蠢點子？」她和同學都是在床上、星巴克或火車上做功課，沒有人在桌邊工作，也沒有人預期他們那樣做。

49. 特別相關的是一個名叫「Screenplay」的內部研究計畫，那是由喬伊・孟芙德贊助，洛麗・佛泰妮協調，在 ID Two 的協助下進行，目的是探索未來十年的電腦介面可能怎樣演變。Screenplay: A Summary Report (October 1988)；洛麗・佛泰妮的文獻。亦參見喬伊・孟芙德和比爾・摩格理吉的對話：*Designing Interactions*, pp. 553–64。

50. S. Joy Mountford, "A History of the Apple Human Interface Group," *SIGCHI* 30, no. 2 (April 1998). 她繼續說道：「這創造出我的職業生涯中最驚人的傳承，也擴大了介面家族……那也是我這輩子推動最有意義及成就感的專案之一。」這部分的其他資訊取自喬伊・孟芙德的訪談（San Carlos, July 11 and August 9, 2012）。孟芙德後來從 Apple 轉往 Interval Research 任職時，也把這項專案帶過去。亦參見 Mountford and Bonnie Johnson, "Educational Challenges for the New Interactivity," *Design Management Institute* (summer 1997), and G. B. Salomon, "Designing casual-use Hypertext: The CHI '9 InfoBooth," *Proceedings of CHI '90* (New York: ACM Press, 1990), pp. 451–58。

51. Laurie Vertelney, "Two Disciplines in Search of an Interface," in *The Art of Computer-Human Interface*, ed. Brenda Laurel (Reading, MA: Addison-Wesley, 1990), pp. 45, 55. 這本文集的標題無疑是參考史都華・卡德、湯瑪斯・莫蘭、艾倫・紐厄爾的經典著作 *The Psychology of Human–Computer Interaction* (Hillsdale, NJ: Laurence Erlbaum, 1983)。

52. Bill Moggridge to Laurie McDaniel [Vertelney] (June 30, 1987).

53. 比爾・摩格理吉，為菲利浦親王設計獎提供的資料，已故的摩格理吉提供；以及摩格理吉與筆者的持續談話，約二〇〇二年至二〇一二年。訪問比爾・佛普蘭克（Menlo Park, August 16, 2011），亦參見 Moggridge, *Designing Interactions*, pp. 126–33。與這裡的討論特別有關的是 Brigitte Jordan and Austin Henderson, "Interaction Analysis: Foundations and Practice, *Journal of the Learning Sciences* 4, no. 1 (1995): 39-103。

54. Bill Moggridge to Laurie McDaniel [Vertelney] (June 30, 1987). 已故的尼爾斯・迪福倫特（1928–2013）是 *Humanscale 1/2/3*（一九七四年版）及後續一些書籍的作者，那些

書是人體工學方面的標準參考書。

55. 一九七六年至一九八二年間，全錄的全球影印機市占率從百分之八十二降至百分之四十一。Gary Jacobson and John Hillkirk, *Xerox: American Samurai* (New York: Macmillan, 1986), pp. 256–60.

56. 訪問阿諾・華瑟曼（San Francisco, October 18, 2011）和伊莉莎白・桑德斯（Elizabeth Sanders，電訪，February 8, 2012）。筆者非常清楚這段描述像極了影集《廣告狂人》（*Mad Men*）的口吻。可惜，筆者必須堅持這種貼切的形容，因為全錄的人因專家花了一年半的時間做實地調查，才找出問題根源。

57. [John Rheinfrank et al.,], "Design at the Interface: A Strategy for the '80s" (April 14, 1981), papers of Arnold Wasserman, box 4 (temporary classification, pending transfer to the Archives of Carnegie Mellon University); John Rheinfrank, William Hartmann, and Arnold Wasserman, "Design for Usability: Crafting a Strategy for the Design of a New Generation of Xerox Copiers," in *Usability: Turning Technology into Tools*, ed. Paul Adler and Terry Winograd (New York: Oxford University Press, 1992), pp. 15–40. 阿諾・華瑟曼受過工業設計教育（他曾經管理過雷蒙德・洛威的巴黎事務所）；在芝加哥大學攻讀碩士學位時，研究設計史與理論。

58. 除了提及的已出版來源之外，這部分的資訊和觀點取自筆者與下列人士的充實對話：奧斯丁・亨德森（Palo Alto, March 25, 2013）、珍娜特・布倫伯格（Portola Valley, CA, April 6, 2013）、傑夫・魯利夫森（Stanford, May 20, 2013）。

59. Allen Newell to George Pake, "Notes on a Proposal for a Psychological Research Unit" (January 1971; reproduced for distribution to AIP, October, 1974)：史都華・卡德的文獻，大方與筆者分享並提供整套的「AIP Memos」（1974–83）。

60. Card, Moran, and Newell, *The Psychology of Human–Computer Interaction*, chapter 12: "Applying Psychology to Design"，以及卡德博士的訪談（Stanford, March 29, 2013）。在一篇緬懷艾倫・紐厄爾的文章中，卡德寫道：「衡量雖然重要，但真正的回報顯然是在設計上。設計才是行動的重點所在，目標是獲得可實際套用在設計實務上的理論。」"The Human, the Computer, the Task, and Their Interaction." Papers of Stuart Card (PARC. A Xerox Company). 關於更大脈絡的觀點，參見 Jonathan Grudin, "Three Faces of Human–Computer Interaction, *IEEE Annals of the History of Computing* 27, no. 4 (October 2005): 46–62; Liam Bannon, "From Human Factors to Human Actors: The Role of Psychology and Human–Computer Interaction Studies in System Design," *Design at Work*, ed. J. Greenbaum and M. Kyng (Mahwah, NJ: Lawrence Erlbaum, 1991), pp. 25–44; David Meister, *The History of Human Factors and Ergonomics* (Mahwah, NJ: Lawrence Erlbaum,

Foreword by
John Maeda

Acknowledgments

Introduction

The Valley of
Heart's Delight

Research and
Development

Sea
Change

The Genealogy of
Design

Designing
Designers

The Shape of
Things to Come

Conclusion

1999)。早在一九七三年，一篇重要文獻的作者就已經提到：「終端機或控制台的操作，將不再被視為周邊裝置，而是變成主導系統的東西，就像尾巴搖狗那樣⋯⋯電腦業必須越來越關注使用者的使用，而不是關注電腦內在。」Martin, *Design of Man-Computer Dialogues*, pp. 3–4.

61. 奧斯丁・亨德森與筆者的談話（Palo Alto, March 25, 2013）。

62. Jeff Rulifson et al., "Studies of Office Procedures and Information Flow" (May 1976), and Eleanor Wynn, "The Office Conversation as an Information Medium" (December 1976)：傑夫・魯利夫森的文獻，xox 3；加州山景城電腦歷史博物館的檔案（撰寫本書之際尚未處理）。另一個來源是美國商業理論家西奧多・李維特（Theodor Levitt）的經典文章〈Marketing Myopia〉，刊登於一九六〇年的《哈佛商業評論》。李維特認為，企業對產業的看法太短視時——覺得自己在「鐵路業」，而不是「運輸業」；覺得自己在「電影業」，而不是「娛樂業」；覺得自己在「影印機業」，而不是「資訊系統業」——注定會滅絕。我很幸運能和傑夫・魯利夫森博士廣泛討論這些主題（Stanford, May 20, 2013）。

63. Lucy Suchman, "Consuming Anthropology"，露西・薩奇曼大方與筆者分享這份草稿，該文將收錄於下書的第六章：*Interdisciplinarity: Reconfigurations of the Social and Natural Sciences*, ed. A. Barry and G. Born (London: Routledge)。

64. Lucy Suchman, "Anthropological Relocations and the Limits of Design," *Anthropology* 40 (October 2011): 1–18, and "Work Practice and Technology," introductory remarks originally made to the final gathering of her group (June 15–17, 1999), published in *Making Work Visible: Ethnographically Grounded Case Studies of Work Practice*, ed. Margaret H. Szymanski and Jack Whalen (Cambridge: Cambridge University Press, 2011).

65. 連裝上攝影機這樣簡單的任務，也可以顯現出不同學科的偏見：攝影機應該裝低一點，以便對準控制面板呢（奧斯丁・亨德森）？還是裝高一點，以便涵蓋更大的情境（露西・薩奇曼）？這項研究的結果變成一九八三年約翰・希利・布朗在人機互動大會上主題演講「When User Hits Machine」的基礎。亦參見薩奇曼深具影響力的大作 *Plans and Situated Actions: The Problem of Human–Machine Communication* (Cambridge: Cambridge University Press, 1987)。

66. "1980s Operability/Appearance Design Strategy" (July 1982), papers of Arnold Wasserman, box 2 (temporary classification), and John J. Rheinfrank, William R. Hartman, and Arnold Wasserman, "Design for Usability: Crafting Strategy for the Design of a New Generation of Xerox Copiers," in Adler and Winograd, *Usability*.

67. 比爾・摩格理吉，為菲利浦親王設計獎提供的資料，已故的摩格理吉提供。科學的

層次當然是一種比喻,那即使無法遠溯及亞里斯多德,也可溯及奧古斯特‧孔德(August Comte)。

68. 取自 "Under Which Lyre. A Reactionary Tract for the Times" (1946):

「不要與統計學家同席,

也不要輕信社會科學。」

W. H. Auden, *Collected Poems*, ed. Edward Mendelson (New York: Random House, 1976), pp. 259–63.

69. 勞勃‧史丹提出這些情境,促使艾倫‧凱伊提出以下看法(April 15, 2012):

嗨,史丹(和其他訪客):

讀這封信的人應該意識到,製作這些場景時不需要想出任何新的東西(這是為華納的管理高層準備的,他們雖然收購了雅達利,但是對電腦並不了解)。

這些想法都是從一九六〇年代(約一九六八年)的 ARPA-IPTO 研究圈的願景和示範節錄出來的(幾乎毫無例外)。主要的來源是利克里德、泰勒、道格拉斯‧恩格巴特、尼古拉斯‧尼葛洛龐帝、伊凡‧蘇澤蘭、西摩爾‧派普特,以及我當時的一些想法(例如無線平板電腦),還有其他同仁的許多想法……

麥克魯漢以書籍和電視間接地警告我們,人們將努力透過電子地球村來重新取得某種認同感。從一九六〇年代開始,我們所有人都希望教育──以及我和勞勃試圖仔細了解的大英百科全書──能幫我們創造出一種真正的價值感。

但這並未發生,我們後來得到的是流行文化。

最誠摯的祝福

艾倫

http://futureofthebook.org/blog/2012/04/11/these_drawings_date _from_1982/:

05

Designing
Designers

設計「設計師」

　　侯野努（Tom Matano）曾帶領馬自達的北美團隊設計了 Miata 雙座敞篷跑車。他已經適應加州的水土，對於轉調回廣島的馬自達總部沒什麼興趣。因此，他決定乾脆離開汽車業，在舊金山藝術大學工業設計系擔任執行主任。他心想：「我設計的汽車夠多了，現在我想設計『設計師』。」[1]

　　設計的學術界與實務界之間隔著一道很容易滲透的薄膜，侯野努不是第一個穿越那層薄膜的人。灣區多元的大專院校，在塑造矽谷緊密相連的設計生態系統上扮演關鍵要角，就好像設計在整個矽谷的形塑過程中扮演重要角色，但經常遭到忽視一樣。由知名的研究型大學、州立大學、私立藝術學校所組成的一群大專院校，持續為矽谷的知名設計事務所和新創公司提供穩定的人才，也為矽谷的在職設計師提供教學及挖掘人才的機會。有時學術界扮演領導者的角色，有時扮演追隨者的角色，但是藉由匯集教師和學生、工程師和藝術家、理論家和實務家，學校可以用客戶導向的顧問公司或企業內部的設計部門往往做不到的方式來推動探索和實驗。他們也是當地設計輿論中最具爭議、充滿派系、受到意識形態鼓動的地方，學術界本當如此。最終，設計團隊的成員必須集合在一起，向客戶陳述一貫的計畫方向。但是在研討室、期中發表或跨學科的概念工作室，情況並非如此。在灣區的學術機構之內及之間，教育人士對於如何設計「設計師」提出截然不同的對立看法。就像設計實務一樣，灣區的設計教育是以不規律的方式緩慢地成熟，我們從其中三所歷史最悠久、聲譽最響亮的學校發展過程即可得知。[2]

第一部分：開創者

　　史丹佛大學的景觀是一八八六年由弗雷德里克・勞・奧姆斯德

Foreword by
John Maeda

Acknowledgments

Introduction

The Valley of
Heart's Delight

Research and
Development

Sea
Change

The Genealogy of
Design

Designing
Designers

The Shape of
Things to Come

Conclusion

（Frederick Law Olmsted）設計的，史丹佛這片修剪整齊的校園主導了矽谷的學術界。這裡洋溢著冒險進取的精神，校方總是鼓勵學生把想法帶出課堂，落實於現實世界。一九三八年，惠列和普克德向電機系的系主任借了五百三十八美元購買設備。一九九九年，資工系學生謝爾蓋·布林（Sergey Brin）和賴利·佩吉（Larry Page）騎著單車到門洛帕克的凱鵬華盈創投公司（Kleiner Perkins Caufield & Byers），為Google取得第一輪的創投基金。史丹佛那些充滿抱負的科技創業者似乎大多留在矽谷。不過，有一些人回到故鄉發展，例如一八九五年畢業的義大利辦公設備巨頭卡米洛·奧利維蒂（Camillo Olivetti）。[3]

　　二次大戰結束後，史丹佛才開始變成科技卓越中心，那主要是歸功於工學院院長兼「軍事—產業—學術複合區域」（亦即矽谷）的登記建築師弗雷德里克·特曼所推行的活動。二戰期間，特曼的恩師兼總統的科學顧問萬尼瓦爾·布希借重特曼的長才，在哈佛大學主持機密的無線電研究實驗室。當時特曼決心取得聯邦政府準備投入戰後學術研究的部分國防經費。十年內，他就把州長的育馬場變成史丹佛工業園區（Stanford Industrial Park），設立獲利豐厚的「榮譽合作計畫」，讓當地的公司把精挑細選的員工送來學校取得碩士學位，也為多數有前景的研究領域監督重大的投資。史丹佛的入學人數因此增加了百分之二十，而且一九五七年入學那一屆有超過三分之一就讀工學院，是全美平均人數的兩倍以上。[4]

　　隨著特曼從系主任升為院長，再升為教務長，他總是堅信工程是博雅教育的核心，並策略性地聘用半導體、微電子、航空工程等領域的人才來任教，以打造著名的「卓越尖塔」*。而在這個時期，設計

---

* 譯注｜為了讓史丹佛成為一流的大學，必須匯集一流的教授，進而才能吸引一流的
　　　　學生。

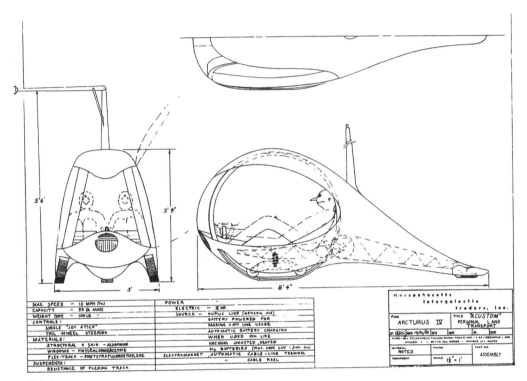

圖 5.1

約翰・阿諾德，麻州星際貿易公司。為「大角星四」上面的外星生物設計的私人交通工具。

圖 5.2

Stanford Design Loft（1972），便利貼出現之前十年。Courtesy of Dennis Boyle.

圖 5.3

羅伯特・布倫納的剪影，四年級（工業設計系）。聖荷西州立大學《斯巴達報》（*Spartan*，March–April 1981）。

圖 5.4

加州藝術與工藝學院蒙哥馬利校區，攝於購入後不久（1993）：「比包浩斯更大。」Photo by Douglas Sandberg.

還不是大家公認的專業領域，仍處於邊緣——那個圈子裡匯集了老一代的製圖師和機械製造師，他們比較習慣待在車間，而不是研究實驗室——這是特曼想要改變的狀況，他特地為此從麻省理工聘來一位新教授：「世界上很少人聽過史丹佛大學的工程設計，」他向校長華萊士・史特林（Wallace Sterling）報告，「但未來他們會聽到的。」[5]

約翰・阿諾德是麻省理工「創意性工程實驗室」（Creative Engineering Laboratory）的創辦人、負責人及唯一的成員。他開發了一套備受肯定但獨樹一格的教學方法，目的是為了讓學生擺脫套公式的解題習慣。他教他們一些激進的概念，例如「腦力激盪」（從廣告業借用的詞彙）、「運作創意法」（從管理顧問業借用的詞彙）、「應用想像力」（來自他以前大學唸的心理系）。他痛批理工科只重視分析推理，創意藝術家只在乎綜合見解，說這種常態對兩者都不利。他以麻州星際貿易公司（Massachusetts Intergalactic Traders, Inc.）的總經理自居，對學生提出以下的設計挑戰：為「大角星四」上那些鷹鉤鼻、呼吸甲烷、雙足行走的外星生物，設計收割裝置、兩人座交通工具、多功能廚房用具。[6]

阿諾德基本上是自學成才，後來才拿碩士學位。他頗受學生愛戴，但麻省理工那些中規中矩的教授對他抱持極度的懷疑。院長理查・索德伯格（Richard Soderberg）承認：「我們這一行比較保守，很多人認為阿諾德的課是在耍噱頭。」[7] 阿諾德收到特曼（當時已升任史丹佛教務長）的邀請時，克萊門正巧在麻省理工修暑期課程，克萊門稍稍慫恿他，就說服他轉往史丹佛任教了。一九五七年，蘇聯第一顆人造衛星已經發射成功，美國的政策制定者為數理教育陷入集體瘋狂時，阿諾德進駐機械工程系的辦公室，頭銜是有點不搭嘎的機器設計教授，置身在熱力學和應用力學教授之間，他接聽電話時喜歡說：「這裡是設計組！」從此開創了新的時代。

Foreword by John Maeda

Acknowledgments

Introduction

The Valley of Heart's Delight

Research and Development

Sea Change

The Genealogy of Design

Designing Designers

The Shape of Things to Come

Conclusion

在美國其他地方，一九五〇年代，設計和設計教育開始在學術領域獲得肯定：卡內基技術學院（Carnegie Institute of Technology，後來變成卡內基美隆大學）在一九三四年開設第一個工業設計課程。阿諾德移居西岸時，全美大專院校中已有四十五個設計系。阿諾德抵達西岸那一年，工業設計教育者協會（Industrial Design Educators Association）成立。不過，史丹佛大學因為持續專注於技術深度，在這個接納人本的跨學科領域明顯落後。系刊上坦承：「在亟欲拓展科學和技術邊界時，我們往往忽略了一個有挑戰性的領域：人們日益成長的設計需求。」[8] 史丹佛大學工程系的學生可以修多種理論課程，但產品開發、人體工學，以及跟人類使用情境有關的學科，並未納入系所的課程，至於阿諾德提倡的那種整合性創意導向教學法更不可能出現。為此，阿諾德展開一場有如唐吉訶德般的教育使命行動，他在史丹佛的教授群中只找到幾位盟友，所以開始往外尋求志同道合的戰友。

阿諾德第一個招募的盟友是羅伯特・麥金，他在普瑞特藝術學院（Pratt Institute）拿到工業設計學士學位，接著到德雷福斯設計公司的紐約事務所工作一段時間。後來，他到史丹佛攻讀工程學位時，回到加州，順便在灣區幾所大學授課謀生，這時阿諾德邀請他加入。詹姆斯・亞當斯（James Adams）想掙脫加州理工學院那種以方程式為重的嚴謹學習環境，所以到加州大學洛杉磯分校改唸藝術系。他深受阿諾德主張的人本「創意性工程」吸引，註冊攻讀博士班。還有幾位怪咖也加入阿諾德這個另類團體，他們開始規畫一套激進的跨系產品設計學程。那個學程是以所有工學院學生必修的核心課程為基礎，但是往外延伸到室內藝術、社會科學、人文學科。他們請抱持懷疑態度的工程界放心，即使「這個學程的目標本質上是追求人本，但它還是以科學與工程學為基礎」[9]。

史丹佛大學剛成立不久的產品設計系，是為了開發工程師的潛在

創造力，該系是根植於阿諾德的信念：有創意的問題會吸引「多元的可能方案」。分析推理適合用來解決獨立的技術問題（事實上，分析推理對這種問題來說是不可或缺的），那種問題通常只有一個正確答案：「$x^2\ dx$ 的積分是多少？」「一根寬十八吋、長二十呎、重七十磅的工字鋼梁，每呎的均布荷重是一百五十磅，兩端點為簡支承，它的中心撓度是多少？」不過，設計計算機或一套遊樂場設施時，還要考慮到使用者的需求、行為和情感。光是以分析推理尋找「一種最適方法」顯然是不足的。因此，當時產品設計系的第一個任務，是從卡爾・羅傑斯（Carl Rogers）和馬斯洛的人本心理學借用工具，來幫學生找出解決創意性問題的感知、情感、文化組成要件。

　　如果創意性工程學的第一個支柱是接納複雜性，那麼它的第二個支柱就是跨學科性。受到富勒的「知識廣博論者」理念啟發，史丹佛的設計系試圖動用藝術與社會科學，使它們與物理科學和工程學巧妙結合，以產生豐碩的成果。或許阿諾德只是單純相信，「為了實驗讓背景不同的人一起創作的效果」，綜合設計「幾乎可說是最完美的方法了」[10]，所以他積極從藝術系、哲學系、心理系、商學系徵求教學盟友。

　　組成這個「綜合設計」願景的第三個支柱，是使這個設計系側重於產品設計的 3D 世界。阿諾德認為，實際動手參與製程的體驗對設計師的栽培是必要的，所以他重新啟用以前的車間實習課程，目的是希望把教學重點從工廠車間較為重視的專業技巧，轉移到管理高層較為重視的領導技巧。典型的車間訓練是由熟練的機師負責監督，史丹佛捨棄那種做法，讓學生自己把個人構想轉變成實體作品。此外，史丹佛逐漸捨棄手繪草圖，改用軟體繪圖及其他快速顯像的技術。車間實習的目的，從完成完美的焊接，變成讓學生以實體形式表達個人想法。電機工程系和航空／航太系持續成長，不再只是擠在「工學院大

Foreword by
John Maeda

Acknowledgments

Introduction

The Valley of
Heart's Delight

Research and
Development

Sea
Change

The Genealogy of
Design

Designing
Designers

The Shape of
Things to Come

Conclusion

樓的角落」，而有自己的系辦大樓。叛逆的設計組伺機擴張地盤，把鑄造車間上方的頂樓改裝成研究生的工作室。這些擁擠又不通風的空間，很快醞釀出生氣勃勃的頂樓文化，裡面擠滿了想運用科技的藝術家和想創作藝術的工程師。

值得一提的是，產品設計只是設計系的一部分。設計系也涵蓋教學與研究的高技術領域，例如動力學、控制系統、分析學、製造學。它是歸屬於工學院，所以跟其他地方的工業設計系截然不同（史丹佛大學設計系從未獲得美國任何認證機構的肯定），但這導致設計系內氣氛緊繃。設計渦輪葉片或電力傳動裝置的研究生，很少接觸終端使用者、人體工學、美學等概念。產品設計的學生通常會一開始就假設基本的技術議題已經解決了，把注意力放到成品的總體性上。發生地盤戰的機會很多，無論是在設計系，還是發生在整個系與更大的工學院圈子之間。[11]

為了在這些學術湍流中前進，阿諾德向麥金和亞當斯請益。麥金的主要看法是，設計過、打造過、製造出來的環境，就是「我們一輩子去上課的巨大教室或學校」。他認為史丹佛大學只為不到百分之一的學生提供這種非語言的環境教育課程：「剩下的百分之九十九幾乎都沒有學到如何去感受人造空間。」麥金提議一套五年期的整合課程，反映「人的整體性」，平衡學生在智力、體力、情感上的發展。有鑑於他在普瑞特藝術學院受的訓練，他最初稱之為「工業設計」，但之後又改稱為「產品設計」，以強調整個創作行為，而不只是把別人的概念做高雅的包裝：「設計是包含內外，聲音與感覺，以及你做的一切。」[12]

亞當斯更仔細剖析了這樣的系所可能觸及的不同組成要件。他認為，工程設計是理論性的，需要一套符合邏輯、井然有序、精密思考的流程。然而，產品設計是在「充滿情感、大眾品味、群眾心理、各

種成見的混亂世界中運作，不是理論性的設計，而是講商業、實用、獲利的設計……只有在容易操作與維護、講究外型、生產必須符合成本等因素變得很重要時，才會需要產品設計」[13]。產品設計若要在以技術為基礎、研究導向的史丹佛大學工學院生存下來，學生必須證明他們可以從內而外設計，也可以從外而內設計。「最大的危險之一，是讓無能又自大的人介入，講得天花亂墜。」

　　一九六三年阿諾德休假時，突然心臟病發過世。他的領導職位因而交給他的追隨者麥金、亞當斯、彼得‧柏克利（Peter Bulkeley）等人，他們接到訃報時都震驚不已，開始著手把創意性工程的理念落實為完善的大學與研究所課程。不過，他們並不孤單。史丹佛大學產品設計系在動盪中逐漸於機械工程所安頓下來後，南方三十英里處正往截然不同的方向發展，為設計教育的新興文化奠定根基。

　　聖荷西師範學院（San José Teachers' College）創立於一八五七年，當時一些獲得政府撥贈土地的大學，為工業化的美國擔負起因應社會和技術轉型的工作。一個世紀後，該校已轉型為聖荷西州立學院（San José State College），並展開雄心勃勃的計畫，提升其學術課程的嚴謹性和多元性，同時謹守服務在地社群的使命，因為地方的子弟可能沒有財力就讀昂貴的私立學院和大學。校內許多系所都覺得，他們不安地處於老派師範學院的傳統與新興的未來之間，再加上當時全美各地都在為「技職」教育激烈爭辯，使他們又受到進一步的衝擊：教育的主要任務是為了讓學生為就業做好準備，還是幫他們透過全面的博雅教育來發揮潛力？[14]

　　赫伯‧索特金博士（Dr. Herber Sotzin）從一九三〇年代開始領導應用藝術系，他自己就橫跨在這種文化分歧上，身處校內爭論的最前線，學校的教育方針可能產生全國性的影響。索特金意識到他們的教

Foreword by
John Maeda

Acknowledgments

Introduction

The Valley of
Heart's Delight

Research and
Development

Sea
Change

The Genealogy of
Design

Designing
Designers

The Shape of
Things to Come

Conclusion

學宗旨一度很進步,但局勢正在改變,他開始主張把工藝轉型成嚴謹的學科。[15] 然而,經過經濟大蕭條的衝擊,索特金的時代已經過去了,「把技職訓練的知識荒漠轉變成專業教育的樂土」這項任務落到他弟子的肩上。

索特金的幾位弟子中,看起來最有潛力的是韋恩‧錢皮恩(Wayne Champion)。他暫停聖荷西州立大學的教職,到史丹佛大學攻讀教育博士學位。為了達到該學位的實習要求,他規畫了一套兩學期、每週四天的實驗課程,並提議於一九五五至五六學年回聖荷西州立大學工藝美術系授課,以達到實習要求。索特金批准了,於是學校把這位新講師分派到校園邊角一個長約十二米、寬約六米的半圓拱形活動房屋,那個地點在各方面都不理想,但有一個意想不到的好處,就是即使他拖著裝置穿過房間,沒有人會在意他是否刮壞地板,也沒有人會在意他是否在覆蓋鋼浪板牆的人造纖維板上釘釘子。「如果這裡的設施不適合某種活動,」他聳聳肩說:「我們或許可以修改設施。」[16]結果證明,Module B-31 是塑造未來設計教育原型的理想空間。

錢皮恩的教學結果不僅發人深省,也鼓舞人心。相較於史丹佛大學工程科系大多是富家子弟,他那班六十一名學生當中,有三分之二是在職進修生,而且三分之一已婚,很多是退伍軍人,跟該校的常態相比,他們的學習成績明顯低於平均。[17] 然而,他的假設是,只要他們對自己的能力有信心,相信他們對社會能做出有意義的貢獻,就能培養出必要的技能。關鍵在於規畫一套教學法,使他們擺脫技職學校的心態,激發他們的求知慾,指引他們投入有意義的社會使命。因此,那個課程是從討論赫胥黎的《美麗新世界》(Brave New World)開始,不少學生因此嚇到,錢皮恩想藉此探索「重視熟練技師、輕忽創意設計師」的教育系統有何影響。同樣的,他設計的作業練習有冒險的特質,刻意抽離電機工程師、汽車技師、印刷師傅常遇到的現實

狀況。在這個教學實驗結束後，錢皮恩相信，「若要把設計師培養成考慮周到、懂得思辨的獨立思考者，讓他們不僅知道該如何設計，也知道要設計什麼的話，美術與通識教育非常重要。」[18]

錢皮恩拿到博士學位後，以傅爾布萊特（Fulbright）學者＊的身分造訪德國一年，在當地接觸到包浩斯模式，也看到包浩斯對德國、英國、北歐等地設計教育的影響，因此得到一些見解。在那些見解的啟發下，一九五七年錢皮恩回聖荷西州立大學任教時，抱著以下的使命：「我們如何在藝術系的考量與工藝系和工程系的考量之間，取得知識上的平衡？我們如何在不壓抑未來的創新下，傳授現在的技術？」[19]這個時機可說是再好不過了。

他暫停教職去深造那段期間，一個跨系委員會研究了西岸設計教育的現況，以及學校以什麼方式貢獻南灣地區的多元社群及新興的產業基地最好。在這片地震頻繁發生的區域，該委員會提出的建議簡直跟地震一樣驚天動地：「有鑑於聖塔克拉拉山谷中的產業迅速發展，規畫委員會認為大學畢業生需要受那個領域的訓練。」[20]加州立法機關也認同這項建議，於是立法通過在城區校園的東北角破土興建大樓。令人難以置信的是，當時那個校園邊角竟然還是開闊的耕地。一九六〇年五月七日，《聖荷西新聞報》（*San José News*）報導大樓的落成，說那裡「應該是全球用來培育工藝教師的學院或大學建築中規模最大的」。新落成的工藝大樓有兩個講堂、二十三個實驗室、十二個規畫中心，還有電子、金屬、汽車科技、陶藝、印刷專用工坊。這座大樓的落成可說是學院進化的里程碑。一些守舊迂腐的學者質疑，加州為什麼要投資三百萬美元在工藝這樣「軟性」的學科上。然而，

＊ **譯注｜**傅爾布萊特計畫（Fulbright Program）設立於一九四六年，一項由美國政府資助的國際教育交流計畫，參與交流者包括學者、教育者、研究生和專業人士等。

Foreword by John Maeda

Acknowledgments

Introduction

The Valley of Heart's Delight

Research and Development

Sea Change

The Genealogy of Design

Designing Designers

The Shape of Things to Come

Conclusion

在大樓落成典禮上，主講人以大膽的論述反駁了那些質疑：

> 圖書館是安靜的場所，但工坊顯然是吵雜的地方；教室很乾淨，
> 但實驗室很雜亂；書籍需要坐下來閱讀，但實作需要站著，額上
> 留著汗水。[21]

聖荷西州立大學的工藝包含兩個主要的教學領域，其中最大的領域——有鑑於該校的師範學院淵源，並不令人意外——是培訓小學、中學、大專院校的工藝教師，以及在研究所方面，研究師範教育本身的問題。另一個領域通稱為「職業教育」，包括目前的課程（為了讓畢業生進入商業和工業領域）和另一套新課程。那個新課程是由跨系教師團體及九人顧問團花了兩年的時間，收集在地「工業設計」企業和顧問公司的意見後通過的（字面上是「工業設計」，但定義並不明確）。這個新課程的使命宣言是，「在人文、科學、商業、工程、藝術的教育之間取得平衡」。錢皮恩成為最顯見的系主任人選。在現實生活中，他很快就發現自己身處在一個社群的核心，那個社群是由「不滿的工程學生、太務實的藝術學生、鼓吹者之類的人、不確定該賣什麼的業務員，以及在個人技藝日漸消亡的時代中成長的工藝師」所組成。[22]

正因為錢皮恩不是設計本科畢業，他可以為那個學系引進兩大革新。第一個革新是他自始至終都非常堅持「綜合設計」。他主張，為了迎接目前的挑戰，「一個設計師首先必須要有創意思維。他必須廣泛及靈活地思考，必須了解迅速變遷的複雜環境中人的身體、心理、社會需求。」[23] 第二個革新是，錢皮恩意識到自己和這個領域的關係，就像「旅客」到外地觀光一樣，所以盡可能去結識在地的從業人員：克萊門出借一位 HP 的團隊成員給錢皮恩，讓那個人每週有兩個

下午到學校教大四學生產品設計；Ampex 的沃爾許安排亞登・法瑞去教大一學生的設計課；IBM 的唐納・摩爾去教作品集發表，其他兼職講師則是來自富美實、洛克希德等公司。矽谷一帶開始出現專業設計圈時，聖荷西州立大學新創立的設計系逐漸變成專業設計師匯聚的樞紐之一。

隨著系所的輪廓逐漸成形，錢皮恩獲得聘用全職教員的權限。他對人文的偏好，很快就和傑克・克里斯特（Jack Crist）的正經專業素養及尼爾森・凡朱達（Nelson Van Judah）的創意奇想形成了互補。這個三人組孜孜不倦地開發一套實務導向的課程，與在地公司建立扎實的實習計畫，並提高該系所在校內的知名度：一九六六年，神祕的富勒到工程系擔任客座教授六週，凡朱達因占用太多富勒的到訪時間而搞得校內人盡皆知。這位發明「預期設計科學」的大師結束客座任務，展開下一場全球冒險後，凡朱達的一個學生在教室中央搭建了一個十五呎的圓頂建築結構，全班開始自然地在裡頭上起課來。隨著那個圓頂建築結構掛了越來越多多元感官的刺激裝置，形形色色的訪客也來參觀，包括一群幼童、一群工程師、一位催眠師、一位想模擬精神分裂症體驗的精神病學家，甚至連正在研製《全球型錄》的史都華・布蘭特（Stewart Brand）、史丹佛的麥金（為他那本影響卓著的《視覺思考經驗》〔 *Experiences in Visual Thinking* 〕尋找圖像）也來了。一位圓頂建築的訪客感受到感官刺激超載時，不禁大叫：「我們簡直是在富勒的大腦裡！」[24]

然而，即使教職員費盡心力傳達這個領域的價值，企業管理者仍不太了解此一領域，學生、家長和大學管理高層對此了解更少。雖然錢皮恩仍記得一九七〇年代在聖荷西州立大學的歲月是「工業設計的黃金年代」，但後來他已經厭倦了大力主張綜合學術課程優於狹隘的技職訓練。在此同時，新一代更前衛的資優設計學生，諸如後來創立

Foreword by
John Maeda

Acknowledgments

Introduction

The Valley of
Heart's Delight

Research and
Development

Sea
Change

The Genealogy of
Design

Designing
Designers

The Shape of
Things to Come

Conclusion

Lunar Design 的布倫納和弗伯蕭、後來創立 Ziba（奇葩設計）的梭羅・凡史傑（Sohrab Vossoughi），覺得他們必須先擠過駕駛教學用的模擬機才能抵達二樓的工作室，實在太惱人了。皮特・朗薩尼（Pete Ronzani）是工業設計系第一代的學生，後來回那裡擔任講師，他回憶道：「那些先進設施都已經過時、不適用了。」更重要的是，當時一種新的專業正在成形，那種專業把工業設計和新興的美術設計與室內設計課程更緊密地結合，而不是和以前的工藝課程結合。錢皮恩擔心設計系與工程系或商業系合併後會有不良影響，再加上他受到「統一專業設計系」這個願景驅動，所以一九七八年偷偷把教員、學生、兩卡車的設備都搬到藝術系的新大樓。一開始部分設計師對這次搬遷感到很興奮，他們覺得那是他們獲得學術尊嚴的第一步：相對於史丹佛的私立研究環境，聖荷西州立大學似乎即將變成「公立學校當中的頂尖設計學院，當下只缺足夠的支持及強大的刺激而已」[25]。

不論好壞，願意給予他們支持和刺激的人始終不缺。在新系館裡，設計師不再和有志成為汽車機師及中學工藝老師的人接觸往來，而是和有博士學位且對這個新搬來的系所信奉的「任性理念」感到懷疑的畫家、雕塑家、藝術史家為鄰。就像工藝界質疑設計課程為什麼要納入那麼多「學術」課程一樣，那些藝術教授開始質問「我們的普遍性、我們的通用性、我們的專業學校精神、我們的技職素質」[26]。院長艾琳娜・奧克倫（Arlene Okerlund）為了裁定一樁特別激烈的終身教職之爭，一開口就承認兩派人馬有「根本及必然的差異」：

> 候選人是一位工業設計師，他的終身教職資格是由系委員會評量的，那個委員會的成員大多是創意藝術家……當代藝術家和雕塑家在帆布上增添色彩，或是以青銅表現某種概念時，自然而然會運用抽象主義／印象主義／表現主義／超現實主義。工業設計師

設計牙醫診所的鑽頭或符合人體工學的電腦操控台時,則是自然地畫出精確的角度及描繪出實用的形狀。[27]

那樁爭議不斷增溫,仲裁的層級不斷升級,最後是由校長和美國工業設計師協會會長面對面爭辯專業實務的性質,並針對這所位於「美國後工業成長區」核心的州政府補助大學應該承擔的設計教育義務進行討論。聖荷西州立大學的教育工作者,就像史丹佛大學的同行一樣,發現他們身處在充滿爭議的地域,也學會迴避那些老是像巡警一樣來回巡察學科分野的老學究。[28]

史丹佛的工程環境是研究導向;聖荷西州立大學則是區域導向,抱持公共使命,致力投入南灣的社會與產業根基,兩者雖然方向迴異,但是對有志成為灣區設計師的人來說,確實可以在兩者之間走一條中間路線。不過,那樣的學生需要開車一小時北上,從消失的「心悅之谷」開到孕育五〇年代垮世代、六〇年代嬉皮,以及日後孕育網路革命激進分子的搖籃。

一九〇六年舊金山大地震後,許多工匠的工作室慘遭祝融,化為灰燼。德國出生的家具木匠弗雷德里克・邁爾(Frederick Meyer)號召了一群同行,討論震後工坊的餘燼冷卻並清除灰燼後,該如何重建生計:

> 舊金山大火後,我參加了加州藝術與工藝公會(California Guild of Arts and Crafts)舉辦的餐會,我是該會的會長。大會要求我們發言五分鐘,談我們想做什麼,而不是我們正在做什麼。我談到應該設立一所實用藝術學校,讓畢業生謀得不錯的生計,並傳授設計、機械繪圖、商業藝術和工藝,而不是只教人物畫、風景

Foreword by
John Maeda

Acknowledgments

Introduction

The Valley of
Heart's Delight

Research and
Development

Sea
Change

The Genealogy of
Design

Designing
Designers

The Shape of
Things to Come

Conclusion

畫、雕塑之類的科目。[29]

　　當時邁爾不知道現場有一位記者，隔天報紙報導有一所「傳授工藝」的學校即將創立。後續幾天，邁爾接到許多人來詢問這所不存在的學校，促使他把原本只是空想的點子轉變成現實。

　　一九○七年加州藝術與工藝公會學校（School of the California Guild of Arts and Crafts）成立，當時英國「美術工藝運動」的最後一波浪潮正席捲美國，落腳在帕薩迪納（Pasadena）、卡梅爾（Carmel）、奧克蘭山區。那個美術工藝運動的宗旨，是尋求純藝術與應用藝術的統一，該校創辦人受到那個理念啟發，相信該運動的領導人威廉·莫里斯（William Morris）所說的「純藝術與應用藝術如此分裂時，對整體藝術發展不利」[30]。他們也承襲了該運動的強大政治思潮，把提升「二流藝術」的文化地位及提升從業人員的社會地位結合起來。

　　邁爾認為，藝術教育不該收留不需要謀生的美學家，應該栽培的是需要謀生的工藝師。在最初的構想中，他想像那是一所訓練新型態藝術工作者的大學，把藝術家的巧思應用於日常生活的平凡物件，不是去裝飾物件，而是掌握物件使用時本來就有的美感可能性。邁爾和一群志同道合的狂熱分子一起追求這個使命，後來有人把那個使命精神稱為「務實的理想主義」。在十五年內，該校就把校名縮短成加州藝術與工藝學校（California School of Arts and Crafts），搬到奧克蘭山區一塊占地四英畝的土地，重新分成美術系、藝術教育系、應用藝術系，後者包括室內裝潢、家具設計、服裝設計及所謂「藝術產業中的設計」[31]。

　　就像少數幾個把應用藝術整合到課程中的學校一樣，加州藝術與工藝學校吸引了一些早期的創新者：人稱「喬」的約瑟夫·席奈爾是

個風格高調的紐西蘭人，以「工業界的藝術家」自居，他於一九二〇年代初開始在學院裡教學，那時他受到多變的莫里斯啟發，正從協助公司廣告產品，轉為協助公司開發產品。席奈爾抱持一個激進的觀點，認為藝術家在清除有害商業產品的「視覺口臭」上，應該扮演富建設性的角色。他開始在「工業設計」領域發展職涯時，也教了幾年的繪字和繪圖，「工業設計」這個領域是由他命名的。

　　席奈爾到紐約和知名的設計師共事一段時間後，一九三六年回舊金山重開事務所，也短暫考慮過自己辦一所學校，但那個計畫因戰事爆發不了了之。一九四〇年代末，他再度執教時，邁爾的學校已經從一所充滿田園風情的校園，收了約兩百位尋求藝術薰陶的年輕女子和幾位不適合從軍的年輕男子，變成加州藝術與工藝學院（California College of Arts and Crafts, CCAC）。雖然當時設計教育才剛起步，但席奈爾估計，那個學院本身「足以媲美美國同類的頂尖學校」[32]。戰後回國的退伍軍人潮使學院的入學人數一度暴增至近一千五百人，這些退伍軍人帶來了明確的技職目標，和早年的優雅教育環境截然不同。此外，專業實務領域變得更有紀律。戰爭期間，席奈爾對一群教育工作者演講時曾預測：「大家會更加意識到知性設計的必要……這種認知的提升可能會從當前的危機中冒出來。」以後無論是消費者還是製造商，都不會再容忍「無用的裝飾和膚淺的簡化」[33]。席奈爾重返教職反映了這番信念，他在寫給潛在學生的信中提到：「工藝時代是你們祖父的年代……機器時代才是你們的年代。」[34]

　　席奈爾雖然預言了矽谷這塊樂土，但命中注定遇不到這塊樂土。他和 Ampex 的設計師交流，也在科技密集的聖荷西州立大學參加研討會，但是根據他自己的說法，他們那個世代的創意藝術家對工業設計業的理解，大多來自繪畫和雕塑，而不是來自工程學和人體工學。「其實我對工程方面的了解很有限。」一九六九年他接受加州藝術與

Foreword by
John Maeda

Acknowledgments

Introduction

The Valley of
Heart's Delight

Research and
Development

Sea
Change

The Genealogy of
Design

Designing
Designers

The Shape of
Things to Come

Conclusion

工藝學院圖書館員羅伯·哈波（Robert Harper）的訪問時如此坦言，接著彷彿為了確認這點似的，他一時想不起來那個即將轉變日常生活結構的領域名稱：

> 席奈爾：其他的事物進步得更快，有一整個領域是這樣……那個領域叫現代……什麼來著？
>
> 哈波：電子業嗎？
>
> 席奈爾：對！
>
> 哈波：那確實發展得很快。
>
> 席奈爾：……現在它的規模已經很龐大，而且基於某種原因，加州北部有一區正全面發展那個類型的產業。[35]

儘管如此，席奈爾的遠見還是幫忙推動了設計的初期轉變，從把藝術應用在工業產品上，變成把藝術融入產品開發的流程。然而，他不是實現這項轉變的人，部分原因在於他離現代科技的實用性太遠了，另一個原因就像一位仰慕者所言：「他像多數搞創意的人一樣，花太多時間在創作上，沒什麼時間宣傳。」[36] 不過，其他人早就準備就緒，準備登場了。

一九三○年代，歐洲的暴力活動促使許多文化名人移居美國。那些暴力對設計的影響，並不亞於對物理學家、心理學家、哲學家的影響。一九三九年德國人華特·朗濤（Walter Landor）在舊金山定居下來，並暫時在加州藝術與工藝學院執教，同時開始在美國創業，後來發展成美國最卓越的品牌設計公司之一。另一位德國難民沃夫岡·雷德爾（Wolfgang Lederer）在萊比錫、巴黎、布拉格受過平面藝術和字體排印方面的訓練。隨著希特勒在歐洲的勢力變得越來越龐大，他動身前往舊金山。當時邁爾提供他兼職的教學工作，他偷偷地翻字典查

了「design」這個詞（因為德文裡沒有對應的字眼），接著連忙趕到公立圖書館惡補那個領域的知識。雷德爾迅速熟悉美式用語後，一九四一年到加州藝術與工藝學院任教，當時加州藝術與工藝學院只有一門基礎設計課及一門廣告課。他為學院增開了一門「高階」平面設計課，那門課只有四名學生選修。[37]

雷德爾就像席奈爾一樣，大力主張美術工藝運動的理想。他想像了一門自主的科學，有別於純藝術那種虛無縹緲的自我放縱，以及實務界那種卑躬屈膝的依賴性。一位採訪者無意間說他的課程是「商業藝術」，他客氣地指正對方：「我能不能修正那個說法？」他覺得那個詞暗指設計是一種二流的藝術形式，「感覺好像上不了檯面」[38]。他對學生強調，文憑不是學術版的工會會員證，雖然有幾位幸運兒在畢業後可以進入大家夢寐以求的企業美術部任職，他們真正的目標應該是終身追求藝術成長。

然而，對師生來說，學習曲線都很陡峭。美國學生需要讚美、休息、表達自我，但雷德爾始終無法完全適應這種學生需求，學生則是試圖為他傳授的嚴格包浩斯限制增添活力。不過，他堅持下來了，一九五六年升任為設計學院的院長。二十年後，慈祥有禮的雷德爾退休時，加州藝術與工藝學院奧克蘭校區已經經歷過「垮掉派詩人」（Beat Poets）、「言論自由運動」（Free Speech Movement）、「愛之夏」（Summer of Love）*、黑豹黨等風潮的洗禮並留下印記，而設計課程也跟著那些風潮演變。廣告和插圖合而為一，變成平面設計「西岸風潮」中的主導力量──更有表現力、實驗性，但強調極高的工藝水準；室內設計則發展成環境設計，關心整體生存環境的塑造；但工

---

* 譯注｜一種社會現象，起於一九六七年夏天，當時多達十萬人聚集舊金山，後稱「嬉皮革命」。

Foreword by
John Maeda

Acknowledgments

Introduction

The Valley of
Heart's Delight

Research and
Development

Sea
Change

The Genealogy of
Design

Designing
Designers

The Shape of
Things to Come

Conclusion

業設計逐漸沒落，最後當缺乏設施顯然會阻礙學院因應工業導向、技術密集的需求時，他們乾脆停開工業設計課程。不過，工業設計後來在舊金山灣區另一邊強勢回歸。[39]

　　一九八〇年代中葉，幾個大家始料未及的發展匯流在一起，促使加州藝術與工藝學院搬到海灣大橋的另一邊。首先，室內設計系畢業生在舊金山著名的北灘開了很多藝術工作室、平面設計事務所、家具展示廳，在那裡搶占了灘頭堡。但租金節節上漲，使他們不得不去比較便宜的地方尋找營業地點，那個比較便宜的區域開始出現市場南（South of Market, SoMa，索瑪區）「設計區」的稱法。其次，一九八五年加州藝術與工藝學院受邀以象徵性的一美元價格，買下歷史悠久的科格威爾工藝學院（Cogswell Polytechnical College）建築系。協商這項案子的理事戲稱：「我們買貴了。」這項協議使加州藝術與工藝學院更迫切需要取得新的空間。最後一點，也是最不祥的徵兆。上個學年，加州藝術與工藝學院已接獲通知，因其財務與行政狀況過於惡劣，恐將無法持續獲得官方立案的資格。史丹佛大學有本事忽略官方單位的威脅和提醒；聖荷西州立大學是公立學校，它是先對加州的州立大學體系負責。相較之下，加州藝術與工藝學院這種又小又弱的藝術機構要是被撤銷立案，那可能是致命的打擊。[40]這幾個因素匯集起來變成完美風暴，促使加州藝術與工藝學院進行徹底改組，藝術學院仍留在奧克蘭地區，建築系和設計系則是搬到一棟廢棄的工業廠房。根據不太可靠的都市傳說，半世紀前金門大橋的纜線就是從那裡製造出來的。兩種建築學程和五種設計學程從該區迅速成長的專業實務文化中吸收養分，短短幾年內，他們租來的狹窄空間已不敷使用。

　　真正的故事結局發生在一九九〇年代。跟史丹佛大學和聖荷西州立大學的情況一樣，建築空間造成的偶發事件扮演關鍵要角。由於網路狂潮開始把這個原本破舊的街區轉變成網路革命的中心，該校非常

幸運取得一塊二十世紀中葉的珍貴工業地產，那裡是一九五一年由超現代主義派的 SOM 建築設計事務所（Skidmore, Owings & Merrill）設計的，後來變成閒置的灰狗巴士維修廠。「說我們正處於包浩斯或維也納工作聯盟（Wiener Werkstaette）之類的運動開端，可能太狂妄了。」大衛．梅克爾（David Meckel）如此告訴受訪者。當時大衛．梅克爾和麥克．凡德彼爾剛獲聘擔任建築學院及設計學院的院長，但十年後他們的語氣不再那麼謙虛：那片淨跨距的龐大棚屋占地六萬平方呎，地板上的浮油尚未刷洗乾淨，梅克爾和凡德彼爾已邀請灣區藝術圈來參加盛大的開幕會。他們得意地自誇：「比包浩斯更大。」[41]

第二部分：打造者

一九七〇年代末，阿諾德、錢皮恩、雷德爾都已經交棒退場了，主要是由他們的子弟兵來推廣他們在創意性工程、公共教育、工藝設計方面的理念。阿諾德的接班人是反傳統的麥金，他把許多創新方法引進史丹佛大學的設計課程中，包括發現需求、構想草圖、「左右腦並用思考」、反繹推理，這是一套實用的邏輯系統，誓言放棄真實，甚至放棄一致性，讓設計師根據永遠不可能完整的資料放手去做。[42]此外，麥金引介查爾斯．桑德斯．皮爾斯（Charles Sanders Peirce）、威廉．詹姆斯（William James）、魯道夫．安海姆（Rudolf Arnheim）、傑羅姆．布魯納（Jerome Bruner）等理論家的研究，把一種兼容並蓄的折衷主義思維打造成容易理解的方法，並鼓勵學生以油性色鉛筆和描圖紙來執行那種方法。

機械工程系系主任常在麥金講課時，一臉狐疑地晃到教室門口，因為他的教法就像那些課程內容所根據的理論原則一樣另類。機械工程系學生忙著在實驗室裡研究及解題，產品設計系學生則是到藝術系

Foreword by
John Maeda

Acknowledgments

Introduction

The Valley of
Heart's Delight

Research and
Development

Sea
Change

The Genealogy of
Design

Designing
Designers

The Shape of
Things to Come

Conclusion

修雕塑課，在「史丹佛依沙蘭中心（Esalen）」的新紀元（New Age）漩渦中喚醒他們的靈性，在長十六呎的圓頂建築「想像館」（Imaginarium）中敞開他們的感官大門。他們從一扇活板進入，接著躺下來，每個人的頭互相接觸，身體像曼陀羅的輪輻那般往外放射，大家躺成一個車輪狀，沉浸在 Windham Hill 唱片公司的吉他音樂、柔和藍光、適切香氣中，上方投影著啟發靈感的架構和著名的發明。「想像館的目的是提醒你，你本來就有想像力，」想像館的早期簡介這樣寫道：

> 想像館是你感官想像的實體比喻，想像它代表你內在的感官世界，代表著你的想像力……在想像館裡，就像在你的想像中，你將能夠觀看、聆聽、品嘗、觸摸、無拘無束地移動。你可以穿梭在遼闊的空間中，橫跨亙古的時軸。你可以達成日常現實中不可能辦到的想像絕技。[43]

絕大多數學生來進修碩士學位時，至少都有一些工程背景。這些學生在喚醒潛在的創意及適度提升意識後，覺得他們得以表達藝術性、創意、無私利他的精神。一九六八年，傑瑞·馬諾克致力設計一種協助治療囊狀纖維化患者的裝置；大衛·比奇（David Beach）從這裡畢業後，回來母校執教，運用最新的醫學研究和實地考察來設計一套遊樂場設備，改善自閉症兒童的注意力；大衛·凱利的碩士論文主題源自於某次訪問經驗，他訪問一位史丹佛醫學院的教授時，教授透露了一件事。「萬一我們把病歷歸錯檔，你知道會發生什麼事嗎？」那個醫生問道，並從助理桌上的混亂文件中，隨手抓了一份說道：「我們就永遠找不到了。」這就是「醫療護照」的靈感來源，那是一種採用微縮膠片的裝置，幫患者掌握自己的醫療紀錄。[44]

　　隨著設計系的演化，技術面與人文面之間逐漸出現一種折衷調適，他們在一個相連的空間裡共生。博納德‧羅斯（Bernard Roth）是運動學和機器人技術的傑出研究者，他受到人類潛能運動的激勵，對於設計師的社會責任產生持久的興趣。詹姆斯‧亞當斯在 NASA 噴射推進實驗室（Jet Propulsion Lab）做了六年，負責水手號（*Mariner*）、遊騎兵號（*Ranger*）、航海家號（*Voyager*）等太空船的高科技設計。此後，他開始探索解決問題的概念基礎，並成為創意理論的頂尖專家。賴瑞‧萊弗（Larry Leifer）持續以機電系統設計和神經生理學研究為基礎，把注意力轉向技術團隊的內在動態。羅夫‧法斯特（Rolf Faste）是設計系唯一受過專業訓練的設計師，他探索所謂的「禪工程學」（Zengineering）的外在界線。雪莉‧謝帕德（Sheri Sheppard）多年來一直是設計系唯一的女性，她選了有政治風險的研究主題，細探工程教育本身的發展。

　　一九四九年，麥特‧卡恩（Matt Kahn）從密西根州的葛蘭布魯克藝術學院（Cranbrook Academy）來史丹佛深造。他選擇往相反的方向移動，回歸充滿學術地雷的藝術老本行，到當時的藝術與建築系任職：一九六〇年代中葉，麥金和亞當斯去找他，希望他能協助他們評估那些工程背景較弱或毫無工程背景的入學申請者。卡恩答應了，但條件是，他不要當工程設計系的顧問，而是在設計系擔任聯合學程的正式教員。而且，那個學程對美學、表達、概念的尊重必須跟他所謂的「知性」（sensible）[45] 一樣多。麥金對美學的興趣，主要是把它當成一種認知模式，因此和卡恩的想法形成了必要的互補。「設計師─工程師」和「設計師─藝術家」組成一種長期合作的關係，那變成貫穿大學與研究所課程的軸心。

　　史丹佛的設計系逐漸涵蓋了許多元素，包括一九八四年成立的設計研究中心（Center for Design Research），它是贊助一些深奧領域的

Foreword by
John Maeda

Acknowledgments

Introduction

The Valley of
Heart's Delight

Research and
Development

Sea
Change

The Genealogy of
Design

Designing
Designers

The Shape of
Things to Come

Conclusion

研究，例如仿生學、靈巧操作、協作觸覺和機器人技術，以及探索設計師做設計時究竟在做什麼。[46] 相較之下，產品設計系的創系元老所引進的教學創新顯然是低科技。學生修機械工程中的基礎材料和製造課程，學到材料疲勞和壓力（就像其他學科的研究生那樣），但實作課程的目的是為了培養學生的表達力，而不是熟練度。麥金強調迅速畫出物件的技術比精確繪圖更重要。不過，無論是設計研究中心對設計師的關注，或是產品設計課程對使用者的關注，人本傾向總是史丹佛設計系的招牌特質，一直以來就像寄生在工程學院的柔弱單位，始終未擺脫那種寄人籬下的感覺。亞當斯一語道盡了同仁的心情：「我們感覺像一群良民，身處一個不懂我們的國度，四面楚歌。」[47]

相較之下，聖荷西州立大學的工業設計在錢皮恩以系主任身分退休後，後續幾年逐漸走出強烈的技術導向風格。錢皮恩的繼任者拉夫・舒伯特（Ralf Schubert）把國家標準引進發展陷入遲緩的課程中。即便如此，人文與科學學院院長還是發出警訊指出，「工業設計課程正面臨嚴重的困境，因為現有的教職員中沒有一人精通電腦。」他又補充提到：「況且聖荷西州立大學就位於矽谷的核心，系上缺乏這樣的人才特別尷尬。」[48] 他們聘用戴爾・科茲（Del Coates）後，這種情況開始有了改善。科茲是經驗豐富的工業設計師，一九八三年來聖荷西州立大學任教，兼具學術和實務經驗，在 CAD 和 CAM（電腦輔助製造）方面也有深厚的專業。一九六〇年代初期，科茲在福特公司的高級車款概念部工作，他去看了伊凡・蘇澤蘭的簡報。當時蘇澤蘭是麻省理工的研究生，運用他的革命性「繪圖板」（Sketchpad）電腦程式，在陽春的顯示器上旋轉一個火柴人。科茲因此想像以汽車取代蘇澤蘭畫的那些簡單圖案，這個舉一反三的靈感促使他不只把電腦視為繪圖工具，更重要的是，把電腦視為設計工具。他斷言：「當你

可能窺視巧妙繪製的 2D 表面『背後』是什麼樣子時，你就無法作弊了。」科茲因此踏上一條漫漫長路，先是探索如何把電腦應用在汽車設計上，接著把電腦普遍應用於產品設計，最終使它成為一門先進的學科，這段歷程整整持續了三十年。[49]

如今很難想像當初這種立場的爭議性有多大。然而，一九八〇年代初期，設計師仍對電腦抱持懷疑的態度，部分原因在於當時很少人具備在 CRT 螢幕上繪圖的能力，另一部分原因則是在 InDesign 和 SolidWorks 軟體出現以前的古老時期，學生需要先學程式設計，才能把電腦當成有效的設計工具。另一個比較主觀的看法是，很多設計師覺得讓機器來主導美學判斷實在是一種污辱，或擔心他們好不容易學會的畫圖技巧將會落伍，遭到淘汰。為了因應這個阻力，科茲開了一個專欄，談設計事務所中的電腦運用。他提醒《工業設計》雜誌的讀者：「不管你喜不喜歡，每位五十歲以下的工業設計師幾乎都必須做一個決定：究竟要學 CAD/CAM，還是被 CAD/CAM 的洪流沖走，存亡操之在你。」他持續在專業會議上主張這個論點，現場的反應（「不安」、「焦慮」、「激動」）促使一位觀察者表示，「聽眾的反應幾乎比他傳達的消息更有趣。」在學術崗位上，他勸同仁：「任何學院若是以傳統的繪畫及描圖技巧來看待工業設計課程的未來，都注定會落伍，遭到淘汰。」不過，科茲並未縮小決策的領域。他主張，只要證明什麼是合理可行的，電腦其實幫我們擴大了決策領域。他在藝術學院求學時所學到的繪圖及平面技巧，在一九五〇年代已經夠用，但是展望未來，「重點將會轉移到問題分析和根本設計的技巧，以及最重要的判斷力上」[50]。

接下來二十年間，聖荷西州立大學的設計專業化，與矽谷本身的成長和多元化同步並進。隨著當地科技公司對「工作空間」運動的興趣日益增強（為了促進合作與創新，打造開放式辦公室與靈活的環

Foreword by
John Maeda

Acknowledgments

Introduction

The Valley of
Heart's Delight

Research and
Development

Sea
Change

The Genealogy of
Design

Designing
Designers

The Shape of
Things to Come

Conclusion

境），聖荷西州立大學室內設計課程在布萊恩‧木村（Brian Kimura）的領導下跟著改變。蘭德爾‧塞克斯頓（Randall Sexton）在 IBM 擔任藝術總監六年後，一九九〇年到聖荷西州立大學任教，負責主導麥金塔電腦帶來的平面設計轉型。史丹佛產品設計系的目的是想要釋放工程師的潛在創意。相較之下，聖荷西州立大學的工業設計系則是持續把重點放在培養學生因應專業實務的嚴苛要求，這樣的堅持有時甚至令學生喪失信心。木村回憶道：「我們不是學者，我們講究實務。」[51] 木村從一九八〇年在那裡兼任講師，後來升任設計系系主任，整個系分三種學程。他們幾乎不教概念研究或理論辯論，課程主要是看實務界需要什麼技能而定，一切都是為了幫學生創作出作品集，以便自信地向頂尖矽谷公司的設計部經理展現學習成果。

以加州州立大學的標準來衡量，聖荷西州立大學的設計課程無疑是成功的，因為很多畢業生順利在 Apple、HP、Oracle（甲骨文）找到大家夢寐以求的工作，也有很多人進入矽谷那幾家大型的設計顧問公司：IDEO、frogdesign、Lunar Design、Astro、Whipsaw、Ammunition、New Deal Design、fuseproject。不過，聖荷西州立大學的設計教育跟其他地方的設計教育一樣，相對於那些成立已久、定義明確的學科，依然處於不穩的狀態。一九六〇年代和一九七〇年代掙脫純藝術以來，這三個設計學程現在需要努力重新定位它們相對於純藝術的關係。那些工作室藝術家和藝術史學者向來以懷疑的眼光看待他們。

因此，剛進入二十一世紀那幾年，人文與藝術學院的院長收到許多草案，主張「設計」應該獨立自主。他們的理由是：「藝術與設計代表對立的意識形態或理念觀點。設計是把焦點放在傳授學生『專業實務』，藝術則是致力於培養學生的藝術意識。」二〇一〇年秋季，那些請願者終於如願以償。由於越來越多人認為室內設計、工業設計、平面設計的學習目標和學科宗旨本質上就與純藝術不同，這三個

學程終於脫離藝術與藝術史，成立獨立的系所。大學課程引進「設計」這門學科六十年後，設計終於在聖荷西州立大學有了自己的系所。一位大學行政人員說，前面那六十年有如「發育受阻」[52]。

　　史丹佛大學和聖荷西州立大學的學生畢業後，紛紛加入矽谷的科技巨擘，或是進入新創公司和設計顧問公司的狂熱世界。相對的，加州藝術與工藝學院的藝術學院性質，導致畢業生的就業前景堪憂。一方面，大家比較容易把它的「工藝」傳統跟業餘愛好者及夏令營之類的娛樂活動聯想在一起；另一方面，大家容易把它跟十九世紀的藝術工作者聯盟（Artworkers' League）、世紀公會（Century Guild）、美術工藝展覽協會（Arts and Crafts Exhibition Society）的激進理想主義聯想在一起。[53] 加州藝術與工藝學院缺乏史丹佛大學的工程資源，又不像聖荷西州立大學的設計課程那樣有加州州立大學的體系當靠山。所以基於必要，加州藝術與工藝學院乾脆趁機在這個全體學生都是自造者（maker）的學校中，重新改造設計。

　　雷德爾退休後，原來的工業設計系顧及「在迅速變遷的科技界中，通才比專才更容易生存及成功」的樂觀前提，改以「通用設計」的模式重新出發。[54] 在毫無架構及限制下，這個系逐漸變成五花八門課程的集散地，收留了其他系所無法納入的多元課程。

　　加州藝術與工藝學院第一個復甦的跡象出現在一九八〇年代中葉。當時，凡德彼爾和梅克爾這兩個系主任開始遊說大家打造一個更概念導向、情境相關的工業設計課程，以呼應該校的精神，也把握矽谷散發出來的科技反叛思維，還有一九八三年建築系和設計系的創立及舊金山現代藝術博物館（San Francisco Museum of Modern Art）的地位興起所帶動的熱潮。凡德彼爾表示，「當初我之所以答應擔任設計學院院長，主要原因之一就是有機會在舊金山的新校區打造工業設計

Foreword by
John Maeda

Acknowledgments

Introduction

The Valley of
Heart's Delight

Research and
Development

Sea
Change

The Genealogy of
Design

Designing
Designers

The Shape of
Things to Come

Conclusion

課程。」他的平面設計學生已經是 Adobe、Oracle、《連線》雜誌（*Wired Magazine*）等業者爭搶的人才，也對前衛獨到的西岸風格深具貢獻。[55]

一九八六年秋季，凡德彼爾聘用奧拉・奧斯拉帕絲（Aura Os-lapas）加入加州藝術與工藝學院。奧斯拉帕絲畢業於葛蘭布魯克藝術學院，先後任職於紐約的德雷福斯設計公司、舊金山的布魯斯博迪克集團（Bruce Burdick Group），接著擔任 Esprit 公司的設計總監。身為加州藝術與工藝學院工業設計系的創系系主任，奧斯拉帕絲根據「設計師是當代象徵的自造者」這個理念，開始打造教學團隊。專業可靠的技能當然很重要，但由於每間學校的技術課程大同小異，為了凸顯出加州藝術與工藝學院的獨特性，必須建立一種獨到的身分。「加州藝術與工藝學院工業設計系與眾不同。」她寫道：「因為我們會花時間去了解我們設計的情境。」八年後，奧斯拉帕絲重返實務界任職時，她已經為加州藝術與工藝學院打造了一個兼顧「工業設計」和「產品設計」的整體課程，招募的教學團隊也很平均，包括本地人才與外籍設計師。一開始外籍教師不多，後來人數逐漸穩定，包括來自德國的西格瑪・威諾爾（Sigmar Wilnauer）、來自日本的宇多川信學（Masamichi Udagawa）、來自英國的提姆・布朗。奧斯拉帕絲擔任系主任期間，為外界栽培了第一批工業設計的畢業生。[56]

工業設計系搬遷到舊金山的永久校址後（占地四・五英畝的通暢無阻空間，全在同一屋簷下），促使該系開始長達一年的內部討論——探索在這個領域界線不斷改變、學術區隔可以輕易穿越的時代，不同設計學科之間的實質關係。事實上，設計教學法正是工業設計系的新系主任史蒂文・霍特（Steven Holt）熱中的領域之一。他曾在全美知名的《工業設計》雜誌擔任編輯，之後在 frogdesign 擔任「策略遠見長」，他深信我們都活在英特爾執行長安迪・葛洛夫

（Andy Grove）所謂的「策略轉捩點」。矽谷科技催生的超資訊經濟不僅破壞文化價值觀而已，霍特寫道：「它也突然創造了新的價值觀，那其中充滿了全新的視覺文化。」教育工作者的任務，是讓新一代的設計師具備因應新文化機制的能力。在那個新的文化機制中，「圖像和物件一樣重要，物件可以恣意運用圖像。」[57] 他指出，我們身處的局勢正在轉變，「正因如此，我們想在產業支持的專案與概念化的不實際專案之間取得平衡。產業支持的專案可以提供學生現實世界的經驗，概念化專案則可以幫學生敞開創意流程的大門。」[58] 加州藝術學院的設計課程在霍特的領導下，參照基準逐漸從學校後方那些生活風格公司（Esprit、Gap、Levi Strauss、North Face）變成南方的科技公司。霍特談到數位科技的興起時宣稱：「這有如文藝復興時期，那些科技公司無不重金攬才！」

二〇〇五年，系主任又交棒了，這次是交給知名設計顧問公司 fuseproject 的創辦人伊夫・貝哈爾（Yves Béhar）。貝哈爾明確表示，他的目標是提升加州藝術學院及其設計系的國際知名度。為此，他努力遊說大家提升製作原型的能力；發行出版刊物向外界展現學生的作品；積極參與各大國際活動，例如米蘭家具展、紐約國際當代家具展；參加詹姆斯・戴森（James Dyson）* 和英特爾贊助的比賽。雖然貝哈爾的公司因許多專案而廣受肯定，例如為一童一電腦基金會（One Laptop Per Child Foundation）設計的 XO 電腦，但他並不鼓勵學校課程的發展太過短視，只鎖定矽谷最著名的數位科技。

「矽谷」勢不可擋的擴張，逐漸遍及整個舊金山灣區，這也對其他學科產生了影響。某種程度上，加州藝術學院的幾個設計學程開始針對一套共同的後現代、後工業化的挑戰，逐漸匯流在一起。現在，

---

* 譯注｜英國發明家、工業設計師，戴森公司創辦人。

建築系裡包括數位製作的工作室，亦即傳統「紙張設計建築」的後現代替代者。這段期間，平面設計系的教員開始為 Adobe、Autodesk、IBM 等科技公司工作。而根據傑瑞米・曼德教授（Professor Jeremy Mende）的估計，「目前在灣區很難找到一家沒有深入參與線上、螢幕、動畫、互動、app 設計等活動的工作室。」隨著產業重心從平面媒體轉移到線上媒體，他們的教學經歷類似的轉變。服裝設計則與最科技密集的學科結盟，系主任艾美・威廉斯（Amy Williams）提醒工業設計系與互動設計系的同仁：「畢竟，我們是發明服飾的人。」[59]

二十世紀結束時，史丹佛大學、聖荷西州立大學、加州藝術學院都已經有成熟的設計系。此外，灣區各地十幾家大大小小的大專院校也有設計系。[60] 矽谷有一個非常順暢的旋轉門，不斷把執業的設計師送到大學執教，讓他們在校園裡挖掘下一代的人才，並把最優秀、最聰明的學生送進企業的基層。從矽谷興起之初開始界定當地的專業圈子，同樣擴張到學術界。他們就像矽谷的其他組成分子一樣，是矽谷創新生態系統的起因，也是成果。

雖然過去的結果不見得是未來績效的保證，但是從過去十年間推出的一些計畫發展可以看出，灣區的設計教育實驗尚未結束。而其中最大膽的實驗，莫過於史丹佛大學哈索普拉特納設計學院（Hasso Plattner Institute for Design），所謂的「d 學院」（d.school）。史丹佛大學的設計學程從創立以來，就以廣泛融合先進工程、室內藝術、行為科學而自豪。這一度是十分激進的立場，但隨著一九六〇年代和一九七〇年代的異端變成一九八〇年代和一九九〇年代的正統，這裡開始出現某種程度的自滿，學術文化需要革新的狀態日益明顯。二〇〇四年 d 學院正式成立，一開始的想像是跟史丹佛大學的醫學院、法學院或工程學院並列的「設計學院」，但這樣的雄心壯志不久就縮小變成一個獨立機構的狀態，沒有專屬的教師團隊、實驗室、學位授予

權。這樣的降級發展看似縮限規模，但反而賦予規畫者需要的自由和靈活性。

　　d 學院的中心思想是「設計思考」，那是由雙重思維驅動的一個新興運動：其一是主張你不是設計師，也可以像設計師那樣思考；其二是，設計師在追求專業尊重時，反而不合理地縮限了自己的抱負。d 學院跟企業贊助商、新創企業家、非政府組織、基金會，以及一群關係緊密的親友合作，他們想要把這股能量導向許多專業領域傳統上沒有關注到的問題：社會正義、教育、全球貧窮、健康。[61] 因此，d 學院匯集了設計系以外的各系大學生，教他們多種設計工具，希望他們能把那些技能帶回各自的領域裡發揮。為了培養「創新者，而不是創新物」，d 學院融合了原有產品設計系的古怪特質（機構裡雇用了一位常駐的心理醫生，並為壓力太大的研究生提供抒壓課程），以及大家對實務需求的持續增加（為期兩季的熱門課程「極端平價創業設計」）。短短幾年內，d 學院這樣不教設計的設計學校，就已經引起廣泛的注目與仿效。

　　史丹佛有高達一百六十五億美元的捐贈基金做為靠山，再怎麼強大的經濟衝擊應該都能撐下去。聖荷西州立大學的命運向來和矽谷及當地產業的命運緊密相連。身為州政府支持及贈地的大學，聖荷西州立大學有義務為加州這個地區特別多元的在地社群提供教育機會，其整體學生的樣貌可說是加州多元人口、多樣政治，以及普遍黯淡的十二年公立教育的縮影。它的主要使命是提供當地經濟一群受過良好教育、技術純熟的人力資源，以支持當地經濟的發展。

　　儘管受到這些限制，或正因為有這樣的限制，聖荷西州立大學最近自主發展的設計系在當地一直名氣響亮；一位外界的評論家也指出，「大家都認定該校是聖荷西和整個矽谷的文化資源。」[62] 不過，那裡不只是人才庫而已。隨著聖荷西州立大學逐漸從職訓學校轉變成

Foreword by
John Maeda

Acknowledgments

Introduction

The Valley of
Heart's Delight

Research and
Development

Sea
Change

The Genealogy of
Design

Designing
Designers

The Shape of
Things to Come

Conclusion

研究導向的大學，設計系教職員積極參與大學的學術使命，其中又以
約翰·麥克拉斯基（John McClusky）與查理·達拉（Charles Darrah）
的合作成果特別豐碩。麥克拉斯基是工業設計師，之前在全錄曾接觸
民族誌的研究實務。達拉從一九九一年開始對矽谷本身展開長達十五
年的龐大民族誌研究。[63] 他們形容自己是「人類學家，只不過他們
關心的是設計師如何做設計並擬定研究去觀察」，他們也形容自己是
「設計師，只不過他們持續拿概念和圖像去驗證一般人的實際生活，
以及一般人希望如何改變生活」。達拉和麥克拉斯基一起探討了許多
理論上與方法上的問題，例如自動提款機的使用和白領辦公室環境之
類的具體實務。他們的合作促成「人類抱負與設計實驗室」（Human
Aspiration and Design Laboratory）的創立，其目的是「開發出一種方
法，讓設計系的學生，最終乃至於人類學系的學生，都能夠變成稱職
的設計師，同時把民族誌的研究發現和方法融入實務中」[64]。

　　二○○三年，加州藝術與工藝學院的一大爭議行動是改名為加州
藝術學院。這次改名是校史上的第三次，雖然外界普遍誤解這次改名
拋棄了已有百年歷史的「美術工藝運動」核心價值觀，但實際上，那
反映了在這個充滿雷射切割機、互動網站、開源程式碼的年代，持續
保留工藝傳統價值的努力。[65] 版畫家和紡織藝術家仍在奧克蘭校區
活躍，但設計系已經在舊金山校區落地生根，最近舊金山的市長還賦
予當地「創新走廊」的稱號。加州藝術學院取得了備受推崇的刊物
《設計書評》（Design Book Review），但後來又失去了。不過，其他
的計畫還包括在大學部開設新的互動設計系，以及在 MBA 課程中開
設設計策略組，這些計畫顯然是美國藝術學院裡的創舉。這些學程就
像該校的多數學程一樣，從灣區的專業社群裡大量擷取豐富的專業寶
藏，也反映了網路時代的普遍特色：資源從物質轉向人本。加州藝術
學院設計系學生持續設計物件、圖像和空間，但誠如洛蕾爾這位雅達

利研究實驗室和 Interval Research 的老將、跨系藝術創作碩士設計學程創立者在百年校慶的演講中所言，最終而言，「一切都是資訊。」

　　雖然資源有限，又經常受到實驗失敗和內訌衝突導致人才流失的衝擊，加州藝術學院設計系因為身處在藝術學院內而受惠。史丹佛大學的產品設計師數十年來捍衛他們在工學院的合法地位。聖荷西州立大學的設計師最近才獲得獨立自主的系所地位，依然必須遵守加州法律的規範。但是在加州藝術學院，大家覺得設計只是創作者的另一種媒體：「設計不是二流的藝術。」凡德彼爾主張：「它跟純藝術的地位一樣，不是地位遠不如人的小媳婦。設計是創造實用藝術的方法，我們想改變我們生活的世界，唯一的辦法是成為其中的一部分。」[66]

結語

　　一九八〇年下學期結束時，又一群穿著畢業袍的畢業生上台領取畢業證書之際，一群矽谷名人聚在一起討論灣區設計教育的局勢。普里莫・安傑利（Primo Angeli）是平面設計公司的創辦人，他的公司是舊金山歷史最悠久、最受推崇的設計公司之一。他認為加州北部設計教育的主要缺點在於「缺乏犯錯的空間」。資深工業設計師巴德・史坦希伯認為，問題在於「多數學校過於強調創意，而不是強調生產面」。Ampex 的史塔利同意他的看法，並指出聖荷西州立大學的畢業生似乎解題能力較強；史丹佛大學的學生，不管是不是因為受了理論訓練，「製模和繪圖技巧都不行，而且有點自大」。布魯斯・博迪克（Bruce Burdick）的看法比較寬容，「其實並沒有哪個學校比較好或比較差的問題」，問題在於「每所學校都以自己的方式限制了學生的發展，那些限制因設計課程及教師在大學架構中的地位而定」[67]。

　　整體來看，史丹佛大學、聖荷西州立大學、加州藝術學院的特色

Foreword by
John Maeda

Acknowledgments

Introduction

The Valley of
Heart's Delight

Research and
Development

Sea
Change

The Genealogy of
Design

Designing
Designers

The Shape of
Things to Come

Conclusion

似乎證實了博迪克的說法。當時的實務界主要是把設計師視為「當不成工程師的人」，或「為五斗米折腰的藝術家」。他們在學術界的地位甚至比實務界還糟。阿諾德和他的繼任者努力跟史丹佛大學的同仁溝通，說服他們相信設計既不是精確的科學，也不只是機械工程表面的時髦裝飾而已。聖荷西州立大學的工業設計師在矽谷的地理上及教學法上，都努力打造出一種特殊的身分，有別於應用藝術的技職傳統和純藝術的學術標準。設計系可能在加州藝術學院過得最好，但是該學院的社會主義精神依舊對英特爾、三星（Samsung）、福特汽車贊助的概念工作室感到懷疑，而且他們的潛意識裡依然在「藝術家堅持作品具名」及「產業界典型的匿名要求」之間拉扯不定。不過，隨著矽谷的公司雇用越來越多他們的畢業生，這三所學校終於勉強接納他們的設計系。然而，學術界的設計師就像實務界的設計師，仍持續在那塊排外的土地上，以外人的身分捍衛及耕耘他們的地位。

注釋

1. 俁野努與筆者的談話（San Francisco, April 12, 2005）。

2. 誠如本書的其他章節，以下討論是為了展現代表性的典型，而不是為了呈現全面的樣貌，所以比較偏重於設計教學，而不是設計理論。唯一遺漏的是以一九七〇年代加州大學柏克萊分校的霍斯特·瑞特爾和克里斯多福·亞歷山大為代表的「設計方法」運動；參見注釋 59 和注釋 66。為了充分表達，筆者希望在此言明：筆者在加州藝術學院擔任工業與互動設計教授，也在史丹佛大學機械工程系擔任顧問教授，目前尚未在聖荷西州立大學設計學院擔任教職，不然就可集滿學術三連霸的經歷。

3. 卡米洛·奧利維蒂是一八九五年畢業的學生。「惠列和普克德是我的學生，我借給他們六百美元去創業，他們當初只借了那筆錢就創業成功了！」比爾·摩格理吉採訪弗雷德里克·特曼，約一九八〇年；已故摩格理吉的文獻。

4. Stanford University Archives: SC 165, series IV, box 1, folder 3: Reports to the President. On Terman, see C. Stewart Gillmor, *Fred Terman at Stanford: Building a Discipline, a University, and Silicon Valley* (2004, Stanford University Press). 關於兩種明顯異於主流說法的歷史紀錄，參見 Stuart W. Leslie, *The Cold War and American Science: The Military-Academic Complex at MIT and Stanford* (New York: Columbia University Press, 1993), and Rebecca S. Lowen, *Creating the Cold War University: The Transformation of Stanford* (Berkeley: University of California Press, 1997)。南北向的幹道 El Camino Real（西班牙文「王者之道」）在大學城的居民與師生之間形成分界。

5. 機械工程學院院長萊迪克・雅各森（Lydik Jacobson）致弗雷德里克・特曼，以轉交給校長華萊士・史特林，Stanford University Archives and Special Collections, SC 165, series IV, box 1: Reports to the President, Folder 3 (1956–57). "Student Shop Program—Stanford University: History, Current Operations Goals" (July 1974)，大衛・比奇教授的文獻。

6. Arnold, "Case Study: Arcturus IV." Suzanne Burrey, "The Question of Creativity," in *Industrial Design* 1, no. 6 (June 1957).

7. Soderberg, quoted in Morton H. Hunt, "The Course Where Students Lose Earthly Shackles," *Life Magazine* (May 16, 1955), p. 196. 阿諾德在明尼蘇達大學研究過老鼠心理學。他在一家煉油廠值夜班時，自學了一些基本的工程概念。二戰後，他進入麻省理工學院唸機械工程學程，取得碩士學位。

8. "Design Division Program Lets Engineering Students Attack 'Human Frontier'," *Stanford Engineering News*, no. 40 (March 1963)；筆者的收藏。工業設計教育者協會是一九五七年由約瑟夫・卡利耶羅（Joséph Carriero）、亞瑟・普洛斯（Arthur Pulos）、詹姆斯・希普利（James R. Shipley）創立。

9. "Design at Stanford" (n.d.), Papers of James Adams, SC 949, box 13. 這部分的其他資訊取自正式的訪談，以及筆者與下列人士的非正式談話：詹姆斯・亞當斯、大衛・比奇、麥特・卡恩、大衛・凱利、賴瑞・萊弗、羅伯特・麥金、博納德・羅斯、雪莉・謝帕德、已故的羅夫・法斯特。

10. John Arnold, "What Is Creativity?" and "Creative Product Design," notes for the Creative Engineering Seminar (1959), Stanford University, Stanford University Archives and Special Collections, SC 949, box 1：「理想的狀況是，除了一些不同領域的專家之外，還有更多人具備相關領域的根本訓練和知識。」約翰・阿諾德，出處同上。

11. 四十年後，教職員仍稱分隔工學院教授與設計學院教授的中庭為「軍事緩衝區」。

12. 訪問羅伯特・麥金（Santa Cruz, February 22, 2012）。前面幾句是出自麥金一九六七

年在史丹佛大學校友大會上發表的演講，"Non-Verbal Education and the Environment"，亦參見 "Designing for the Whole Man" (1959), Department of Special Collections, SC 949, box 13：詹姆斯‧亞當斯的文獻。麥金把「發現需求」的實務納入產品設計課程後，最後對經常造成的消費主義瑣事感到失望：「很多需求根本不該理會。」

13. 詹姆斯‧亞當斯致約翰‧阿諾德（25 February, 1960）：Department of Special Collections, SC 949, box 13，詹姆斯‧亞當斯的文獻。

14. 例如參見 R. F. Butts, *A Cultural History of Western Education* (New York: McGraw-Hill, 1955), p. 570：「務實的人主張，如果教育沒給學生一些實際的職業訓練，讓他們能夠謀生，那就是怠忽職守。其他人則主張，大專院校的任務是為學生提供全面的通識教育，使他們過充實又有意義的人生，並把專業培訓留給其他的機構來做。」亦參見 H. W. Button and E. F. Provenzo, *History of Education and Culture in America* (Englewood Cliffs, NJ: Prentice Hall, 1989), and Patrick N. Foster, "Lessons from History: Industrial Arts/Technology Education as a Case," *Journal of Technical and Vocational Education* 13, no. 2 (Spring 1997)。

15. Herber Sotzin, "Retrospect and Prospect in Industrial Arts" (1960), San José State University Special Collections and Archives, MSS 2009-12-01, SJSU Industrial Arts Department, series I.

16. Wayne Edward Champion, "Exploration in Curriculum for Applied Arts Design: A Dissertation Submitted to the School of Education of Stanford University in Partial Fulfillment of the Requirements for the Degree of Doctor of Education" (June 1956), p. 25, Stanford University Archives.

17. 不過，史丹佛大學和聖荷西州立大學的設計系學生在人口統計特質上至少有一方面是相同的：所有的學生都是男性。

18. Champion, "Exploration in Curriculum for Applied Arts Design," p. 12（保留原文的粗體強調）。該論文的附錄包含樣本練習和學生評量。翌年，社會學者塔爾科特‧帕森斯（Talcott Parsons）出版了他翻譯的馬克斯‧韋伯（Max Weber）著作《新教倫理與資本主義精神》（*The Protestant Ethic and the Spirit of Capitalism*），該書以歌德的名句作結：「專家沒有靈魂，縱慾者沒有心肝，這個廢物幻想著自己已達到前所未有的文明程度。」Trans. Talcott Parsons (New York: Scribners, 1958), p. 182.

19. Champion, "Exploration in Curriculum for Applied Arts Design."

20. "SJS First State College to Offer New Program," *Spartan Daily* (n.d., 1960): San José State University Special Collections and Archives, MSS 2009-12-01, SJSU Industrial Arts Department, series II: Industrial Arts Department Scrapbook, 1957–1979；也是下面引述的出處。

21. Dr. Kermit Seefeld, chairman of the Industrial Arts Department at the University of California, Santa Barbara: "Seefeld argued these students are only less capable by the standards of academicians." *San José News* (May 7, 1960).

22. "Bachelor of Science Degree in Industrial Design" (1959)，萊絲莉‧斯琵爾教授（Professor Leslie Speer）的文獻，大方提供給筆者。Wayne Champion, "We were all Mavericks: A Brief History of the So-called Interdivisional Industrial Design Program at San José State University, about 1957–1984" (privately printed; spelling and punctuation adjusted), and Champion's "Summary of Report to the Canadian Government on Industrial Design Education" (January 1973): papers of Ralf Schubert. Louie Melo, "Industrial Arts Facilities at San José State," *Journal of Industrial Arts and Vocational Education* (March 1961).

23. Wayne Champion, quoted in the "Alcoa Student Design Merit Awards" (1964), SJSU Special Collections and Archives, MSS 2009-12-01, SJSU Industrial Arts Department, series I, box 1. 錢皮恩的實務界經驗僅止於在聯合航空畫了兩年的施工圖和圖解技術報告。

24. Nelson Van Judah, "The Bucky Chronicles," *Centerline*, Palo Alto Center for Design (December 1980)，這是三部曲中的第二部分。感謝瑪妮‧瓊斯保留了這份寶貴的資源，又長期出借給我，也感謝詹姆斯‧費里斯（私人通訊，May 7, 2012）。

25. Ralf Schubert to Kathy Cohen (September 22, 1979)，拉夫‧舒伯特的文獻。亦參見 Jack Crist, *Human Factors and Ergonomics*，他寫道：「設計教育者之間有個強烈的共識，社會學與人文課程是設計教育未來發展的最重要領域。」"Chat with Champion," in *News* 9: San Francisco Chapter, Industrial Designers Society of America (November 1977), p. 2. 錢皮恩有一些後勤經驗：戰爭期間他在美國海軍服役，負責匯集模型製造車間的所有元素，包括五名軍官、一百二十名士兵、價值二十五萬美元的設備，然後把他們運到歐胡島去製作地形測量及情報模型。這部分的資訊取自多份內部文件，包括 Wayne Champion, "Memo to the Self Study Committee" (March 16, 1979), and Jack Crist, "Industrial Design Program Self-Evaluation" (n.d., but clearly spring 1979)：拉夫‧舒伯特的文獻，他在某次充實的訪談中指引我查閱那些文獻（San José, June 14, 2012），以及凱薩琳‧柯恩（Kathleen Cohen）的訪談，當時她是藝術系代理系主任（Los Altos, March 2, 2012）。

26. Ralf Schubert to Fred Spratt, "Continuing Philosophical Concerns" (May 1, 1984)，拉夫‧舒伯特的文獻。

27. Arlene N. Ackerlund to Ralf Schubert, "Dean's Recommendation" (spring 1984); Katherine McCoy, president, IDSA, to Gail Fullerton, president, SJSU (May 10 1984), and Fullerton's response (August 1, 1984). 這個案子的當事人是拉夫‧舒伯特，他是擁有二十年專業

經驗的工業設計師，不幸剛好在爭議的顛峰期加入系所任教。舒伯特大方與我分享那個案子的豐富文獻，引文是節錄自那些文獻。

28. 這裡是參考一九一二年德國藝術史家亞伯拉罕・沃伯格（Aby Warburg）針對費拉拉（Ferrara）的斯齊法諾亞宮（Schifanoia）壁畫所做的知名演講。他在演講中抨擊那些巡察學科分野的學術警察。

29. Frederick Meyer, "Why an Art School: Remembering Dr. Meyer" (Oakland: California College of Arts and Crafts Alumni Society, 1961), p. 8.

30. William Morris, *The Lesser Arts*：「我認為，它們如此分裂時，對整體藝術發展不利。應用藝術將變得微不足道、呆板、缺乏知性、無法抵抗時尚或不誠實加諸在藝術上的改變；純藝術會變成無意義排場的乏味附屬物，或是少數有錢有閒者的玩物。」

31. Margaret Penrose Dhaemers, *California College of Arts and Crafts, 1907–1944*; master's thesis, Mills College (1967); Robert W. Edwards, "Out of the Ashes: How Frederick Meyer's Bold Vision was Born," *Glance* 15, no. 1 (winter 2007). 弗雷德里克・邁爾後來說明了他決定把學院設立在東灣（East Bay）的原因：「我在舊金山與學生相處的經驗，使我覺得應該把學校設在柏克萊這個沒賣酒類的地方比較好。」引自 *CCAC Review*, Winter 1972/ 73。

32. "Jo Sinel: Father of American Industrial Design"，接受加州藝術與工藝學院圖書館員羅伯・哈波的採訪（始於 June 4, 1969）：Sinel Collection，加州藝術與工藝學院。一九四六年，工業設計師協會（席奈爾是創始成員）認證了工業設計界的十九所學院與課程。

33. Jo Sinel, "Recent Trends in Industrial Design," in Department of Art Education *Bulletin* 8 (1942) , Sinel Collection, box 26, S73c.

34. 《Dear Student》手冊是發送給可能來上一九三九年九月十八日開課課程的學生，Sinel Collection, box 31, S381.2；保留原文的斜體強調。在對專業團體的演講中，席奈爾之前曾感嘆：「沒有一所學校有能力提供可應用在產業實品上的恰當訓練。」Jo Sinel, "Design Impels Consumer Response," *Bulletin of the American Ceramic Society* 13, no. 11 (November 1934), Sinel Collection, California College of the Arts, box 10, S2.21.

35. "Jo Sinel: Father of American Industrial Design," p. 45.

36. Percy Seitlin, "Joseph Sinel: Artist to Industry" (n.d., but around 1930), Sinel Collection, box 10, S2.21.

37. Marilyn Hagberg, "To Design Is to Order: Interview with Wolfgang Lederer in California College of Arts and Crafts *Review* (winter 1971). 約三十年後我做這個訪談時，設計系已經大幅成長，變成一個有十六位全職和兼職教授的系所，主修設計的大學生以及攻

讀平面設計、環境設計、工業設計的研究生共三百名左右。

38. Wolfgang Lederer, "Bridging Two Worlds in Graphic Design, Education, and Illustration"，一九八八年由哈莉特‧娜森（Harriet Nathan）進行的口述歷史，Regional Oral History Office, The Bancroft Library, University of California, Berkeley, 1992。

39. 這部分的資料擷取自年度目錄和課程表，以及大量的學生生活紀錄。CCA College Archives, Meyer Library, Oakland.

40. 除了主要的區域認證機構（美國西部學校和學院協會〔WASC〕）之外，設計系是屬於國家藝術與設計學校協會（NASAD）、國家建築認證委員會（NAAB）、美國工程教育認證機構（ABET），以及許多專業機構的管轄範圍，包括美國平面設計協會、美國工業設計師協會、美國建築師學會（AIA）、美國機械工程師學會（ASME）。

41. David Meckel, interview in *Design: The International Magazine for Designers and Their Clients* (June 1990), p. 77; Barry Katz, "Bigger than the Bauhaus," *Glance*, vol. 15, no.1 (Winter 2007), pp. 32–43. 這部分的其他資料取自加州藝術學院的檔案，以及下列訪談：蘇‧契里奇莉奧（Sue Ciriclio）（San Francisco, October 25, 2012）、麥克‧凡德彼爾（San Francisco, July 17, 2012）、大衛‧梅克爾（San Francisco, September 24, 2012）；梅克爾形容取得那幢建築是轉捩點：「若不是取得那棟建築，我們很可能仍是規模很小的學院。」加州藝術與工藝學院的幹練財務長約翰‧史丹（John Stein）在議價時，把價格從九百五十萬美元殺到三百五十萬美元。一年後，該市為那塊優質地產所做的估價是四千五百萬美元。

42. Robert McKim, *Experiences in Visual Thinking* (Monterey, CA: Cole, 1972). 反繹推理的概念是來自查爾斯‧桑德斯‧皮爾斯的實用哲學；那可以理解成日常順序的高潮，那個順序是從演繹邏輯及歸納邏輯開始。演繹邏輯的結論必定是從第一原則推論出來，歸納邏輯則是從實際觀察推出邏輯上一致但不確定的通論。反繹推理接受一個人的資料從來不完整，也支持多種、同時提出、相互矛盾的詮釋。有時它被解讀成「盡你所能」。

43. "IMAGINARIUM ONE/Script"，研究生葛雷格里‧克雷斯（Gregory Kress）和麥克‧杜利（Michael Turri）提供給筆者。他們在想像館拆掉多年後，根據當代攝影與文獻重新打造了一個。雖然那顯然是一九六〇年代的產物，但聖荷西州立大學和史丹佛大學的圓頂建築屬於一種豐富的傳統，那傳統把臆測的想像和工程與技術連結在一起：參見 Eugene Ferguson, *Engineering and the Mind's Eye* (Cambridge, MA: MIT Press, 1992)。

44. 「醫療護照」出奇精準地預測到目前電子病歷的發展方向，可說是當今醫療保健業

的最重要趨勢。大衛・凱利的口述歷史,由貝瑞・凱茲進行,Computer History Museum, Mountain View, CA, July 11, 2011。克莉絲汀・伯恩斯女士(Ms. Kristin Burns)是設計研究所的長期管理者,她提供我部分碩士論文專案的清單(1968– 2005)。美國工業設計師協會的會員瑪妮・瓊斯回憶道,她是那個學年設計研究所入學的兩名女學生之一;在她休學以前,也是唯一升到研二的女學生。

45. 訪問麥特・卡恩(Stanford, October 20, 2012)。卡恩於二〇一三年六月過世,當時是史丹佛大學設計系創立五十週年。

46. Wendy Ju, W. Lawrence Neeley, Larry Leifer, "Design, Design, and Design: An Overview of Stanford's Center for Design Research," Position Paper for Workshop on Exploring Design as a Research Activity, CHI 2007, San Jose, CA., courtesy of Professor Ju, and T. Carlton and L. Leifer, "Stanford's ME310 Course as an Evolution of Engineering Design," invited paper, courtesy of Professor Leifer. 設計研究中心是賴瑞・萊弗教授和馬克・克高斯基教授 (Professor Mark Cutkosky)共同管理。

47. James L. Adams, *The Building of an Engineer: Making, Teaching, and Thinking* (Stanford, CA.: privately printed 2011), p. 140.

48. Arlene Okerlund to Ralf Schubert, "Appointment of Floyd Delbert Coates" (August 30, 1983),拉夫・舒伯特的文獻。

49. 訪問戴爾・科茲(San José, July 20, 2012)。亦參見 Ivan Sutherland, "Sketchpad, a Man-Machine Graphical Communication System." Doctoral dissertation (MIT, January, 1963), p. 22。科茲後來的研究是以語義分化理論為基礎,Charles E. Osgood、George J. Suci、Percy H. Tannenbaum 的經典著作 *The Measurement of Meaning* (Urbana: University of Illinois Press, 1957) 介紹他的研究。科茲在其著作的設計中應用了他們的架構: *Watches Tell More Than Time: Product Design, Information, and the Quest for Elegance* (New York: McGraw-Hill, 2003)。

50. Del Coates, selected articles and editorials for *Industrial Design Magazine*, 1980– 83, including: "Most Design Shops Expected to Have a CAD System by 1990," (November– December 1980), p. 13, and "Computerized Color Rendering Arrives for the Design Office" (November–December 1981), p. 36. The account of his address to the ISDA in Los Angeles is by Allen Samuels (ibid., p. 8). 科茲對於電腦運用的激進看法,讓人想起約瑟夫・霍夫曼(Joséf Hoffmann)和科羅曼・莫塞爾(Koloman Moser)對於工業化持續進步的反應:無論你愛它或恨它,「逆流而行都愚不可及」。*Wiener Werkstaette*, "Working Programme" (1905).

51. 訪問布萊恩・木村(San José, December 5, 2012)。木村曾在 SOM 建築設計事務所

舊金山分所及世楷家具工作。這兩家公司都深入參與「工作空間」運動。

52. "Remarks on the Governance of the School of Art and Design," Karl Toepfer, dean, College of Humanities and the Arts (May 3, 2007), and memorandum of Toepfer and Dean Lisa Vollendorf (July 9, 2013)，作者大方與筆者分享這些內容。羅伯特‧米爾內斯（Robert Milnes）在一九九〇年至二〇〇五年間擔任藝術設計學院院長，他提到課程自然演化成正式科系，但認為：「聖荷西州立大學的情況很遺憾比較像是發育受阻，明明很多課程老早就應該變成科系了，藝術設計學院也應該早點納入新的學院中，與人文學院分開。」通信與電訪（December 10–11, 2012）。

53. 美術工藝運動本身就旋盪在發起人自相矛盾的目標之間：「除了想要製作美麗的東西之外，主導我生活的熱情一直是對現代文明的痛恨。」William Morris, "A Rather Long-Winded Sketch of My Very Uneventful Life"（摘自一八八三年九月五日的信件）。這種棘手的困境在莫里斯過世十年內已經很明顯。他最忠實的追隨者查理‧阿什比（Charles W. Ashbee）失望地說：「我們把一個偉大的社會運動，變成一小群貴族階層運用巧妙的技能，為富人服務的狹隘無聊運動。」(C. R. Ashbee, "Memoirs," unpublished typescript, 1938, vol. 4, Victoria and Albert Museum Library, p. 201; see. Alan Crawford, *C. R. Ashbee: Architect, Designer, and Romantic Socialist* [*Journal of Design History*. 1, no. 1 [1988]).

54. 「這是日新月異的科技界所存在的矛盾。通才可能比專家更容易生存和成功，過於專業化的技術人員，無論在設計界或任何領域，往往會變成技術的俘虜，因技術過時而遭到淘汰。比較靈活的通才則持續享有發揮創意的自由。」（未標註日期，但應該是一九七七年至一九七九年）California College of Arts and Crafts, CCA College Archives.

55. Michael Vanderbyl, *CCAC News* (September 1989).

56. *CCAC News* (spring 1990).「產品設計」在專業術語中，通常是指新產品的構想和開發；美國工業設計師協會採用的「工業設計」正式定義，是指「創造與開發概念和規格的專業服務，這種服務能精進產品和系統的功能、價值和外觀，讓使用者和製造商互惠互利」。參見美國工業設計師協會網站：http://www.idsa.org/what-is-industrialdesign。關於這個專業形成的歷史觀點，可參見 Carroll Gantz, *The Industrialization of Design: A History from the Steam Age to Today* (Jefferson, NC: McFarlane, 2011), chapters 8–10。

57. Steven Skov Holt, "Hypermarketecture," in *rana: integrated strategic design magazine*, no. 2 (Sunnyvale, CA: 1996), p. 34；筆者的回憶。

58. *CCAC News* 2, no. 5（未標註日期，但很可能是一九九五年春季）。

59. 與傑瑞米‧曼德的私人通訊（December 11, 2012）；艾美‧威廉斯，在可穿戴技術協作專案的情境中（summer, 2014）。

60. 筆者必須再次強調，這裡的討論是刻意精選過的，也有必要這樣精挑細選。這裡並未提及舊金山州立大學的設計與工業系、舊金山藝術大學的許多研究所和大學設計科系（包括遊戲設計和網頁設計）、加州大學柏克萊分校的環境設計學院，以及在討論期間起起落落的幾個較小專業學院，例如科格威爾工藝學院、魯道夫謝弗設計學院（Rudolf Schaeffer School of Design）。關於設計在加州大學柏克萊分校校園裡的幸與不幸，可參見 Ira Jacknis, "The Lure of the Exotic: Ethnic Arts and the Design Department at UC Berkeley," *Chronicle of the University of California* (spring 2004)。

61. 關於設計思考的最新文獻取樣，參見 Tim Brown, with Barry Katz, *Change by Design: How Design Thinking Transforms Organizations and Inspires Innovation* (Harper Collins: New York, 2009); Roger Martin, *The Design of Business: Why Design Thinking Is the Next Competitive Advantage* (Cambridge, MA: Harvard Business School, 2009); Thomas Lockwood, ed., *Design Thinking: Integrating Innovation, Customer Experience, and Brand Value* (Allworth: New York, 2009); Nigel Cross, *Design Thinking: Understanding How Designers Think and Work* (Berg: Oxford, 2011)。關於哈索普拉特納設計學院的最新資訊，參見 d.school 網站：http://dschool.stanford.edu。

62. "Program Review: School of Art and Design" (March 2000), p. 8, and "Innovation through Diversity and Education Grant: Product Design and Development to Bridge the Digital Divide" (n.d., but c. 2000–1)：戴爾‧科茲的文獻。「贈地」學院是一八六二年〈摩利爾法案〉（Morrill Act）授權，主要是鎖定農業、科學、工程等實用科目的教學，以因應美國工業化的社會與技術轉變。這裡的分析是根據下列訪談及通信內容：萊絲莉‧斯琞爾教授（October 18, 2012）、約翰‧麥克拉斯基（November 19, 2012）、布萊恩‧木村（San José, December 5, 2012）、羅伯特‧米爾內斯（December 12, 2012）、卡爾‧多佛（Karl Toepfer）（July 10, 2013）。

63. J. A. English-Lueck, *Cultures@Silicon Valley* (Stanford: Stanford University Press, 2002). 矽谷文化專案是一個合作專案，教職員查理‧達拉、英格利希—路克（J. A. English-Lueck）、詹姆斯‧費里曼（James Freeman）以及十幾門人類學課程的熱情學生一起合作。

64. John F. McClusky and Charles N. Darrah, "Leaving the Research to the Experts: Collaborating with Anthropologists to Emphasize Core Competencies in Industrial Design Education"，對國際工業設計協會（ICSID）的簡報，舊金山，二〇〇七年。

65. 筆者身為這項計畫的發起者，可以在此明確聲明，這樣做絕對沒有揚棄工藝傳統的

意思。誠如他一再堅稱：「我們並未『放棄工藝』，只是改了校名。」

66. Michael Vanderbyl, *CCAC News* (September 1989).

67. 《中心線》：帕羅奧圖「設計中心」的刊物（June 1980 and July 1980），裡面回顧了史丹佛大學、聖荷西州立大學、加州藝術與工藝學院的建築與設計系，還有加州大學戴維斯分校、柏克萊分校、溪口分校、舊金山藝術大學、科格威爾工藝學院、魯道夫謝弗設計學院的設計系。布魯斯・博迪克大可在這篇文章中提及謝爾法則（Sayre's Law）──該法則主張，在學術爭議中，大家之所以爭得面紅耳赤，是因為攸關的價值很低。

06

The Shape of
Things to Come

未來的形塑

在帕羅奧圖市中心，索雷歐・奎爾沃（Soleio Cuervo）和 Facebook 的二十多名員工一起擠在一間小辦公室裡，他看那個「很棒」（Awesome）按鈕越看越不滿意。那個 16×16 像素的拇指向上綠色圖標畫得很醜，塞在隨機網頁的不起眼角落。而且，對這家野心勃勃、想把事業拓展到世界各地的新創公司來說，那個英文字又無法在許多文化中適切翻譯出來。他也擔心，很少事情真的能達到「很棒」那種高標。應該把它改成讓人放心的動詞（即使偏保守），而不是使用修飾語。奎爾沃越看那個按鈕越不覺得讚，乾脆自己重畫一個，重新命名，並於二〇〇九年二月推出上線。[1]

「讚」（Like）按鈕上線幾個月後，Facebook 員工已經塞不下那個狹窄的總部，搬到市區另一端的 HP 老舊製造廠房。那裡位於有毒的廢棄物拋棄區，六十年前克萊門就是在那裡打造矽谷的第一支設計團隊。一九五〇年代，在 Facebook 那一百八十幾位設計師都還沒出生的幾十年前，HP 從北加州大街上那棟大樓後方的貨物裝卸口，運出信號產生器、計頻器、電壓表、示波器等商品。在 Facebook 裡，他們依然談「推出產品」（shipping product），但如今那通常是指按個鍵，把一串資料傳給某個例如在冰島或委內瑞拉的精選焦點團體做測試。

Facebook 的變遷正好可以用來說明矽谷設計的歷史轉變：這個社群媒體網站跟許多科技業先驅一樣，從麻州劍橋搬遷到加州帕羅奧圖，在市區的某個辦公樓房二樓開始營運。當初馬諾克為 Apple II 設計機殼的小工作室，就在那棟樓房的對面。接著，Facebook 搬到史丹佛工業園區，馬克・祖克柏（Mark Zuckerberg）的玻璃辦公室就在那座 HP 老舊製造廠房的中央，可以把周遭的一切動態盡收眼底。最近，Facebook 搬到舊金山灣區邊緣一塊廣大園區，那是昇陽電腦最近騰出來的空間。這一支約九千名年輕人組成的「議會」，從駭客路

（Hacker Way）環繞起來的十幾棟建築裡，治理著如今全球第三大的「臉書國」。

從 Facebook 和 Google 到近來成立不久的新創公司，這些新世紀的企業代表矽谷設計史的最新一波轉變。新公司、甚至新產業來到這裡，擷取這裡看似取之不盡、用之不竭的技術人才庫。他們也把一些文化趨勢加以普及，例如自造者運動、程式設計馬拉松（hackathon，又譯「黑客松」）、開源碼開發者倡議（open source developers' initia-tives），持續為灣區的設計界挹注腎上腺素。他們帶來的改變催生並滲透了生活的每個角落：誠如保羅・維希留（Paul Virilio）的預言，時間已取代空間，變成意義的主要載體，而連線使實體的重要性大幅下降。所謂的「物聯網」模糊了軟體與硬體之間的分界，101 號公路上依舊塞滿了包車，裡面載著成群的年輕網路通勤者，從他們位於「市場南」區的住屋，前往 Apple、Google、Facebook 的園區上班，但矽谷的邊界現在涵蓋了整個灣區，事實上也包含了全世界。「物」（things）這個字眼最字面的意義已經變了。

矽谷設計史的最新篇章是一九九七年夏季展開的，那時賈伯斯重返 Apple，立即開始整頓這家混亂的公司。布倫納在前一年已經離開 Apple，去領導 Pentagram 的舊金山事務所，放著整個工業設計團隊毫無目標地飄蕩，但那只是 Apple 更大病症的其中一個病徵。賈伯斯大刀闊斧地整頓 Apple，先是大砍產品線，把十五種不同的平台削減成四個：供專業人士使用的桌上型電腦和膝上型電腦；供一般消費者使用的桌上型電腦和膝上型電腦。他和十多家廣告公司解約，只留下 Chiat-Day。接著，Apple 在 Chiat-Day 的協助下推出另類的「不同凡想」（Think Different）廣告以取笑 IBM（不是第一次了）*。賈伯斯也把人稱「強尼」的強納森・艾夫（Jonathan Ive）拔擢為資深副總

裁，賦予這位出自藝術學院的設計師在美國企業文化中絕無僅有的策略責任。此外，賈伯斯認為，以當時 Apple 惡劣的財務狀況來看，Apple 最好還是購買現有的技術，不要自己開發。他指示先進技術小組（Advanced Technology Group, ATG）副總裁唐納・諾曼（Donald Norman）關閉整個部門，解雇一百六十名員工，實際上諾曼也等於開除了自己。[2] 先進技術小組的結束，正好發生在主導矽谷設計史的那隻「虛擬的手」指向下一個科技聚合點的時候。

微軟的共同創辦人保羅・艾倫（Paul Allen）受到東岸貝爾實驗室及西岸全錄帕羅奧圖研究中心的蓬勃研發力所啟發，幾年前在一間研究實驗室投入第一筆資金三億美元。那間實驗室位於史丹佛工業園區的邊緣地帶，使命是探索「電腦做為商業工具」以及「電腦勢必會融入日常生活中」這兩者之間的不明確「區間」。在一般的企業實驗室，據傳研究團隊往往需要努力爭取管理高層的許可才能推動自己的想法。但是 Interval Research 不同，它不會受到母體的牽制。艾倫為了管理這家前所未有的事業，把曾在全錄任職的大衛・萊德勒找來。萊德勒有領導開發 Star 工作站的經驗，所以他能夠想像一個「沒有全錄這個母體的帕羅奧圖研究中心」[3]。

由於網路經濟狂飆，再加上電腦業創造出創投業者約翰・杜爾（John Doerr）常被引用的說法「史上最龐大的合法財富累積」時期，艾倫賦予萊德勒的自主權，讓他可以從一些商業應用領域之外的實務獲得見解，例如藝術、遊戲、劇場。萊德勒因此招募了一群特別的人才，提供他們「一個場所，做其他地方不能做的研究」，這群人包含工程師、生物學家、心理學家、電腦科學家、語言學家、人類學家、記者、音樂家、設計師，其中很多人曾在雅達利、Apple、帕羅奧圖

　＊　譯注｜此句為回應 IBM 的長期口號「Think」。

Foreword by
John Maeda

Acknowledgments

Introduction

The Valley of
Heart's Delight

Research and
Development

Sea
Change

The Genealogy of
Design

Designing
Designers

The Shape of
Things to Come

Conclusion

研究中心的蓬勃環境中共事。他們是探索電子媒體、運算、通訊交集的領域，其使命是「像當初個人電腦幹掉大型主機那樣，想辦法幹掉個人電腦」[4]。

不過，推動實驗室運作的並不是電腦本身，而是運算力可能以什麼形式呈現？——究竟是嵌在牆上？植入耳朵？或遍布在我們的日常環境中？——以及二十一世紀初的人怎麼使用它？一九九二年法國國慶日那天，他們首度正式聚首開會，核心研究團隊的每位成員都同意草擬一份遠景，說明 Interval Research 可能以什麼方式突襲既有體制的堡壘。即使這個組織是由擁有吉米・罕醉克斯（Jimi Hendrix）那把傳奇吉他 Woodstock Stratocaster 的人贊助 *，但上述主張所彰顯的激進共和主義依然顯著，那是一種民粹使命，目標比較不是為了打造什麼，而是為了「以有意義的方式，運用資訊科技來大幅提升一般人的生活」[5]。

為了集中思考、設定方向，探索跨領域的共事模式，Interval Research 把一行人拉到聖塔克魯茲山舉行外部集會，並聘請 IDEO 資深團隊來主持會議，IDEO 是一年前合併 ID Two、Matrix Design、大衛凱利設計公司而成的設計創新顧問公司。萊德勒親自為那場會議開場，他「慷慨激昂地」提到，他覺得目前的電算狀態就像中世紀的抄寫業，是由運筆熟練但對內容無感的文人學士負責抄寫。他們以謄寫信件、契約、劇本、道歉函、提親文、休妻文謀生。後來隨著中產階級的識字率越來越高，這種職業日益沒落，進而消失。他主張，同樣的，電腦應用即將從技術菁英的領域，逐漸融入日常娛樂、教育、家庭生活。在即將來臨的變革時期，他們的任務是在數位時代創造類比

---

* **譯注**｜微軟共同創辦人艾倫在一九九〇年代買下這把吉他，列入他創辦的西雅圖 EMP 音樂體驗館永久館藏。

的體驗，設計出一種系統，讓大家和「資訊圈」（infosphere）的互動就像一般的人際互動那樣。他最後總結：「這是為我們量身打造的工作。」[6]

經過三天的密集討論、辯論、資訊簡報後，Interval Research 的六支團隊各自在一位 IDEO 引導者的指引下規畫出一些情境，以便在實驗性的人類情境中探索多種未來主題：一位年邁的老奶奶與家用監護裝置互動（由珍·富爾頓·蘇瑞引導的情境）；中東迅速爆發的地緣政治危機，在總理辦公室的互動「影像牆」上即時顯示（由比爾·摩格理吉引導）；保加利亞首都索菲亞的一位職業婦女，想以家用機器人處理女兒和丈夫的事情（由比爾·佛普蘭克引導）；一位藥廠業務員配備一台電子醫學筆記本，他的一天是怎麼過的（由丹尼斯·博伊〔Dennis Boyle〕引導）；女學生希爾薇（Sylvie）的一天過得緊湊又忙碌，她隨身帶著一台充滿未來感但逼真的平板學習裝置（由麥克·納托爾引導）；伯明罕一群無業的太保，他們一心只想運用設計師的產品來顛覆他們身處的體系（由提姆·布朗引導）。這些情境的觀點有近有遠，從近距離細看一路拉到長遠的未來遠觀。每種情境以各自的方式，回應 Interval Research 的使命問題：「未來大家怎麼生活和工作？」那些情境如今看來不僅有先見之明，也代表設計的全新角色。

informance 是 Interval Research 運用的許多創新設計法之一，那涉及了布蘭達·洛蕾爾所謂的「多感官運算」，包括即興表演、角色扮演，以及其他技巧（為了證明「『運用身體思考』是適合我們這個領域的研究技巧」）。雖然每個情境都牽涉到一種想像的科技產品，但指引他們研究的重點在於那些產品的使用情境，而不是產品本身。後來，Interval Research 在短暫但輝煌的存續期間，打造了無數的可用原型。但誠如民族誌學者邦妮·詹森在 Interval Research 結束時所說的

Foreword by
John Maeda

Acknowledgments

Introduction

The Valley of
Heart's Delight

Research and
Development

Sea
Change

The Genealogy of
Design

Designing
Designers

The Shape of
Things to Come

Conclusion

（她套用了大家常引用的大衛・凱伊妙語*）：「如果預測未來的最好方法是去創造未來，那麼開始創造未來的最好方法，就是去想像情境，然後把它實行出來。」[7]

當時，多數設計師仍需要大聲地爭取肯定（或是求得耳根清淨，像 Apple 的工業設計組那樣，躲在專為「天馬行空的創意者」打造的建築裡），但 Interval Research 決定從創立之初就聘請設計公司參與專案，這在專業社群的成長中可說是一個重要的轉捩點。然而，該策略是以迅速進步的科技現實為基礎。隨著互動式電算裝置從辦公室流向家庭、汽車、口袋、消費者的荷包，「設計」注定會變成重要的差異化關鍵，而不是技術。萊德勒不誇張地說：「如今每個人都可以把麻煩的事情加以簡化。」因此，除了開發演算法和進行民族誌研究之外，「我們也研究及實驗設計流程。」[8] 那次在聖塔克魯茲山舉行的外部集會，令 Interval Research 的人員士氣大振。他們馬上把握那股動能，邀請「多元領域的頂尖設計師」來公司駐留幾天到幾週不等的時間，讓所有的成員可以就近觀摩或研究他們的實務做法。比爾・摩格理吉是第一位「魔力設計師」，深深吸引人類學家的關注，後來英國皇家藝術學院的吉蓮・克蘭普頓—史密斯（Gillian Crampton-Smith）† 也來了。

不久，設計方法開始順暢地融入實驗室的研究流程和實務中。萊德勒表示，「我們在 Interval Research 所做的，就是在產品開發流程的最初階段就引入設計理念。」而不是一開始找他們來刺激靈感，或是最後找他們來美化外型。設計師整合到更大的研究社群中，跟其他人受到一樣的待遇，被賦予一樣的期望。萊德勒表示，「只要能準時

---

* 譯注｜凱伊說過「預測未來的最好方法是去創造未來」。

† 譯注｜互動設計先驅，在英國皇家藝術學院創設互動設計碩士學位教育。

交出專利申報，把工作完成，我從來不介意他們以藝術家自居。」[9]

　　Interval Research 剛開始成立的那幾年，逐漸享有智慧「卡美洛」（Camelot，象徵燦爛歲月或繁榮昌盛的地方）的聲譽。在那裡，最頂尖聰明的人才可以自由地追隨熱情，不像矽谷其他地方那樣受到商業邏輯的束縛。他們探索的主題五花八門，從數學到神祕主義，例如物理學家理查·舒普（Richard Shoup）試圖證明「宇宙可以不從第一原理構建，而是在毫無原理下建構」；迪恩·拉丁（Dean Radin）對超心理學的現象進行嚴謹的探究。在李·費爾森斯坦（第一台可攜式電腦的設計師）主持的研究室，他們打造了樂器、觸覺介面、穿戴式電腦、圖像辨識軟體、無線通訊協定、全像立體圖。研究人員跟著 Lollapalooza 搖滾音樂節一起行動，對一些目光呆滯的搖滾樂迷測試多種沉浸式電腦體驗；到錫安國家公園（Zion National Park）研究北美西南地區古代印第安文化阿那薩吉人（Anasazi）的岩石壁畫，以便為虛擬環境的場所營造尋找線索。艾倫最樂觀看待 Interval Research 時曾說：「其他研究機構投入的研究都是為期一到三年，所以我們不那樣做。」[10]

　　Interval Research 不僅研究的方式跟一般企業實驗室的死板方式不同，他們也不依循傳統的智庫模式。Interval Research 的研究人員不是只去參加會議、發表論文而已，高層希望他們能夠提出原創的智慧發明。雖然在創業風氣鼎盛的矽谷，這不是罕見的立場，但後來保羅·艾倫對於他們「做太多研究但開發不足」還是日益失去耐心。後來又有一小群 MBA 加入，改變了 Interval Research 的優先要務和文化，使它朝著「可自給自足的企業」方向發展。一九九六年十一月，萊德勒盡責地宣布了一系列新創事業中的第一個：Carnelian，以證明他們的專案不是經不起狂野市場考驗的「家貓」。

　　Carnelian 位於山景城，專為網路出版商供應軟體系統，它主要是

Foreword by
John Maeda

Acknowledgments

Introduction

The Valley of
Heart's Delight

Research and
Development

Sea
Change

The Genealogy of
Design

Designing
Designers

The Shape of
Things to Come

Conclusion

運用 Interval Research 對軟體代理程式（software agent）在定位及擷取資訊的功能上所做的研究。蘇比泰・阿邁德（Subitai Ahmad）、約翰・勒維（John Levy）、梅格・薇哥特（Meg Withgott）做的電腦視覺研究，促成了 Electric Planet 的創立。這是一家位於帕羅奧圖的遊戲公司，比微軟推出體感控制器 Kinect 早了十五年，它的研發目的是想幫過動症的孩童擺脫鍵盤和滑鼠的羈絆。兩年後，Interval Research 又獨立分拆出 Fantasma Networks，它提議運用超寬頻的無線訊號來整合家庭娛樂系統的組件，並讓整套系統連上網路。但一九九九年，這些新創事業都失敗了。

不過，最慘烈的一樁失敗當屬 Purple Moon（紫月公司）。Purple Moon 是由洛蕾爾領導的團隊所開發的網站和 CD-ROM，那是以兩年半的密集研究為基礎，針對女孩、電腦、遊戲進行量化及民族誌研究。這項研究獲得切斯金研究機構（Cheskin Research）的支援，並由 Interval Research 提供部分資金，它顯現出市調和設計研究之間的一些基本差異：市調通常是資料導向、分析性、當下導向的；設計研究則是運用定性方法幫設計師「從現在觀察未來」。套用切斯金研究機構的克里斯多夫・愛爾蘭（Christopher Ireland）的說法：「一家公司可以把產品賣到世界的任何角落，但無法賣到未來。」[11]

Purple Moon 源自於洛蕾爾對兩方面的興趣：科技業的性別失衡；進入電腦程式的虛擬世界就像進入戲院的想像世界。[12] Purple Moon 專案的研究基礎包括訪問一千一百位孩童（男女都有）、全面的文獻檢閱、諮詢性別心理學和空間認知方面的學術專家，還有教師和競賽場上的監督者。Purple Moon 發布的第一批產品，是為八歲至十二歲女童推出的《羅凱特的新學校》（*Rockett's New School*）和《花園祕徑》（*Secret Paths in the Garden*）。從各方面來看，那都算是世界上第一個社群媒體。[13]

　　Purple Moon 的失敗（後來被勁敵美泰兒〔Mattel〕收購，之後馬上遭到解散）顯現出設計研究的力量與侷限。Purple Moon 較激進的成員要求把遊戲主角十二歲的羅凱特・莫瓦多（Rockett Movado）設定為同性戀，坐在輪椅上，但切斯金研究機構的研究員提出異議，他們認為遊戲不該以意識形態為基礎，而是應該以研究導向的設計原則為基礎：遊戲的力量不在於說教，而在於開發出一個平台讓玩家探索自己想像的情境。

　　二〇〇〇年四月某個冷颼颼的早晨，保羅・艾倫旗下的投資機構「火神創投公司」（Vulcan Ventures）總裁威廉・薩弗伊（William Savoy）從西雅圖搭公司專機來到加州。他在一群保全人員的簇擁下，召喚 Interval Research 的一百一十六位研究人員及五十四位工作人員集合，接著就像重演當年雅達利關門的情境一般，下令他們收拾好私人物品，永遠離開那棟大樓。Interval Research 提供了密集的智慧交流環境，產生許多創意點子（研究人員在公司存續的八年間申請了一百三十一項專利），但是在此同時，這裡存在嚴重的缺點：萊德勒談及史都華・布蘭特的「全球電子鏈結」（Whole Earth 'Lectronic Link, WELL）時，不經意提到對「一些技客和 WELL 熱愛者」以外的人來說，網際網路沒多大的意義。此外，Interval Research 的紀律鬆散，而且通常毫無限制，但「限制」對設計來說是不可或缺的條件。「我們週一的晨會是十一點開始。」一位研究人員回憶道：「接著就休息去吃午餐。」另一位研究人員指出另一點（無論是好是壞）：「公司裡根本沒有人有商業使命感。」最後 Interval Research 只留下一小群人員，負責處理跟火神創投公司的寬頻投資組合有關的問題。但是隨著矽谷進入二十一世紀，Interval Research 的設計人才各自紛飛。

　　儘管大眾媒體以幸災樂禍的口吻報導「智庫失智了」，但是從矽谷設計的觀點來看，這個故事的寓意其實比較正面，而且蘊含了更多

Foreword by
John Maeda

Acknowledgments

Introduction

The Valley of
Heart's Delight

Research and
Development

Sea
Change

The Genealogy of
Design

Designing
Designers

The Shape of
Things to Come

Conclusion

深層的意義。[14] 萊德勒刻意移除那些阻礙創意學習及跨學科合作的障礙，培養一個毫無階級的環境。不同年齡及性別一起工作是常態，而且每個人都可以輕易接觸到其他人。科林‧伯恩斯（Colin Burns）道破了當時許多年輕研究者從中獲得的經驗：除了讓他身為互動設計師的技術變得更加深厚，能夠和電腦科學家、民族誌研究者、藝術家、產品工程師共事的機會，「使我的 T 型橫槓越來越長」。

但這種跨學科環境的長期影響，不只對個人有益而已，也是結構性的。正因為 Interval Research 是研究導向，而不是產品導向，萊德勒可以激發出一個強大的學術聯盟網。喬伊‧孟芙德跟著 Apple 先進技術小組的解散而離開該公司，她把她在 Apple 人機介面小組推出的「大學介面程式研討會」帶到 Interval Research。在 Interval Research，她繼續為史丹佛、卡內基美隆之類的研究型大學提供見習機會、常駐工作和交流，同時為一些設計學校提供同樣的機會，包括藝術中心、伊利諾理工學院的設計機構、倫敦皇家藝術學院，當時吉蓮‧克蘭普頓—史密斯正在皇家藝術學院設立一個開創性的電腦相關設計學位。

在 Interval Research，大家的共同理念是，文化因素對電腦介面的影響應該和功能要求一樣多。數十位研究人員後來轉往企業的設計部門、設計顧問公司、尤其是學術界繼續發展職涯時，也把這個理念帶到了那些地方。

Interval Research 贊助的計畫中，最持久的一項是源自於萊德勒和泰瑞‧維諾格拉德（Terry Winograd）傳授的一門課程。維諾格拉德是史丹佛大學知名電腦科學家，對人文有明確的興趣。一九九〇年，他受邀在人機互動國際年會上做閉幕演講，那次演講促使他從人工智慧領域轉而研究新興的人機互動領域。維諾格拉德受到 Lotus 軟體公司創始人米奇‧卡普爾（Mitch Kapor）的激勵（他剛向電腦業發表八點「軟體設計宣言」），以及認知工程師唐納‧諾曼的影響（他的

《設計的心理學》〔 *Psychology of Everyday Things* 〕掀起大家廣泛討論那些考慮不周的產品「預設用途」有什麼後果），號召了一批志同道合的專業人士到帕哈樓沙丘營區（Pajaro Dunes）參加為期三天的會議。在「把設計融入軟體」的橫幅標語下，他們訓練一群依然以功能和利益為重的工程師了解設計的重要。[15]

這一切努力和矽谷設計的共通點，在於維諾格拉德所謂的「為全方位的人類體驗而設計」這個原則。他主張，對軟體設計來說，歷史和語言跟方程式和演算法一樣重要。因此，這個運動可以視為工程界本身發起的反叛，一部分是由恩格巴特、艾倫・凱伊、維諾格拉德等電腦科學家的民粹動機激發，另一部分是由越來越大的消費市場需求激發出來的。在矽谷的設計史中，獨立自足的跨學科研究中心始終是推動設計發展的關鍵要角，而 Interval Research 可說是這類研究中心的最後一個，接在史丹佛研究院、全錄帕羅奧圖研究中心、雅達利研究實驗室、Apple 先進技術小組之後。這些實驗室推動自己的專案，同時幫忙重新定義了這個領域，並為它在獨特的灣區發展連續體（從基本的研究延伸到成品的行銷）上找到定位。即便如此，在充滿活力的複雜生態系統中，他們只構成其中的一部分。

當然，史丹佛國際研究院（SRI International）和帕羅奧圖研究中心（如今是全錄旗下的營利子公司）持續蓬勃發展。企業內部的設計部門也持續在灣區的公司裡扮演重要的角色，不過在企業裡，設計的地位高低是看公司管理高層允許的程度而定。賈伯斯和強納森・艾夫的合作是「以設計來領導」的具體實例。[16] 另一個比較沒那麼出名但一樣富有教育意義的例子是 HP。

一九九六年，山姆・盧森特（Sam Lucente）加入從東岸遷至西岸的風潮，他本來在 IBM 位於哈德遜谷（Hudson Valley）的企業設計中心工作。他和李查・沙伯（Richard Sapper）一起設計 ThinkPad 電腦

Foreword by
John Maeda

Acknowledgments

Introduction

The Valley of
Heart's Delight

Research and
Development

Sea
Change

The Genealogy of
Design

Designing
Designers

The Shape of
Things to Come

Conclusion

時，開始相信未來軟體和硬體的發展會匯流在一起，也相信網路會扮演推動的角色。他一時興起，利用航空公司的累計里程買了一張飛往山景城的單程機票，去那裡會見網景（Netscape）的馬克·安德森（Marc Andreessen），那時網景才剛發布第一個成功的網路瀏覽器Mosaic。盧森特看好網路會鴻圖大展，因此加入網景，擔任使用者經驗長。

後來隨著網景 Navigator 的沒落，盧森特先花了一段時間探索當時尚未開發的網路最新領域，接著才加入 HP，擔任 HP 第一位設計副總裁，那是歷代 HP 內部設計師夢寐以求的管理職位。當時 HP 的企業設計部有三十五人，另外還有九十八個外部工業設計公司，承包HP 世界各地的設計工作。HP 每個事業單位都有自己的圖形、介面、儀器裝置標準。八年後盧森特離開 HP 時，HP 的設計部門已經成長為三百人的設計團隊，包括工業設計師、人因設計師、使用者經驗設計師。他也打造了一個線上設計中心，縮減外面的工業設計承包商，只留下 Lunar Design、IDEO、frogdesign、Astro，以及其他約六家公司。盧森特不會讓他們彼此競爭，而是把內部和外部的設計師都匯集到「HP 設計態度」這個共通架構下。每家設計公司負責不同的產品類別──桌上型電腦、筆記型電腦、印表機、掃描器──然後進行為期三個月的密集協作開發。新系列產品是在二〇〇四年至二〇〇五年上市，銷售證明這種方式極其成功，也給人很大的成就感。他認為：「跟這些設計公司建立真正的策略合作關係，這樣一起合作實在太美妙了。」至於和反應遲鈍的管理高層以及對設計茫然不知的董事會合作，就沒有那麼美妙了。[17]

因此，景氣低迷期間，HP 在穩定獨立設計顧問公司方面，扮演了決定性的要角。這些設計顧問公司如今變成二十一世紀設計業的一大特色。他們歷經三代發展，如今組成從舊金山延伸到聖荷西的創新

群島。他們從工業設計與工程界開始發展，不斷地擴大服務內容及招募多元人才，以便持續超前瞬息萬變的市場和科技一步。其中幾家規模較大的設計公司也在世界各地開設了十幾家分公司。

隨著大衛·凱利回史丹佛大學任教，他把 IDEO 的領導權交棒給提姆·布朗。布朗負責監督全球六百五十位創意人才，其中約一半分布在帕羅奧圖和舊金山之間。IDEO 剛成立那幾年，既沒有資源，也沒有意圖以計量資料收集或市場分析來佐證人本設計方法。因此，設計師是即興地因應臨時的挑戰，那種做法逐漸演變成一種嚴謹的方法。市調也許可以產生資料，但靈感比較可能來自統計上沒有顯著性差異的「極端使用者」觀察，以及研究人員進行的開放式訪談，他們受過訓練而懂得仔細聆聽弦外之音。IDEO 的人喜歡引用一句據說是福特汽車創辦人亨利·福特所說的話（但沒有實證）：「如果我當初是問顧客想要什麼，他們會說：『跑得更快的馬。』」[18]

IDEO 創立三十年來，為了持續跟上瞬息萬變的世界發展，實驗了一系列的組織模式，包括跨學科工作室、學科導向實務、配合共同內容領域的「集體構想」，以及最近「把設計流程本身想成『平台』」的概念。套用執行長布朗的說法：「一直以來，我們都是伸出探針去刺探極限。」他們知道有些極限免不了會往中央移動；而如今的中央，誠如詩人葉慈所言*，不可能永遠居於中心地位。[19]

隨著文化、經濟、競爭局勢的轉變，IDEO 要求它的跨學科團隊去處理許多不屬於設計公司傳統業務的問題：減少青少年的懷孕率；反轉兒童肥胖症的普遍流行趨勢；設計策略以鼓勵美國人節約能源、捐血或遵照醫囑服藥。為了維持業界的地位及獲利，設計公司推出一

---

*　譯注｜葉慈詩句為「Things fall apart; the centre cannot hold」（萬物分崩離析；核心價值失序）。

Foreword by
John Maeda

Acknowledgments

Introduction

The Valley of
Heart's Delight

Research and
Development

Sea
Change

The Genealogy of
Design

Designing
Designers

The Shape of
Things to Come

Conclusion

系列實驗性方案來做因應，例如非營利的 IDEO.org、IDEO Labs、OpenIDEO。OpenIDEO 是網路上的開源碼程式，邀請大眾為大到無法由單一設計團隊處理的挑戰提出解決方案：管理電子廢棄物；幫經濟衰退的城市恢復活力；宣傳健康的老化；想像媒體的新功用。一支核心團隊邀請全球的「公民設計師」社群來回應，接著再以條理化的方式走過啟發、構思、評估、精進、實施的流程。OpenIDEO 就相當於一個由四萬人參與的腦力激盪活動。

IDEO 是以創意的手法結合工業設計和機械工程，打造出業界聲譽，並持續投入一些具體專案，例如為禮來藥廠（Eli Lilly）設計注射裝置，為世楷家具設計辦公產品。不過，如今的產品涉及複雜的互動，並放在實體和虛擬的環境中，可以往四面八方無限延伸。設計變得比較不是攸關具體的物件，而是攸關系統和應用。布朗回想 IDEO 最近幾年的發展時，想起自己以前接受的工業設計訓練是**物品**導向的：雖然是追求更好、更有效率、更美觀的物品，但說到底還是物品。但現在不同了。「我們還是在設計機器，」他在一篇談論工業設計未來的文章裡寫道：「但也設計活在機器裡的靈魂。」[20]

自從艾斯林格逐漸進入退休狀態，把領導權先後交棒給多琳・蘿倫佐（Doreen Lorenzo）和安迪・齊默曼（Andy Zimmerman）之後，IDEO 和 frogdesign 之間一度活躍的相互較勁關係已經有了大幅緩和。frogdesign 從最早為 WEGA 和索尼做設計開始，始終把消費性電子產品列為主要的設計事業。事實上，艾斯林格曾大舉投資一項事業，名為「frox」（青蛙電子），希望把娛樂和電算整合到一個數位多媒體系統中，但 frox 不幸慘敗，還差點連 frogdesign 都賠上了。一九九四年，艾斯林格開始和奧斯汀的某支軟體團隊合作，那支團隊後來變成全球軟體團隊的核心。現在 frogdesign 有三百多位設計師，互動設計師是最大的族群。另外，還有人數差不多的設計師從事策略與工程方

面的工作。

　　frogdesign 就像所有的兩棲類生物那樣，持續在變形，它的重心已經明顯轉向數位設計方向。一九九八年，frogdesign 覺得他們已經準備好承接一個龐大的案子，為德國軟體巨擘思愛普公司（SAP）重新設計有二十五萬個網頁的網站。邁入二十一世紀後，數位設計約占 frogdesign 七成的總營收。即便如此，frogdesign 依然堅守「整合策略設計」的指導原則，工業設計依然是其核心業務，而且穩定成長。最近一項專案是承接迪士尼世界（Disney World）的案子，這是 frogdesign 成立以來規模最大的設計案，也象徵著軟硬體匯流的趨勢。以最直接、最具體的層面來說，是從可調整腕帶的設計開始，那條腕帶可以把遊客的資料傳輸到遍布整個園區的數據站，讓高飛狗看到小朋友走過來時，可以直接以「湯米」呼喚那個小孩（萬一湯米走失了，他的父母也能找到他）。下一個層級包括由 frogdesign 的互動與視覺設計師創造的實體看板和數位地圖，可以用來管理人流。最後一個層級是完全抽離「物質位面」（material plane），把遊客的累計資料傳到一個家庭網站，網站上記錄了他們造訪迪士尼樂園的所有細節。

　　隨著電算資料脫離電腦，以及跑步鞋、眼鏡之類的日常物品變成接收無限資料的門戶，我們感應東西的方式正在經歷巨大的變化。馬克・羅斯頓（Mark Rolston）不久前才剛卸下 frogdesign 創意總監的職位，他表示，「大家透過系統、體驗、品牌來了解價值，而不是透過產品的實體。」在此同時，資訊從寄居在射出成型的桌上型電腦內，轉變成無所不在，就像蘿倫佐說的，環繞著「由所有設備、網路、資料集、人們所組成的集體生態系統」。對設計公司來說，挑戰很大；對設計公司的客戶來說，賭注更大。不過，領導高層對此仍抱持著樂觀的心態。蘿倫佐表示，「以前我需要說服客戶相信設計的價值，但這場硬仗顯然已經打勝了。如今企業的管理高層已經肯定，設計策略

Foreword by
John Maeda

Acknowledgments

Introduction

The Valley of
Heart's Delight

Research and
Development

Sea
Change

The Genealogy of
Design

Designing
Designers

The Shape of
Things to Come

Conclusion

對公司的存亡來說，跟商業計畫一樣重要。」[21]

　　雖然 Lunar Design 的規模比 IDEO 和 frogdesign 這兩家第一代的設計公司小，但因為焦點更集中，所以跟他們比起來毫不遜色。二〇〇一年起，約翰‧艾德森（John Edson）從創辦人傑夫‧史密斯和傑拉德‧弗伯蕭手中接下總裁的位置後，公司努力打造一種持久、可轉移的營運模式。Lunar Design 的一大強項是結合設計和工程（艾德森本人就是典型的例子），即使矽谷不斷地轉進數位科技發展，產業持續投入策略與研究方面，Lunar Design 的核心業務依然放在產品開發。不過，數位科技、策略與研究方面的業務確實在成長，艾德森強調：「我們談論模糊的前端時，依然可以注意機器少了什麼。」[22]

　　消費性電子產品和生活用品的設計依然是 Lunar Design 的主要業務。事實上，由於現在患者握有的資訊更豐富，也更積極參與自己的醫療照護，消費性電子產品和生活用品類的設計跟 Lunar Design 在生命科學領域的核心優勢意外地相融。在最高的專業層級上，設計團隊可能還在努力把眼科醫生的工具提升到 BMW 或 iPhone 那樣的水準。但是像 Core 2 那樣為 BodyMedia 設計的時髦臂環，感應器每分鐘可以追蹤五千多個生理資料點的產品，就是生命科學和醫療技術如何跨進消費經濟領域的出色例子。

　　Lunar Design 剛創立的第一個階段，創辦人把設計視為幫客戶打造差異化產品的手段，以便從競爭中脫穎而出，明確地表達觀點，最好能創造渴望。Lunar Design 與 HP 長達二十多年的合作關係就是一例。一九九五年，HP 首次推出家用電腦 HP Pavilion 系列，那是 HP 首次明顯把電算焦點從技術和商業市場轉移到家用領域。但是為了做好轉變，產品的設計語言需要從「辦公設備」轉為「家電」。Lunar Design 藉由降低主機的高聳設計及增添一點時尚感，使電腦更適合居家擺放。「我們想呈現纖細、優雅的輪廓。」Lunar Design 現任創意

總監肯・伍德（Ken Wood）表示，「此外，我們注意到，隨著設計的進步，消費者覺得電腦更平易近人，幾乎就像他們最愛的家用產品。」Lunar Design 和 HP 後來又繼續合作 Touchsmart 的多合一個人電腦及 HP Patterns，後者是一種運用紋理和色澤把膝上型電腦從商務機轉變成個人配件的一種圖像干預。

伴隨公司發展成熟，事業重點從「產品」往上轉移到「解決方案」。隨著公司準備推動下一階段的演變，艾德森指出，他們面臨的核心挑戰在於「了解與人有關的一切」。Lunar Design 的核心設計和工程實務，分別由傑夫・薩拉查和阿特・山多瓦（Art Sandoval）負責領導，這兩方面依然很貼近組織的中心，但近年來這兩者都已經大幅擴展，焦點日益轉向策略與見解、使用者經驗設計，以及印度和中國等新興市場，尤其是生命科學領域。[23]

三十五年的發展歷程中，IDEO、frogdesign、Lunar Design 都經歷了併購，客群多元化發展，商業模式不斷演變，內部組織更可說是持續處於原型狀態。儘管他們已經大幅成長，不再窩在簡陋的閣樓空間，不再採用奇怪的上班時間，不再缺乏服裝規範，但他們依然非常重視內部文化的維護，確保內在文化有足夠的個性化，以留住資深員工，避免他們受到 Google 或財捷（Intuit）等公司所開出的優渥薪酬所惑。此外，在那幾十年的成長歲月中，幾乎所有的第二代設計顧問公司都是他們栽培出來的。那些第二代設計公司把灣區變成了全球設計人才最集中的地區。

伊夫・貝哈爾、丹・哈登（Dan Harden）、加迪・阿米特（Gadi Amit）原本在 frogdesign 是同事。一九九九年，艾斯林格發表了令人不安的聲明：「工業設計已死，一切將朝軟硬體匯流發展。」他們三人因此從 frogdesign 出走，各自創立公司，以明確反駁那項聲明。一些在瑞士、以色列、美國的頂尖學院接受訓練的工業設計師也無法接

Foreword by
John Maeda

Acknowledgments

Introduction

The Valley of
Heart's Delight

Research and
Development

Sea
Change

The Genealogy of
Design

Designing
Designers

The Shape of
Things to Come

Conclusion

受艾斯林格的說法,他們深信物件的實體無法縮減。隨著 IDEO 的重心轉移到策略諮詢,frogdesign 的重心轉移到數位設計,第二代設計顧問公司依然專注於傳統的產品開發。

但是,除了一些西班牙的復古建築和一場熱門的汽車展之外,矽谷很少有東西稱得上「傳統」。在近十年的歲月中,這些新成立的設計顧問公司不得不把一些影響深遠的改變融入設計的每個面向:例如視覺化工具,尤其是 3D CAD 系統,變得更便宜、更靈活、更直觀;快速成型設備讓帶著筆電的設計師在上海登機前完成零件設計圖,隔天搭機抵達加州時,原型已經「列印」出來等他了;驅動產品的科技變得越來越輕盈小巧,而他們設計的產品本身可能需要平衡實體、數位、雲端等要素。或許,最重要的是,美國企業對設計本身的價值觀感出現顯著的提升,這主要是因為 Apple、Nike、BMW 之類「設計先驅」品牌的成功。誠如 Whipsaw 的丹・哈登對謹慎的客戶所說的:「畢竟,爛設計和好設計的成本一樣高。」[24]

第二代設計顧問公司相互競爭、合作,有時還會相互協調。而且,他們往往知道 Nike 或 Dell（戴爾）正在物色新的提案。當然,他們在一些重要的面向上有明顯的不同:他們在設計師、工程師、策略師之間拿捏的平衡不同;在產品開發流程中,他們與客戶之間維持的緊密度不同;他們交付成果的質與量不同(資料集、Alias 繪圖、各種容積模型、完整的工程原型);甚至連人才招募的標準也不同(Astro 的布雷特・勒夫雷迪〔Brett Lovelady〕問:「會畫圖嗎?」;New Deal Design 的加迪・阿米特則是問:「會學習嗎?」)。更重要的是,他們的設計理念截然不同。相對於 IDEO 把公司重整為合夥事業,frogdesign 在艾斯林格退休後演變成「多頭分立」的領導結構,第二代設計公司通常是由個人的設計理念主導整家公司的營運:fuseproject 的貝哈爾、Whipsaw 的哈登、New Deal Design 的阿米特會

處理每個專案，親自簽核每項合約。雖然這種模式無法馬上擴張，但他們確實可以明確地表達一貫的觀點，也可以突顯出公司的差異。他們大多會認同阿米特所說的：「我確信競爭使我們變得更好。」

舊金山的「設計區」充滿了電影《瘋狂麥斯》（*Mad Max*）的風格，這一帶日益崛起。在這一區，有一間布滿塗鴉的倉庫，fuseproject 的全體員工散布在一片毫無隔間的空間中，每個專案是由一支綜合團隊完成。學科的融合反映了貝哈爾「把故事帶入生活」的敘述主義概念。在這個混合的年代，每個人──軟體和硬體設計師、使用者介面和使用者經驗、策略家和技術專家──都必須講述同一個故事，那個故事從編碼到命名的一切都必須一致。後設敘事顯然引起了共鳴。自從貝哈爾提出「慢工細活」（slow build）的理念後，該公司及創辦人都出名了。二〇〇四年在舊金山現代藝術博物館舉行的個展中，為勃肯（Birkenstock）、BMW 等歐洲公司所做的許多著名專案，以及為赫曼米勒公司設計的創新葉燈（LEAF lamp）之類的產品，促成 fuseproject 的成長，使他們的設計師增至七十五人，還獲得中國行銷公司藍色光標集團（BlueFocus）的入股投資。

在北加州日益縮小的紅杉林裡，橫切鋸（whipsaw）一度是大家熟悉的工具。那個工具是由兩位伐木工一起使用，一來一往拉動鋸子時必須完美配合，這也是 Whipsaw 公司的根本原則。哈登把這家公司開在矽谷另一端的聖荷西，全公司有三十五人。哈登認為，設計不僅攸關產品開發，也攸關雙向關係的培養，然而培養良好的關係不見得容易，因為「多數客戶習慣左腦思考，設計師大多是右腦思考」。但是 Whipsaw 的設計師藉由沉浸在客戶的問題中，以大眾偏好為重，並以嚴謹的工程學來佐證設計，獲得眾多獎項、榮譽與表彰。不過，單一個人的看法不代表整家公司的風格。相反的，哈登主張「真正的重點是拋開設計」，為產品尋找合適的主張：伊頓公司（Eton）的家

Foreword by
John Maeda

Acknowledgments

Introduction

The Valley of
Heart's Delight

Research and
Development

Sea
Change

The Genealogy of
Design

Designing
Designers

The Shape of
Things to Come

Conclusion

庭應急設備強調「大膽」；ApniCure 公司的睡眠治療系統強調「不醒目」；奧黛莉公司（Adiri）的嬰兒奶瓶強調「自然」和「迷人」。

阿米特剛入行時，在「新創企業之國」以色列設計精密的醫學造影設備。一九九〇年代末從 frogdesign 跳出來的設計師中，他算是最精明冷靜的一位。他不認同時下「設計思考」的風潮（他禁止工作室中使用便利貼），認為設計思考把「想法」看得比「行動」重要，把「分析」看得比「創意構思」重要，那樣做嚴重損及設計行動所需的專業技能。他指出，「事實上，設計師面臨的真實挑戰正好相反：設計師必須體認到行動（製作原型、繪圖）往往優先於思考，而且許多產品、發明、卓越的公司是源自突發的創意，而不是來自井然有序的思考流程。」New Deal Design 設計 FitBit 個人健身追蹤器的方法，反映了阿米特異於業界的逆向理念：設計團隊對女性人口、OLED 技術、嵌入式電子的選項進行廣泛研究，但最後那項裝置的形式靈感是來自簡單的木質曬衣夾。

設計的工藝和商業的取捨之間畢竟有所區隔，但上述每位設計師無論是受到實用主義還是理想主義的指引，都能優遊於設計與商業之間。貝哈爾在瑞士洛桑開始學設計時，還沒聽過 ROI（投資報酬率）這個縮寫字。帕羅奧圖 Studio NONOBJECT 的領導人布蘭科·盧基奇（Branko Lukić）進入塞爾維亞首都貝爾格勒的應用藝術學院就讀時，甚至不知道「這世上有一種讓東西變得更美好的工作」。不過，他們都逐漸了解到經營事業的冷酷現實。跟多數同行一樣，他們知道以前設計顧問那種「按服務收費」的模式已經不實用了。fuseproject和赫曼米勒、Jawbone 等主要客戶建立長期的事業關係；Whipsaw 則是投資一些前景不錯的新創公司；Astro 獨立分拆出一家遊戲公司，由創辦人勒夫雷迪領導。這些商業模式的創新，都是因為他們重新評估了設計師提供的服務價值。New Deal Design 的阿米特一語道盡了

這種模式：「我們不是按小時計費，我們賣的是創意巧思。」

第二代設計顧問公司中，最早成立的業者是一九九四年由勒夫雷迪創立的 Astro Design，最晚成立的是二〇〇七年由布倫納創立的 Ammunition。之前勒夫雷迪在天騰電腦（Tandem Computer）設計價值上百萬美元的無塵磁碟儲存系統，但他大學時兼當插畫家和政治漫畫家的叛逆精神從未消失：「我很愛流行文化、街頭文化、青年文化。我想開一家公司，專門做這些矽谷不關注的東西。」為了達到這個目標，他必須設計一種持久、可擴張的商業模式，那個模式的設計必須跟微軟 Xbox 360 無線遊戲機、Nike 第一款電子產品 Triax 運動錶系列一樣前衛。Astro 的案子中，約百分之十五至百分之二十是採股權形式，例如股份交換、收權利金、簽授權合約，這種案子讓它在發揮天馬行空的創意、伸手摘星時，依然可以接地氣，熟悉市場狀況。

Ammunition 是第二代設計公司中最年輕的中型業者，二〇〇七年由布倫納創立。他從小聽在 IBM 當工程師的父親抱怨工業設計師：「你們這些人只會搞規格、塗料之類的，塗料還常脫落。」對於設計師常在產品正好出現價值和利潤時退出產品開發週期，布倫納特別努力解決這種矛盾現象。布倫納認為，設計師為產品開發創造了價值，而且理當為此獲得大家的肯定，而不是只受同行的肯定而已。Ammunition 和一些業者培養了合夥關係，這些關係都證明布倫納的主張是對的，例如威廉斯所羅莫（Williams-Sonoma）、邦諾書店（Barnes & Noble），以及特別成功的 Beats by Dr. Dre 音效產品，那是 Ammunition 與音樂製作人吉米・奧文（Jimmy Iovine）及嘻哈歌手 Dr. Dre 發展的合資事業。

布倫納曾於一九八四年合創 Lunar Design；一九八九年在 Apple 內部創立工業設計部門，擔任第一任總監；一九九六年在 Pentagram 領導產品設計部門。他觀察、參與，而且很大程度上驅動了設計地位

Foreword by
John Maeda

Acknowledgments

Introduction

The Valley of
Heart's Delight

Research and
Development

Sea
Change

The Genealogy of
Design

Designing
Designers

The Shape of
Things to Come

Conclusion

的改變。他回憶道,早年設計師被當成為工程師服務的人,是產品設計流程中的「藝術人員」。工程師只給他們一份限制清單,要求他們想辦法從限制中做設計。在這段變化多端的漫長職涯中,布倫納親眼看到設計師的地位反轉過來,越來越有資格從產品設計之初就界定那些限制。他是在 Apple 任職時頓悟了這點,當時他和一些 MBA 及博士同桌共事,「一開始我不知道我在那裡做什麼,但我逐漸明白,我知道一些他們不懂的事」[25]。

　　這種命運的逆轉正好對應了新一代混合產品的出現。那種混合產品無法以集中量產和一般大眾消費的產業公式輕易因應。一九三〇年代,第一代美國設計顧問因為設計出流線型的冰箱和削鉛筆機,反映出機器化時代的美國充滿活力,而且當時又有新出現的行為科學家設計銷售策略來推廣商品,使這些設計師一夕成名。然而,如今設計師面臨的挑戰是,他們為產品賦予形式時,那些產品可能是採眾包(crowdsourcing)或雲源碼(cloudsourcing)形式,可能是太陽能啟動或感應啟動,可能是便攜式、穿戴式、植入式又必須連線上網。像 fuseproject 為 Jawbone 設計的 UP 個人健身追蹤器、New Deal Design 設計的 FitBit 活動追蹤器、Nike 的 FuelBand 健身腕帶(Astro 提出,Whipsaw 完成)之類的裝置,是為大數據及「量化生活」(Quantified Self)時代的消費者設計的。「威力專案」(Project Mighty)是 Adobe 首次涉足硬體的產品,那是一種採用雲端運算的手寫觸控筆,確實就像俗話說的「筆利於劍」。如今產品先天定位模糊,Adobe 的數位尺規 Napoleon 就是這股趨勢的一部分:既可量產,又能即時定制;既是私密的個人化商品,又充滿社交性;既是工作的工具,又是娛樂的配件。這些商品都很特別,但它們只在一個由配件、服務、app、網站組成的生態系統中運作,那種生態系統需要新的形式和學科知識。

　　總部設於聖荷西的 Adobe 公司把這兩代的設計公司銜接了起來。

圖 6.1

羅凱特・莫瓦多與她的朋友，多位藝術家設計的角色。Courtesy of Brenda Laurel.

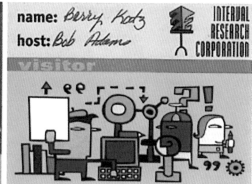

圖 6.2

訪客證，Interval Research Corporation。

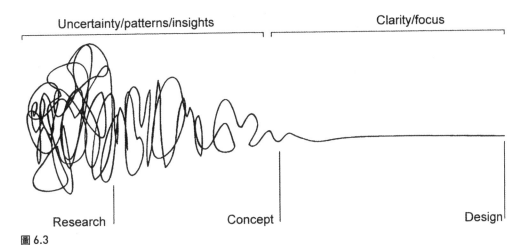

Uncertainty/patterns/insights

Clarity/focus

Research

Concept

Design

圖 6.3

達米安・紐曼（Damien Newman），「歪扭曲線」（The Squiggle）。Courtesy of Damien Newman, Central, Sausalito, California.

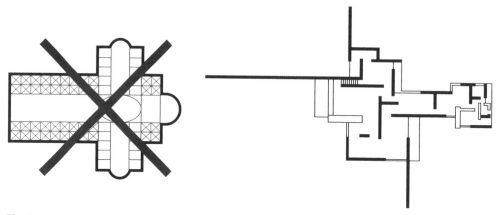

圖 6.4

Adobe 體驗模式。「我們是美感世界中的現代主義者。」Courtesy of Michael Gough, Experience Design, Adobe Systems.

 Soleio gave this video a thumbs up.

圖 6.5

「很棒」按鈕，早期原型。Courtesy of Soleio Cuervo.

Adobe 是由兩位從全錄帕羅奧圖研究中心離開的科學家約翰‧沃諾克和查理‧葛旭克創立的，後來以工程導向的軟體公司著稱。不過，二〇〇五年十二月，宏媒體公司（Macromedia）創意長麥可‧高福（Michael Gough）越過了舊金山「多媒體峽谷」的主幹道湯森街（Townsend Street），變成 Adobe 的第一任體驗設計副總裁。高福本身是訓練有素的建築師，目前領導一百多位體驗設計師。這個團隊涵蓋視覺設計、互動設計、工業設計等領域，也包含建築師、雕塑家、工程師、研究員、作家和 DJ。在 Adobe，設計師向來有一席之地。古怪的資深創意總監羅素‧布朗（Russell Brown）幾乎從 Adobe 創立之初就加入了，但體驗設計可說是文化轉變的證明。在新文化中，設計不再只是為工程提供「創意服務」而已。

　　這並不是說 Adobe 很慢才接納設計，其實是因為這家成立三十年的公司必須先等供給和需求對應上才行。一方面，Photoshop 6.0 之類的多層次產品如今已經演化到「了解互動和體驗的人需要介入」的複雜度（套用高福的說法）。但是在供給面，設計界本身必須成熟到一種程度，超越表面的視覺構圖，真正了解數位出版的內部複雜性：就像工程發展到需要設計的程度那樣，高福發現「如今你可以雇用到熟悉技術的設計師了」[26]。

　　Adobe 體驗模式（Adobe Experience Model, AXD）代表設計重新定位的關鍵時刻。在 Adobe 體驗模式的核心，是一套每個設計學科都有的屬性：速度、靈活、技藝、對經驗編排的重視、細節與整體的協調。不過，最重要的是設計師絕對需要的同理心，那是一種不尋常的關係。高福認為：「我們希望和電腦互動時，感覺就像和人互動一樣。」對 Adobe 的設計師來說，他們是為其他的創意人士設計工具，他們就是自己的顧客。

　　第二代的設計公司從工程導向轉變成設計導向模式，以解決創新

者的困境，Adobe 就是一例。不過，許多新世紀才創立的第三代設計公司正在轉變矽谷的後工業局勢。他們帶來的改變，就像一九六〇年代和一九七〇年代的產業先驅一樣明顯。誠如 HP 和 Ampex 為矽谷提供了第一批工業設計師，Google、Facebook 以及許多從 Airbnb 到 ZYNGA 的較小公司，也為矽谷提供了新生代的介面設計師、互動設計師、使用者經驗設計師。[27] 不斷擴大的 Google 總部有太陽能板、沙灘遮陽傘、排球場、移動剪髮巴士，那些東西都可以透過 Google Earth 從太空看到。Google 充分體現搜尋時代中設計風貌的日新月異。

Google 雇用設計師來設計它的各種視覺資產，包括搜尋引擎、地圖、Gmail。此外，隨著 Google 跨入硬體事業，越來越多工業設計師參與設計 Chromebook 筆電、採用 Android 作業系統的 Nexus 平板電腦，以及 Google Glass 之類的公共計畫。另外，神祕部門 Google[x] 發布「射月計畫」（moonshots），其中包括自駕車、把 Wi-Fi 帶入災區的高空氣球，以及每年啟動的兩三項機密計畫。領導 Google[x] 運作的阿斯特羅·泰勒（Astro Teller）指出，「設計本身並沒有目的，但設計驅動著我們所做的一切。」[28] 不過，這番說法已經代表了長足的進步，因為 Google 創立整整七年後，才雇用第一位受過本科訓練的全職視覺設計師。梅麗莎·梅爾（Marissa Mayer）擔任 Google 使用者經驗副總裁時，曾在受訪中表示，「我們是讓數學和資料來主導東西的外型和觀感。」那段話令設計圈聽了非常洩氣。[29]

二〇一一年六月二十一日，創意總監克里斯·威金斯（Chris Wiggins）在一篇部落格發文中公告一項新專案，預告 Google 有意更新介面的外型和觀感：「從今天起，各位可能會開始注意到 Google 的產品有些微的差異。我們正在做一個專案，以提供大家更好的 Google 新體驗。」這份低調公告的背後，蘊含著全球最強大的公司之一打算對其特質進行深刻的變化。兩個月前，就在 Google 共同創辦

人佩吉接任執行長那週，他親自啟動了「甘迺迪專案」（Project Kennedy）。Google 的主要產品 ── 搜尋引擎、地圖、日曆、Gmail ── 都經過自然但獨立的演化。隨著這些服務的成熟及同時並用，大家日益發現這些產品幾乎沒什麼相似性，帶給使用者多餘、不一致、太多「認知負荷」的包袱。甘迺迪專案的目的，是在工程師致力於「簡潔與速度」以及設計師致力於「美感與一致性」之間取得平衡，為前述的亂象帶來一些秩序。喬恩·威利（Jon Wiley）是 Google 搜尋引擎的設計領導人，也是「使用者經驗聯盟」的協調者，這個聯盟涵蓋了 Google 每項產品的設計領導者。威利開心地表示，「我們就像被放出籠子一樣。」Android 作業系統設計總監馬提亞斯·杜阿提（Matias Duarte）認同整家公司目前正處於根本的轉變：「Google 正經歷一場設計革命，我找不到更貼切的字眼了。」[30]

這場設計革命體現在布局、字體排印、其他視覺元素，以及「使用者經驗」的全系列功能上。這是由多種因素促成的，其中最重要的因素是競爭激烈的環境使大家逐漸明白，設計是讓產品從同類商品中脫穎而出的關鍵差異。在消費品世界中，這是大家熟悉已久的道理，但是套用在顛覆日常生活步調的新世代數位商品上一樣適用。就像二十世紀的人逐漸預期實體產品不只有簡單的功能而已，二十一世紀的人也要求混合式資訊設備有更多的功能，最終他們對軟體也會提出同樣的要求。大家預期市場上的產品要有完善的構造，但現在大家日益要求產品要有完善的設計。

從 Google 總部沿著高速公路往北行進，在第四個公路出口外，就是 Facebook 總部。整個 Facebook 園區倚著舊金山灣，由駭客路環繞起來，這裡約有一百八十位設計師，為這個十億多人使用的網站維護一致性。Facebook 使用者遍及各個年齡層及世界七大洲，使用者以多種語言登入網站，包括南非語、他加祿語、威爾斯語。Facebook 其

Foreword by
John Maeda

Acknowledgments

Introduction

The Valley of
Heart's Delight

Research and
Development

Sea
Change

The Genealogy of
Design

Designing
Designers

The Shape of
Things to Come

Conclusion

實是單一的縱觀「設計研究」程式,以驚人的速度及全球規模運作。就像一百年前的汽車業,Facebook 的設計和工程團隊是在打造產品、基礎架構和客群,只不過他們是同時且即時地打造這些東西。說他們是一邊摸索一邊做,一點也不誇張。就像許多矽谷巨擘一樣(尤其是 Apple),Facebook 設計師的地位有很高的策略重要性。不過,Apple 的整體設計是由艾夫的非凡遠見指引,Facebook 的設計職責則是分配給內容策略家、使用者經驗研究者、溝通設計師,以及一支產品設計團隊,後者約有一百位網路和互動設計師,他們是二〇一三年 Facebook 收購舊金山的數位設計公司 Hot Studio 後才加入 Facebook。這個新興社群之所以特別,是因為這些領域在上個世代都不存在。[31]

亞倫・斯提克(Aaron Sittig)是 Facebook 設計團隊的創始成員,經歷過早年 Napster、Friendster、MySpace 的市場淘汰期。Facebook 設計團隊剛成立時,他們其實不太清楚設計意味著什麼,他坦言:「我寫過一些程式,懂一些版面設計,但我從來沒想過我是設計師。」不過,這樣的天真無知反而對他有益,因為他開始更新原始的網站時,不只關注外觀而已,也注意到網站的運作。當時 Facebook 還是小型的新創企業,只有約十多名員工,企業文化是「讓點子有機會出頭,儘早修正,然後重新設計」。「按鈕」是這段草創期間冒出來的點子之一,他們讓使用者可以藉由按一下「按鈕」來表示認可,不必輸入留言。「很棒」按鈕是斯提克先提出,接著由奎爾沃改良。奎爾沃重新畫圖、重新命名,再把那個按鈕整合到 Facebook 的「通用回饋介面」,後來變成全世界大家最熟悉的圖形符號之一。

Facebook 是由祖克柏的法則所規範,那條法則明訂:「明年,大家分享的資訊是今年的兩倍。」[32] 隨著 Facebook 從封閉的大學內部網路變成一個遍及世界各大洲的開放平台,它持續推出一系列新「產品」,包括動態消息(News Feed)、時間軸(Timeline)、圖譜搜尋

（Graph Search），之後也轉向行動領域發展（例如 Messenger），以便維持系統的重要性、吸引力和成長。每個階段的改變所帶來的挑戰，在規模上都是設計界前所未有的：新功能可能是在一個由一兩千萬使用者組成的焦點團體做測試，他們會馬上研究實驗結果並不斷修改。瑪麗亞・茱迪絲（Maria Giudice）是 Facebook 的四位產品設計總監之一，她表示整個測試流程會經過「一連串想像和衡量標準之間的良性衝突」。

　　Facebook 的每個專案都會有一位設計師，搭配一位工程師、一位研究員和一位專案經理。設計總監每兩週跟公司的領導高層開會討論。雖然這還不是科技公司的常態，但如今大家已經逐漸產生一種共識，認為團隊中要是沒有設計師，那個案子就無法成功。這有部分是因為簡單的競爭優勢法則：二十世紀大部分的時間，設計師一再主張設計是讓產品從同類商品中脫穎而出的關鍵差異。不過，另一個原因是大家常講的「千禧世代的崛起」，這個世代誕生在科技無所不在的世界，覺得科技是再普通不過的東西。因此，Facebook 的主要設計準則是，讓使用者覺得他們是在和其他人互動，而不是在和系統互動。

　　Google、Facebook 之類的灣區新創公司可做為 Web 2.0 的代表，其他例如 Dropbox、LinkedIn、Instagram、Pinterest、Twitter、Yelp 等公司也是。在 Web 2.0 的世界，一般普遍認為功能完善的產品只是進入市場的入場券，想要在市場上競爭，即使做不到設計出色，至少要設計完善。不過，現在連比較老式的產業也找上設計師，以求徹底改頭換面，而不只是更新風格或更換老化的商標而已。矽谷的公司重新改造既有的產品類別，並找內部或外部的設計團隊來幫忙的例子可謂比比皆是，包括圖書、汽車、電話，甚至是不起眼的居家恆溫器。這裡所謂的設計，通常不只是「賦予形式」那麼簡單的問題，而是構思產品、基礎架構和商業模式。在矽谷，設計是密不可分地嵌在一個複

Foreword by
John Maeda

Acknowledgments

Introduction

The Valley of
Heart's Delight

Research and
Development

Sea
Change

The Genealogy of
Design

Designing
Designers

The Shape of
Things to Come

Conclusion

雜的創新生態系統中。

在傳統的物件類型中，最悠久的肯定是圖書了。從五百年前古騰堡發明世上第一個量產資訊的設備以來，圖書的創新竟然出奇地少之又少。圖書身為文化記憶的載體，對科技變革一直有頑強的抵抗性，直到一九九〇年代末 IDEO 為 SoftBook Press 設計了 SoftBook 閱讀器，以及帕羅奧圖的新媒體公司（NuvoMedia）推出火箭電子書（Rocket eReader）首度試探性地朝市場邁進，狀況才終於有所改變。SoftBook Press 創辦人吉姆‧薩克斯竭盡所能地為那個三磅重、皮革封面、撥接上網的裝置建立了一個可行的基礎架構，但網路泡沫的破裂把它徹底擊垮。薩克斯當初是在印度和尼泊爾搭便車時想到電子書的概念，這個種子並未因為網路泡沫破滅而消失，而是播撒下來。二〇〇七年 Amazon 發表第一代 Kindle 電子閱讀器時，五小時內即告售罄。[33]

二十一世紀初，Amazon 執行長傑夫‧貝佐斯（Jeff Bezos）就已經清楚看出，把書籍裝進紙箱，以貨車送到客人家裡的日子不多了。他開始思考如何把 Amazon 的強大品牌、市場、內容資產組合起來，變成一個不只是線上郵購商店的東西。二〇〇四年，Amazon 獨立分拆出一個研發小組，設在離西雅圖 Amazon 總部八百英里外的地方，離加州庫帕提諾的 Apple 總部不到半英里。葛雷格‧澤爾（Gregg Zehr）曾在 Apple 和 Palm 任職，貝佐斯找他來領導這個 Amazon 126 實驗室（Lab 126），他形容這裡是「一間翻天覆地的新創公司」[34]。

126 實驗室位於矽谷的策略核心，六代的 Kindle 閱讀器都是從這裡開發出來的，而且他們包辦了設計的每個細節。從 Paperwhite 閱讀器的螢幕到翻頁介面，再到外包裝的油墨和紙板的選擇，都是 126 實驗室決定的。這個設計團隊混合了各種科系、年齡、產業經驗的人才，包括工業設計師、互動設計師、平面設計師、使用者經驗設計師，甚至還有一位時尚設計師，為 Kindle Fire 設計了精巧的「摺紙」

（origami）保護套，可以折起來當支架，橫向或豎向支撐閱讀器。澤爾解釋：「我們已經經歷過各種設計主題，從最基本的問題『什麼是電子閱讀器』到『裡面應該有什麼』都碰過了。」

從二〇〇七年至今，推動 Kindle 閱讀器持續進化的是「沉浸式閱讀」這個目標。他們持續為 Kindle 增添新功能（交互參照、翻譯、字詞定義），並移除無關緊要的花俏功能，以追求這個唯一的目標。值得注意的是，126 實驗室沒有人說過要以 Kindle 閱讀器取代書籍，他們只談以科技和設計來提升閱讀的體驗。

以一個產品類別來說，汽車對運輸模式的顛覆，就像圖書對資訊一樣劇烈。然而，另一個跟圖書很像的地方是，汽車發明以來，創新始終出奇微小。世界各大車廠並未忽視這點，他們百般不願意地意識到內燃機的未來並不確定，所以過去十年間，世界各大車廠都進駐了矽谷，包括 BMW、福斯、賓士、飛雅特、富豪、雷諾、豐田、本田、日產、通用、福特、克萊斯勒都來這裡設立研究中心，並雇用外來的汽車業專家及灣區本地人來進行基礎研究、技術偵察、人才招募、有限的產品開發。另外，還有一群次要的供應商也來了，例如博世公司（Bosch）、保險業巨擘州立農業保險公司（State Farm）和好事達保險公司（Allstate），以及汽車相關的軟體新創公司，例如位智（Waze）、優步（Uber）、Lyft。史丹佛汽車研究中心（The Center for Automotive Research at Stanford, CARS）以一套產業關連方案，把這些公司全部相連在一起。[35] 不過，只有一家公司敢從頭開始打造汽車，它這樣做彷彿幾秒內把整個汽車業從停滯狀態拉到全速前進。

特斯拉（Tesla）成立於二〇〇三年，是由充滿遠見的企業家伊隆‧馬斯克（Elon Musk）所領導。馬斯克身兼公司的執行長及「產品建構師」，如今依然密切參與設計、工程、製造的每個階段，其實那些階段密不可分，無法明顯區隔：動力系統的機械設計、十七吋平

Foreword by
John Maeda

Acknowledgments

Introduction

The Valley of
Heart's Delight

Research and
Development

Sea
Change

The Genealogy of
Design

Designing
Designers

The Shape of
Things to Come

Conclusion

板中控顯示器的介面設計、車內的人體工學設計、車身造型,都是以分開但密切整合的流程開發。在汽車業,那可說是史無前例,更是業界獨一無二的。此外,整體汽車設計就是特斯拉創新商業模式的直接展現。特斯拉 Roadster 跑車的初代車身,是以 Lotus 的 Elise 跑車為基礎——這是矽谷每家精實新創公司的典型做法——盡可能善用現有的子系統(即便如此,依然是很大的挑戰,因為最初幾年連供應商都不接他們的電話)。少量生產的高價 Roadster 熱賣後,為特斯拉 S 型轎車的開發提供了資金。而 S 型轎車的成功,又為更低價的量產汽車提供了開發資金。避震器和安全氣囊都是現成的,但 S 型轎車的其他元件幾乎都是以特斯拉研發總部自己開發的流程和技術為基礎,那個研發中心離全錄帕羅奧圖研究中心很近。

　　二○○八年,馬斯克親自聘請法蘭茲・馮・霍茲豪森(Franz von Holzhausen)來打造一個世界級的設計工作室。馮・霍茲豪森畢業於藝術中心設計學院備受好評的交通工具設計系,曾任馬自達北美公司設計總監。一開始,馮・霍茲豪森是特斯拉霍桑工作室(Hawthorne studio)的唯一設計師,親自設計 S 型轎車的外型。即使馮・霍茲豪森在汽車業有深厚的資歷,這項挑戰對多數設計師來說仍是夢寐以求的工作:「這世上定義及推出新款式的機會很少,定義全新產品的機會更少,尤其是汽車。」[36] 現在馮・霍茲豪森帶領一個六人組成的設計工作室,他們負責汽車的內裝及外觀設計。此外,他領導一些負責配色、製模、數位車削、製造、設計工程、產品設計的單位。與分布在南加州那些汽車造型工作室不同的是,馮・霍茲豪森的霍桑工作室團隊不參與研究未來概念,他們和帕羅奧圖的特斯拉研發部及灣區對岸費利蒙(Fremont)的機器人製造廠密切合作。一個那麼精簡的團隊,在一家如此密切整合的公司,可以做到極其快速的反覆精進。「以前在其他公司上班,我把設計交給生產端之後,我的任務就結束

了，但是在特斯拉不是這樣。」[37] 不過，特斯拉的最大資產是一位深入參與及完全配合使命的執行長。特斯拉的設計工作室和馬斯克的 SpaceX 公司都在火箭路（Rocket Road）上，僅幾步之遙，他們幾乎天天見面。

正因為 S 型轎車體現了許多激進的創新，馮‧霍茲豪森面對這份任務時如履薄冰，必須謹慎拿捏分寸。一方面，轎車在外觀設計上不能讓買家擔心他們投資了許多未經驗證的技術，即使是突破性的汽車也不必看起來「像科學專案」，所以造型設計上不能太極端，而導致潛在買家無法想像他怎麼開那輛車去上班。另一方面，他想讓買家知道，零排放電動車不需要像雪佛蘭 Volt、福特 Focus 或日產 Leaf 那樣毫無美感特色。「我們有能力做任何設計。」他說，但最後，那低調流線的輪廓「每一公釐」都反映了霍桑工作室與特斯拉的機械、電子、航太、軟體工程團隊之間的巧妙緊密整合，以及維繫他們的商業模式。

特斯拉這種設計與工程的高度結合，可能會震撼底特律那些老字號的車廠，但那其實是矽谷的常態。在矽谷，這裡有一個常見的主題，套用工業設計師弗瑞德‧博德（Fred Bould）的說法是：即使是汽車業以外的產品，你一定要深入探究藏在產品表面底下（under the hood）*的機制或結構。博德設計工作室（Bould Design）和智慧型溫控器開發商 Nest Labs 的合作關係，就是矽谷設計師學會與工程、製造、行銷、管理部門的同仁密切合作，而不是相互牽制的例子。

特斯拉的馮‧霍茲豪森受訪時表示，「我們想在 PC 世界裡成為 Apple 的產品。」但 Nest Labs 的托尼‧法戴爾（Tony Fadell）以更實

---

* **譯注**｜原指汽車引擎蓋底下，現泛指各種產品的內部，此處與前文「即使是汽車業以外的產品」有一語雙關的意味。

Foreword by
John Maeda

Acknowledgments

Introduction

The Valley of
Heart's Delight

Research and
Development

Sea
Change

The Genealogy of
Design

Designing
Designers

The Shape of
Things to Come

Conclusion

際的方式把那句誇口大話實現得更徹底。法戴爾曾領導開發熱門商品
iPod 和 iPhone，當他宣布離開 Apple 並把注意力轉移到家中「最沒人
在意的產品」時，許多業界觀察家相當震驚。法戴爾自己描述他常遇
到的狀況：

> 「你最近在忙些什麼？」共進午餐的朋友問道。
>
> 「我開了一家新公司，現在生產恆溫控制器。」
>
> 對方一聽不禁呵呵笑了起來，吃一口沙拉，接著又問：「講正經
> 的，你在忙什麼？」[38]

Nest Labs 受到 iPod 成功的激勵，以及 iPhone 技術的啟發，是運
用設計為多數人忽視的產品，諸如不起眼的牆上溫控器、沒人理的煙
霧探測器、隱密的監視器，挹注新生命的典型案例。

法戴爾想像一種手掌大小的簡單磁片，可以進行最單純直接的互
動。博德坦言：「困難的部分都是他們做，我們只幫忙設計外型。」
不過，相較於一九五三年德雷福斯設計出經典的 Honeywell T86 圓形
溫控器「The Round」，在這個數位、連網、微型的時代，外型是比
以前複雜得多的問題。現在「The Round」和 Nest Labs 設計的同型智
慧溫控器（Learning Thermostat），一起陳列在庫珀—休伊特國立設
計博物館。六十年前，在機械時代的顛峰期，工業設計師的任務是幫
真空管、揚聲器、冷凝器等東西設計外殼。以 T86 為例，那是個特
別麻煩的溫控器。在數位裝置中，關鍵元件比較可能是一角硬幣大小
的鋰離子電池、軟性顯示器、一排感應器和一塊印刷電路板，形式受
制於截然不同又廣泛的決定因素，不只要顧及電機和人體工學因素，
還要考慮認知、行為、環境因素。博德那高雅、極簡的設計符合客戶
及設計界的高標準，因此獲得許多獎項肯定。

　　平板電腦、智慧型手機、電子書、電動跑車等創新發明，證明了這些源自矽谷的公司有遍及全球的影響力。但諾基亞（Nokia）、富士通（Fujitsu）、飛利浦等其他國際公司在矽谷占有一席之地，還有全球最大消費性電子產品製造商三星也在灣區設立中心，進行使用者經驗研究（在聖荷西）及育成新事業（在帕羅奧圖）。在舊金山金融區的緊閉大門後，三星北美設計中心（SDA）致力開發新的產品類別，或是像三星北美設計中心總監艾略特‧朴（Eliot Park）所說的「大賭注」：未來的行動裝置、穿戴式產品、智慧型電視、機器到機器的通訊，一般所謂的「物聯網」[39]。

　　一九九四年，三星首度進駐矽谷，當時是和 IDEO 在帕羅奧圖開設聯合設計工作室。韓國的設計師與美國的設計師在同一個空間裡工作。那些韓國設計師以前受到的訓練是強調，把工業造型套用到傳統工藝上。他們在這裡學到的設計方法，則是以研究為基礎的創新導向人本設計。最重要的是，他們在三星從「快速的追隨者」轉型為產業領導者之際，學會了新的思維方式。

　　三星為了突破營運所在的狹隘環境，在首爾建立企業設計中心。不過，對艾略特‧朴來說，真正未來導向的計畫，一定在灣區有一席之地：簡言之，「我們相信，顛覆性的改變比較可能來自矽谷，而不是世上其他地方。」首爾那一千位設計師主要是設計短期的產品，三星還有另外四百位研究員位於倫敦、德里、上海、東京，他們負責研究在地的市場行為。舊金山的團隊不一樣，這裡的人都是從 Google、Apple、微軟、eBay 挖角過來的。他們思考的問題是：今日的產品之後會出現什麼產品？創造下一個新市場的是什麼新興科技？

　　三星北美設計中心的產品開發流程非常機密，他們也會贊助程式設計馬拉松，例如探索軟性顯示器的未來應用，以發掘在地人才。從

Foreword by
John Maeda

Acknowledgments

Introduction

The Valley of
Heart's Delight

Research and
Development

Sea
Change

The Genealogy of
Design

Designing
Designers

The Shape of
Things to Come

Conclusion

HP 創辦人惠列和普克德，到 Apple 創辦人賈伯斯和沃茲尼克，這種從車庫起家的駭客文化打從一開始就是矽谷不可或缺的組成要素。二〇〇六年 TechShop 在門洛帕克開業，這種店結合了美術工藝運動的理想主義和自組電腦俱樂部的技客文化，使命是為自造者、駭客、DIY 愛好者提供高級的原型製作設備。這股風潮迅速傳到聖荷西、舊金山和美國各地。素人設計師只要繳交入會費一百二十五美元，就可以使用工業革命的所有技術，以及 CNC 刨槽機、3D 掃描器、雷射切割機、Arduino 開發板，盡情沉浸在嗜好中，改裝摩托車騎去內華達沙漠的「火人祭」或自己創業。TechShop 的共同創辦人吉姆・紐頓（Jim Newton）把他改裝的軍用卡車停在第一屆自造者大會（Maker's Faire）的現場時，就已經構思了這個點子。第一屆自造者大會是在加州的聖馬刁園遊會場（San Mateo County Fairgrounds）舉行，光是第一天就吸引了一萬三千人前來，後來幾屆的人數以十倍成長。紐頓坦言：「我之所以創立 TechShop，是因為我需要改造東西的空間。」但後來證明這個事業就像在沃土上播種一般。在「創新是一家公司的免疫系統」這個前提下，執行長馬克・哈奇（Mark Hatch）預測，TechShop 已經從最初投資的兩千六百萬美元中，創造出一百億美元的價值。[40]

　　自造者的另一個極端是 Autodesk。Autodesk 開設了九號碼頭工坊（Pier 9 Workshop），這裡可以欣賞剛改建的舊金山—奧克蘭海灣大橋的壯麗美景，工坊裡的 AutoCAD 軟體可以協助設計。在這個先進設施中，員工、合作夥伴，以及申請加入 Autodesk 駐站藝術家計畫的獲選者可以實驗多種先進設備：精密的 CNC 機床工具、3D 列印機、工業級縫紉機、價值上百萬美元的切割機（可用水柱或光束切開鋼板）。Lime Lab 是灣區的資深產品設計師安德烈・尤瑟菲（Andre Yousefi）和寇特・達默曼（Kurt Dammerman）共同創立的產品開發

顧問公司 [41]，為外部客戶提供相似的服務。雖然提供這些設施的目的（套用 Lime Lab 創辦人的簡潔說法）是「製作東西」，但他們其實是在軟體和硬體、原型和生產、設計和製造之間重新劃分了界線。

但消費品設計不是近年來灣區設計師轉入的唯一領域，這點從非營利組織「舊金山科技創新公民行動」（sf.citi）即可得知。這個組織是向有設計意識的大眾拋出有人贊助的挑戰，請大家來幫忙解決社會問題，從遊民問題到駕駛使用行動電話的危害。就像矽谷以前意外地結合了技術文化與反主流文化一樣，舊金山科技創新公民行動善用科技來促成社會參與。即使是六位數美元的基層年薪，也不足以吸引這一小群設計活動分子抽離對這些攸關大眾利益的活動。

決定性的時刻可能發生在出奇精確的時間點：二〇〇〇年九月至十月，網路泡沫經過五年的異常成長後，突然破滅了。矽谷的設計業是以一種共生關係存在矽谷生態系統中，所以網路泡沫的破滅使矽谷的設計業受到慘烈的衝擊。大型設計顧問公司嚴重受創，一些規模較小的公司則是完全消失，不少中階設計師回歸校園去拿幾個學位，以沉潛的方式度過風暴。風暴過後，塵埃落定，殘骸都清理完後，多股力量開始出現，他們有一個共同的理念：企業的成敗不該只看獲利，也應該看社會影響力。突然間，設計師似乎有權處理那些真正惡劣的問題，從撒哈拉以南非洲地區的營養不良現象，到美國郊區的兒童肥胖問題。[42]

對社會議題的關注，可以視為大家對以下幾位意見領袖所提出的挑戰做出最新的回應。最早是一百年前威廉‧莫里斯提出「重新設計世界」的挑戰，他的後繼者包括都市規畫教授霍斯特‧瑞特爾（Horst Rittel）提出的「棘手問題」（Wicked Problems）、維克多‧巴巴納克提出的「為真實世界設計」（Design for the Real World），以及薇樂麗‧凱西（Valerie Casey）提出的「設計師協定」（The Designers Ac-

Foreword by
John Maeda

Acknowledgments

Introduction

The Valley of
Heart's Delight

Research and
Development

Sea
Change

The Genealogy of
Design

Designing
Designers

The Shape of
Things to Come

Conclusion

cord）。新運動不僅主張為窮人提供更安全、更乾淨、更平價的產品，它最大的抱負（有些人可能說是最狂妄的）是想辦法解決貧窮狀況。為此，設計師進入了一個已經擠滿基金會、慈善機構、援助機構、政府及非政府組織的領域。每個組織各有自己的專家、方法、資料集、衡量指標。設計師把創新的旗幟從企業帶進社群時，必須再次證明他們擁有別處找不到的能力，而且能夠扮演關鍵要角。

當然，許多設計顧問公司已經為社會公益貢獻了時間和才華，有些還培養了夥伴關係，讓他們有機會探索傳統產品開發以外的問題。在民族誌研究專家詹恩・奇普切斯（Jan Chipchase）的領導下，frogdesign 和加州大學「貨幣、技術、金融普惠機構」（Institute for Money, Technology and Financial Inclusion）合作，以了解阿富汗的儲蓄和風險狀況。fuseproject 的貝哈爾為非營利的一童一電腦基金會領導 XO 筆電的設計。IDEO 受到它與肯亞的聰明人基金（Acumen Fund）合作，以及和美國疾病管制中心合作所啟發，透過可從網路免費下載的《人本設計工具包》（*HCD Toolkit*），為那些在社會底層工作的機構提供人本設計方法。[43] 不過，儘管這些專案讓人覺得很有成就感，設計顧問公司還是很難把它們整合到盈利模式中。這因此促成一群非營利的設計組織崛起。對這些非營利組織來說，他們不需要再把社會創新計畫擠在一般營利活動的空檔，那些創新計畫就是他們存在的唯一理由。

這些非營利的設計組織不是把這類協助視為技術支援、當志工或做慈善，而是把它視為設計問題來處理。他們就像一般設計公司那樣，雇用工業設計師、平面設計師、建築師、人類學家、工程師和經濟學家。大家一起腦力激盪，設身處地思考，做原型設計，他們使用的方法和商業化的產品設計無太大差別。不過，和典型的設計顧問公司不同的是，他們不必向客戶展示最終成果，然後就動身去尋求下次

機會。這種「回饋社會」的設計組織會持續派代表駐守在現場，以清楚透明的方式記錄及發布成功與失敗的種種。他們也開發出嚴格的評估工具，以告知他們未來該如何改進。不少非營利的設計組織使用「開放式創新」模式，並在一個由大學聯盟、企業贊助商、在地合作夥伴組成的網路裡，自由分享智慧財產權。

這種回饋社會的設計組織，目的是創造「可擴展」及「永續」的創新，這兩個詞彙可能是當今最熱門的企業流行語。但是在電力不足、道路未鋪、供應鏈不可靠的地區，這類計畫又多了一種迫切性。因此，那些矽谷設計文化的新參與者實驗了多種模式，以維持他們自己、合作夥伴和客戶的存續。

D-Rev 公司的工作台、機械車間、白板上貼滿了便利貼，要不是因為牆上還裝飾著非洲鄉野的景色，角落堆放著裝人工膝關節的盒子，這裡看起來跟舊金山「創新走廊」一帶如雨後春筍般冒出的設計工作室沒什麼兩樣。不過，那些東西都是呼應公司使命的象徵，D-Rev 的使命是為每天生活費不到四美元的人提供設計完善、功能完善的產品。

雖然 D-Rev 是以非營利的方式營運，但二〇〇九年克麗絲塔・唐納森（Krista Donaldson）接下執行長一職時坦言：「我的一大目標，是讓大家擺脫非營利的心態。」[44] 她看過太多昂貴的捐贈醫療設備閒置在露天鄉村診所中，也看到粉塵、濕度、電源爆充、零件缺漏或未經訓練的人員不小心破壞大家善意捐贈的物資。她因而認為，產品一旦出廠，只能透過正常的市場機制來維持運作。D-Rev 為此籌資來支持研發，但是身為一家社會企業，他們在舊金山工作室開發的產品是賣給顧客，而不是捐給受助者。

D-Rev 不是援助組織，而是一家設計公司，擁有嚴謹的方法、創意文化和不斷演變的產品組合。相較於許多非政府組織採用由上而下

Foreword by
John Maeda

Acknowledgments

Introduction

The Valley of
Heart's Delight

Research and
Development

Sea
Change

The Genealogy of
Design

Designing
Designers

The Shape of
Things to Come

Conclusion

的政策導向做法，D-Rev 的設計師是從密集的實地研究開始做起，先
了解當地需求、市場狀況、製造與配銷通路。雖然他們經歷同樣的構
思和原型製作流程，但是有別於營利設計公司只在特定階段加入及離
開產品開發流程，他們掌控了整個流程，從發掘需求到評估結果都包
辦。唐納森表示，「想要讓大家來買我們的產品，那產品最好要運作
得很好，而且對他們的生活有益。」

　　一位印度小兒科醫生說：「為什麼沒有人關注新生兒黃疸問題
呢？這個問題每年影響數百萬名新生兒，但其實很容易治癒。」醫生
這番話促使 D-Rev 開發出最新產品：光療燈 Brilliance，並授權給印度
清奈的鳳凰醫療設備公司（Phoenix Medical）生產，每個售價是四百
美元，這個價格僅是西方醫院設備成本的百分之十。ReMotion 是由
五塊塑膠片和四個標準扣件構成的多心軸義膝，那是 D-Rev 與齋浦爾
義足機構（Jaipur Foot Organization）合作開發的，也是依循同樣的擴
展設計方法。「影響評估」是所有開發專案的關鍵因素，D-Rev 的影
響評估數據肯定會讓同規模（九人）的產品設計公司欣羨不已：Re-
Motion 的齋浦爾義膝推出兩年來，已有逾五千名截肢者裝上該產品；
近一萬名嬰兒獲得 Brilliance 光療系統的治療。

　　設計圈妥善照顧西方富裕的消費者後，現在套用 D-Rev 共同創辦
人保羅‧波拉克（Paul Polak）的說法，大家開始呼籲他們「為其他百
分之九十的人設計」。Catapult Design 設在使命街（Mission Street）
某個治安堪慮的路段，與別人共用閣樓空間。他們比較喜歡把那個挑
戰改成「與其他百分之九十的人一起設計」。執行長海瑟‧弗萊明
（Heather Fleming）在史丹佛大學讀產品設計系時，聽了肯亞奈洛比
非政府組織 ApproTec 的創辦人馬丁‧費雪（Martin Fisher）的簡報。
她驚訝地發現，肯亞的貧窮鄉下竟然和她從小成長的納瓦荷印第安人
保留地出奇相似。她因此覺得「世上多數地方更像印第安保留地，而

不是舊金山」，這番見解促使海瑟・弗萊明在二〇〇八年的最後幾天賣掉自己的汽車，以那筆錢創立了 Catapult Design。[45] 營運第一年，Catapult Design 的營收只有一千美元。但她依然堅持下去，後來客戶和合作夥伴持續增加，並獲得世界銀行為期兩年的設計合約，主題是做印尼的環保能源創新。

Catapult Design 跟 D-Rev 一樣，不是援助組織，而是設計組織。Catapult Design 透過工作坊、課程、持續演變的教育學程，向國際開發社群的客戶和合作夥伴說明，他們如何運用設計方法以另類的方式解決問題：人本的民族誌 vs. 政府政策分析；反覆的原型製作 vs. 一次性發明；創意的解題方法 vs. 資料導向分析；由下而上的同理心 vs. 由上而下的專業。雖然 Catapult Design 與亞洲、非洲、拉丁美洲的機構合作，但弗萊明發現環境衛生、行動性、潔淨水源、公共健康不是第三世界獨有的問題，她也努力想辦法解決美國的貧窮和貧富差距的問題。二〇一四年，弗萊明回到亞利桑那州北部，在納瓦荷部落的中心開了第一場學習課程，使 Catapult Design 回到當初啟動事業的原點。

社會導向的設計顧問公司必須有一個對他們自己和客戶都可行的商業模式，那和他們實際提供的產品是密不可分的。因此，他們實驗了多種模式，使他們能夠跟世界銀行、美國國際開發署、英國國際發展部（British Department for International Development），甚至洛克菲勒基金會、蓋茲基金會（Bill and Melinda Gates Foundation）之類的富裕捐贈機構合作。這些機構通常覺得他們的人道使命和矽谷昂貴的設計顧問費無法配合。IDEO 面對這種問題時，是以分拆出一個獨立的非營利機構來因應，以便在這類組織的限制下合作。這個計畫是 IDEO 執行長布朗某次去印度出差時構想出來的，同行者包括聰明人基金創辦人賈桂琳・諾沃格拉茲（Jacqueline Novogratz）及聰明人基金的員工喬瑟琳・懷特（Jocelyn Wyatt）。她們幫他從社會企業家的

Foreword by
John Maeda

Acknowledgments

Introduction

The Valley of
Heart's Delight

Research and
Development

Sea
Change

The Genealogy of
Design

Designing
Designers

The Shape of
Things to Come

Conclusion

觀點來觀察發展中國家，他則是持續向她們拋出設計師會問的問題，諸如「萬一⋯⋯會怎樣？」、「我們如何⋯⋯？」。[46] 懷特於二〇〇一年加入 IDEO.org，開始把 IDEO 的人本設計方法套用在不屬於主流產品設計的多種方案上：肯亞的飲用水和衛生；墨西哥低收入社群的金融服務：幫美國移民家庭提供第一代上大學的機會。

IDEO.org 身為一家成功設計顧問公司的附屬機構，努力確保傳統的產品設計依然是其設計組成中的大宗。IDEO.org 的內部員工和常駐設計師一起為第三世界設計了低價的爐子、公廁、太陽能照明方案。在此同時，懷特和共同總監派翠絲・馬丁（Patrice Martin）認為，投身社會創新領域的設計師在證明他們有顯著的社會影響力以前，就先慶祝他們的原型設計和概念研究（並在高調的頒獎儀式中獲獎表揚），反而對他們自己是不利的。這個領域的成果可能出現得很慢，不太頻繁，也不具體，所以在耐心與宣傳之間小心拿捏分寸，才是長久的存續之道。IDEO.org 就像其他同行一樣，仔細挑選專案，如今他們需要婉拒的機會遠多於他們能夠承接的產能。

設計轉向「社會回饋」在矽谷並不特別，但這股風潮主要是來自灣區的社會運動傳統：左派、偏民主黨。部分原因在於他們能夠在一種支援文化中運作，另一部分原因在於他們的位置接近史丹佛大學、加州大學柏克萊分校、加州大學舊金山分校醫學中心。還有一部分原因在於現在可以用 Skype 網路電話取代飛往肯亞或菲律賓的機票，社會企業挺過了矽谷的租金飛漲及自尊膨脹。他們決心持續留在這個創新的中心，雖然這不免使他們在國際援助及當地設計圈遭到一些質疑，但 D-Rev 的唐納森一語道盡了多數社會企業家不服輸的心聲：「我們是為客戶的最佳利益著想。」

結語

　　二〇〇七年，薇樂麗・凱西經歷了她所謂的「良心危機」。她曾在 Pentagram、frogdesign、IDEO 擔任領導職。她覺得設計師突破矽谷的同溫層、為自己的業障負起責任的時候到了。許多設計師和不少設計公司都騰出一些工作產能來處理永續發展、殘疾或社會正義等議題。但是要說服相互競爭的業者合作，或是接案時為那些良心專案騰出空間，感覺難如登天。她頓時充滿絕望，在深夜發了一封電郵給致力於環保運動的好友保羅・霍肯（Paul Hawken），霍肯迅速回應：「這種事情一旦看穿後，你就無法視而不見。」[47]

　　不久之後，在接連兩場客戶會議之間的空檔，她趁搭機時，列出一份兼顧永續環保與道德責任的十項設計實務原則，後來簡化成五項，讓它在設計圈流傳：

一、公開宣布加入「設計師協定」。

二、和每位客戶主動談及環保、社會影響、永續議題。修改客戶合約，以偏向有利環境和社會責任的設計及工作流程。為了永續設計，提供策略性及物料替代方案。

三、承接可以讓你的團隊了解永續性和永續設計的案子。

四、思考你的業障。了解你的公司留下的業障，每年去衡量、管理，想辦法削減那些業障。

五、為「永續設計」積極貢獻共享知識庫，以便從設計的觀點增加對環境和社會議題的了解。

　　接著，凱西展開她為期五年的計畫，以善用設計業的集體力量，結果證明非常成功：二〇一二年，計畫接近尾聲時，「設計師協定」

Foreword by
John Maeda

Acknowledgments

Introduction

The Valley of
Heart's Delight

Research and
Development

Sea
Change

The Genealogy of
Design

Designing
Designers

The Shape of
Things to Come

Conclusion

已經突破灣區，在全球一百多個國家、南極洲以外的各大洲，獲得九百三十九家設計公司、三十九所教育機構、十九個專業協會、五十家公司、超過四十萬名獨立設計師採用。[48] 這個計畫發起了一個全球專案，由抱持共同價值觀和目標的工作坊、會議、集會、正式或非正式的交流所組成。這個計畫也創造了一個平台，讓不同專業的設計師分享知識和經驗。設計師協定的根本前提是，設計師有能力去推動世界，他們只是需要一個立足點，以及往正確的方向推進世界的意念。

設計降臨矽谷的時間雖晚，卻激發出源源不絕的產品與創意。這些產品與創意，以及背後的人物和流程，都在世界上有無遠弗屆的影響力。

注釋

1. 訪問索雷歐・奎爾沃（San Francisco, September 12, 2013）和亞倫・斯提克（San Francisco, October 9, 2013）。誠如這本書描述的其他專案，「讚」按鈕其實是團隊合作的結果，概念的構思和執行之間無法劃分明確的界限；斯提克是設計策略的領導人，也是 Facebook 最早的員工之一。強納森・派因斯（Jonathan Pines）是首席工程師。在全世界，這個「讚」按鈕每秒約有五萬次點擊，即使不算是全球最成功的產品，也是矽谷史上最成功的產品之一。

2. 訪問唐納・諾曼（Palo Alto, December 4, 2012）。關於這個事件的回顧，參見 special issue of ACM/SIGCHI dedicated to the Apple Advanced Technology Group, vol. 30, no. 2 (April 1998)。

3. Paul Allen, *Idea Man: A Memoir by the Cofounder of Microsoft* (New York: Penguin, 2011), pp. 275–77. 艾倫聘請切斯金研究機構來協助命名及定義新事業的範疇，經過一整天的腦力激盪後，他認為「Valhalla」（瓦爾哈拉，北歐神話中的天堂）這個名稱不太恰當，把名字改為 Interval。

4. Interval Research 即使已經告終，依然極其神祕。它的檔案原本轉移到史丹佛大學圖

書館的特殊館藏組，接著又被取走。他們也要求離職員工在離職協議中簽下保密協定。幸好，有些人拒絕簽署，有些人則是在所謂的「禁聲令」出現以前已經離職。Interval Research 關閉時約有一百七十名員工（還有數十位合夥人、外包商、實習生），所以難免會有一些文獻流出。筆者在此感謝許多 Interval Research 的前員工分享見解。

5. Bonnie Johnson, summary report (July 14, 1992), Papers of Terry Winograd, Stanford University Libraries, SC 1165, box 26.

6. David E. Liddle, "Computing in the 21st Century." Interval Research Offsite, "How Will People Live and Work in the Future?" (February 11–13, 1993), p. 118; p. 122. 火神創投公司授權引用。

7. 出處同上，p. 122。Jane Fulton Suri, "Scenarios," notes for InterCHI'93 tutorial with Bill Verplank and Bill Moggridge (papers of Arnold Wasserman)，「情境幫我們從現在跳到未來，從分析跳到綜合……它們形成了評價與決策的基礎，那可以促成更詳盡的設計工作」。亦參見 Colin Burns, Eric Dishman, William Verplank, and Bud Lassiter, "Actors, Hairdos and Videotape: Informance Design," CHI'94 (April 1994)。ID Two 已經開始透過為客戶如 Apple 和全錄舉辦的研討會，把人本設計方法加以正式化。這種研討會後來演變成一種獨特的服務，名叫 IDEO U。該公司多年來委由筆者負責主持這些研討會，多虧筆者的同仁南西・妮可斯（Nancy Nichols）的不懈努力，IDEO U 才得以維持營利。

8. 這個比喻是出自大衛・萊德勒的訪談內容（Menlo Park, April 4, 2012）。設計在 Interval Research 的重要地位，是由大衛・萊德勒、梅格・薇普特、黛比・辛度絲（Debby Hindus）宣布及賦予的，"An Overview of Interval Research Corporation," CHI Conference Companion (Boston, April 24–28, 1994)。那年的研究計畫要求他們找來「魔力設計師」（摩格理吉是第一位），並觀察他們工作。Interval Research Corporation, 1994–95 plan.

9. 訪問大衛・萊德勒（Menlo Park, April 4, 2012）。

10. Paul Allen to John Markoff, New York Times (November 13, 1996). 關於這個部分所指的專案，參見 Richard G. Shoup, "Space, Time, Logic, and Things," Proceedings of the Workshop on Physics and Computation, PhysComp '94 (Dallas, November 17–20, 1994), pp. 36–43; Michael Naimark, "A 3D Moviemap and a 3D Panorama," Proceedings of SPIE, Stereoscopic Displays and Virtual Reality Systems IV (San José, February 11–14, 1997); Pierre St. Hilaire, "Holographic Video: The Ultimate Visual Interface?" in Optics and Photonics News (August 1997); Brenda Laurel, Rachel Strickland, and Rob Tow, "Placeholder: Landscape and

Foreword by
John Maeda

Acknowledgments

Introduction

The Valley of
Heart's Delight

Research and
Development

Sea
Change

The Genealogy of
Design

Designing
Designers

The Shape of
Things to Come

Conclusion

Narrative in Visual Environments," *Computer Graphics* 28, no. 2 (May 1994)。

11. Christopher Ireland and Bonnie Johnson, "Exploring the Future in the Present," *Design Management Journal* (Boston, Spring 1995)，以及訪問克里斯多夫・愛爾蘭（Palo Alto, October 10, 2013）；also Darrell Rhea, "A New Perspective on Design: Focusing on Customer Experience" (Fall 1992)。

12. 這句話極度濃縮了布蘭達・洛蕾爾的重要著作 *Computers as Theater* (Reading, MA: Addison-Wesley, 1991)。

13. 訪問布蘭達・洛蕾爾（Los Gatos, September 21, 2013）；Brenda Laurel, *Utopian Entrepreneur* (Cambridge, MA: MIT Press, 2001)，以及第二版 *Computers as Theater*（筆者取得出版前的書稿）。

14. 更多關閉前後的分析，參見 Thomas Bass, "Think Tanked," *Wired* (December, 1999) and Tia O'Brien, "Interval: The Think Tank that Tanked," *SV News* (September 3, 2000)。

15. 訪問泰瑞・維諾格拉德，他提供筆者寶貴的學科思維圖（Stanford, October 30, 2013），還有泰瑞・維諾格拉德的文獻，Stanford University Libraries, SC 1165, esp. boxes 6, 7, 9, and 15)。帕哈樓沙丘營區會議的論文集收錄在 Winograd, *Bringing Design to Software*。這本書也重新刊出 Lotus 軟體公司創辦人米奇・卡普爾原創的「軟體設計宣言」。他主張軟體設計和軟體工程截然不同，就像架構和建築是不同的。兩者本身沒有孰優孰劣之分，重點是「把科技的世界以及人和人本的世界」結合在一起。

16. Apple 的相關文獻數量繁多，很容易取得，通常是採用一種對天才的浪漫詮釋，彷彿過去一百五十年間唯一出現的天才似的。例如，本書完稿之際上市的 Leander Kahney, *Jony Ive: The Genius behind Apple's Greatest Products*。

17. 訪問山姆・盧森特（San Francisco, November 11, 2013）；網景的 Navigator、IBM 的 Web Explorer、微軟的 Internet Explorer 是一九九〇年代所謂「瀏覽器之爭」的主要競爭者。關於盧森特在 HP 的活動，參見 Bill Breen, "Streamlining," in *Fast Company* (October 2007)。

18. 雖然網際網路促成不少名人錦句網站，但目前還沒有證據顯示亨利・福特說過這句話。這裡向《牛津英語詞典》首任主編的傳記作者伊麗莎白・莫瑞（K. M. Elisabeth Murray）致歉，或許我們依然「墜入〔全球資訊〕字網」（Caught in the [WorldWide] Web of Words）中（這裡的「Caught in the Web of Words」是伊麗莎白為《牛津英語詞典》首任主編詹姆斯・莫瑞作傳的書名）（New Haven: Yale University Press, 2001）。

19. 這部分的資料是根據筆者與執行長提姆・布朗的持續討論，其中包括一次正式訪談

（Palo Alto, November 5, 2013），以及和大衛‧凱利、麥克‧納托爾、已故的摩格理吉的談話；此外，我有幸得以無限制取用公司的紀錄。亦參見 Brown, *Change by Design*; Tom Kelley, *The Art of Innovation: Lessons in Creativity from IDEO, America's Leading Design Firm* (New York: Crown, 2001)。基於充分揭露的原則，筆者再次重申他是外部的「IDEO 夥伴」。

20. Tim Brown, "The Future of Industrial Design" (http://artworks.arts.gov/ ?p=17624), commenting on Bonnie Nichols, National Endowment for the Arts Research Report #50, "Valuing the Art of Industrial Design" (Washington, DC, August 2013). 訪問提姆‧布朗（Palo Alto, November 5, 2013）。

21. 這部分的資料是根據下列訪談：frogdesign 的榮譽退休總裁多琳‧蘿倫佐（Skype, September 26, 2013）、榮譽退休創意長馬克‧羅斯頓（San Francisco, September 18, 2013）；以及 Lorenzo, "Designing the Future of Communications," TwilioCon 2012 (http://www.everytalk.tv/talks/2816 -TwilioCon-Designing-the-Future-of-Communications), and Rolston, "Design and the Coming Iceberg," DesignMind (September 9, 2013) (http://designmind .frogdesign.com/blog/design-and-the-coming-iceberg.html)。

22. 訪問約翰‧艾德森（San Francisco, September 18, 2013）。本書即將出版之際，艾德森宣布麥肯錫收購 Lunar Design。他在電郵中寫道：「這確實是設計的時代。」

23. Lunar Design 網站，http://www.lunar.com。

24. 除非另外說明，否則以下段落引用的資訊、見解和觀點皆出自下列訪談：fuseproject 的總裁伊夫‧貝哈爾（San Francisco, September 26, 2013）；Whipsaw 的總裁丹‧哈登（San José, September 23, 2013）；Studio NONOBJECT 的總裁布蘭科‧盧基奇（Palo Alto, August 30, 2013）；Astro Design 的總裁布雷特‧勒夫雷迪（October 2, 2013）；New Deal Design 的總裁加迪‧阿米特（San Francisco, October 8, 2013）；Ammunition 的總裁羅伯特‧布倫納（October 9, 2013）。我也從他們的演講、部落格貼文、文章、書籍中取材。

25. 這裡描述的五家第二代設計公司，只代表業界最大、最著名、最多元化的獨立設計顧問公司。完整的公司列表遠遠超出本書範圍，會多達數十家。若是再加上「第三代」，則有數百家。

26. 訪問麥可‧高福（San Francisco, April 16, 2002）。其他的見解來自高福精采的內部選集 *57 Things You Should Know If You Want to Work in XD* (Adobe Systems, 2011)。

27. Airbnb 從舊金山公寓裡的兩張氣墊床起家，六年間發展成價值一百三十億美元的公司。兩位創辦人喬‧傑比亞（Joe Gebbia）和布萊恩‧切斯基（Brian Chesky）是羅德島設計學院工業設計系的畢業生。Airbnb 可說是破壞性創新的典型案例，他們設

Foreword by
John Maeda

Acknowledgments

Introduction

The Valley of
Heart's Delight

Research and
Development

Sea
Change

The Genealogy of
Design

Designing
Designers

The Shape of
Things to Come

Conclusion

計的不只是產品，而是公司。

28. 訪問阿斯特羅・泰勒（Mountain View, December 18, 2013）。

29. Douglas Bowman, "Goodbye, Google" (http://stopdesign.com/archive/2009/ 03/20/goodbye-google.html); Marissa Mayer, quoted in Miguel Helft, "Data, Not Design, Is King in the Age of Google," *New York Times* (May 9, 2009).

30. 訪問 Google 搜尋引擎設計領導人喬恩・威利（Mountain View, December 20, 2013），亦參見 Wiley, "Whoa! Google Has Designers," UX Week 2011 (http:// vimeo.com/29965463). Chris Wiggins, creative director, cigital, "Evolving the Google Design and Experience" (http://googleblog.blogspot.com/2011/06/ evolving-google-design-and-experience.html) (June 28, 2011); Matias Duarte, quoted in Dieter Bohn and Ellis Hamburger, "Redesigning Google: How Larry Page Engineered a Beautiful (Revolution" (January 24, 2013) http://www.theverge .com/2013/1/24/3904134/google-redesign-how-larry-page-engineered-beautiful -revolution)。「甘迺迪專案」和「射月計畫」是參考甘迺迪總統對 NASA 下的挑戰：「送一個人上月球並讓他安全返回地球」。亦參見 Google 設計領導者法哈德・曼裘（Farhad Manjoo）的專訪，"How Google Taught Itself Good Design, *Fast Company* (October, 2013)。

31. 這部分包含的見解和資訊，部分是源自下列訪談：凱特・艾若諾維茲（Kate Aronowitz）（Palo Alto, December 11, 2011）、亞倫・斯提克（San Francisco, October 9, 2013）、索雷歐・奎爾沃（San Francisco, September 12, 2013）、瑪麗亞・蓋迪絲（Maria Guidice）（Menlo Park, November 8, 2013），以及臉書學術峰會（Facebook Academic Summit）上的一些簡報（筆者於二〇一三年七月三十日參加了那場峰會）。亦參見 David Kirkpatrick, *The Facebook Effect: The Inside Story of the Company That Is Connecting the World* (New York: Simon & Schuster, 2010)。

32. 祖克柏的法則是在舊金山舉行的 Web 2.0 峰會（Web 2.0 Summit）上發布的（November 5–7, 2008）。該法則指出，「明年，大家分享的資訊是今年的兩倍，每年分享的資訊都會是上一年的兩倍。」有人說這是軟體版的摩爾定律。

33. "Thoughts on Being Digital," notebooks of Softbook designer Aleksey Novicov, and interview (Palo Alto, April 4, 2014). SoftBook Press 創辦人需要做的第一個決定是，他們究竟是在打造一台電腦，還是一本書。

34. 126 實驗室：對於 Amazon 這種軍事級命名法感到困惑的讀者可能會注意到，在 AmaZon 追求 A 到 Z 的文字霸權中，A 是第一個字母，Z 是最後一個字母。我很感謝 Amazon 126 實驗室總裁葛雷格・澤爾提供的充實訪談資訊（Cupertino, November 11, 2013）。

35. 主要的研究主題包括上網行動性、替代能源、無人駕駛車。與 CARS 執行總監史文‧拜克（Sven Beiker）的研討會（January 9, 2013）。位智導航（https://www.waze.com）是即時、眾包的 GPS 導航系統；Lyft 是對等共乘服務（https://www.Iyft.com）；優步是網路版的行動叫車應用程式（https://www.uber.com）。

36. 這部分的資料和觀點來自筆者與法蘭茲‧馮‧霍茲豪森的談話（電訪，Hawthorne, CA, November 7, 2013）及面對面訪談（Mountain View, September 25, 2014）。

37. 取自新聞稿及特斯拉首席設計長法蘭茲‧馮‧霍茲豪森受訪的文章（http://www.teslamotors.com/blog/ model-s-designing-perfect-endurance-athlete; http://www.thecarconnection .com/news/1042446_franz-von-holzhausen-brings-a-clean-slate-to-tesla-design; http://www.teslamotors.com/it_CH/about/press/releases/franz-von-holzhausen -joins-tesla-motors-chief-designer; http://www.greencardesign.com/site/ interviews/interview-franz-von-holzhausen）。筆者訪問特斯拉動力總成系統經理丹‧亞當斯（Dan Adams）（Palo Alto, October 3, 2013）。

38. Tony Fadell, "Thermostats? Yes, Thermostats." (blogpost, October 25, 2011) (https://nest.com/blog/2011/10/25/thermostats-yes-thermostats/).

39. 訪問三星北美設計中心執行長艾略特‧朴（San Francisco, November 5, 2013），他是下文引述的來源。執行副總裁張東勳（Donghoon Chang）幫我安排參觀了三星在首爾的企業設計中心。

40. 訪問吉姆‧紐頓（San José, February 11, 2015）和馬克‧哈奇（San Francisco, August 29, 2014）。*Make Magazine* (http://makezine.com)，該雜誌的編輯部位於金門大橋對面的塞瓦斯托波爾（Sebastopol），他們贊助了二○○六年十月二十二日至二十三日的第一屆自造者大會（http://makerfaire.com）。桑尼維爾的 BioCurious 公司把自造者—駭客文化延伸到生物科技界及生命科學領域。參見 Mark Hatch, *The Maker Movement Manifesto* (New York: McGraw-Hill, 2014), and Chris Anderson, *Makers: The New Industrial Revolution* (New York: Crown, 2012)。有些人質疑這些生產活動的業餘品質，但他們應該記得 amateur（業餘者）這個單字來自拉丁文 amare（喜愛）。從寫作到性愛、再到設計，任何領域都是專業人士為錢而做，業餘人士為愛而做。

41. 「太平洋海岸公路」（Pacific Coast Highway, PCH）Lime Lab 是安德烈‧尤瑟菲和寇特‧達默曼創立。

42. 那是振奮人心的時刻，但不是毫無矛盾。例如，參見布魯斯‧努斯鮑姆（Bruce Nussbaum）的煽動性文章 "Is Humanitarian Design the New Imperialism?" *Fast Company* (July 7, 2010)。關於那篇文章所引發的爭議，參見線上 *Design Observer* 的留言評論（http:// designobserver.com/feature/humanitarian-design-vs-design-imperialism-debate

Foreword by
John Maeda

Acknowledgments

Introduction

The Valley of
Heart's Delight

Research and
Development

Sea
Change

The Genealogy of
Design

Designing
Designers

The Shape of
Things to Come

Conclusion

-summary/14498/）。事實上，努斯鮑姆揭露的所謂帝國主義者中，沒有一個業者在那些國家和社群是不和「當地夥伴」合作的。亦參見約翰・卡瑞（John Cary）與同事持續檢討公益設計：http://www.impactdesignhub.org/ resources/glossary//。

43. Jan Chipchase, Mark Rolston, Cara Silver and Joshua Blumenstock, "In the Hands of God: A Study of Risk and Savings in Afghanistan" (frog with the Institute for Money, Technology, and Financial Inclusion, University of California at Irvine, 2013); http://one.laptop.org; IDEO's Human Centered Design Toolkit can be freely downloaded (http://www.hcdconnect.org).

44. 訪問 D-Rev 執行長克麗絲塔・唐納森（San Francisco, November 1, 2013）；http://d-rev.org /。D-Rev Annual Report-2012 and D-Rev Annual Report-2011. 亦參見 Paul Polak, *Out of Poverty: What Works when Traditional Approaches Fail* (San Francisco: Berrett-Koehler, 2008)。

45. 訪問 Catapult Design 執行長海瑟・弗萊明（San Francisco, October 28, 2013）（https://catapultdesign.org/）。由於「適當技術」的前提遭到保羅・波拉克等人質疑，ApproTec 更名為 KickStart；參見 Paul Polak, "The Death of Appropriate Technology, I, II" (September 10 and 17, 2010) (http://www.paulpolak.com/the -death-of-appropriate-technology-2/)。

46. 訪問 IDEO.org 共同總監喬瑟琳・懷特〔和派翠絲・馬丁〕（San Francisco, October 28, 2013）；https://www.ideo.org/。Year One (IDEO.org: San Francisco, 2012). 資訊揭露：筆者是 IDEO 夥伴。

47. 訪問薇樂麗・凱西（Palo Alto, November 4, 2013）。亦參見 Alan Chochinov, "The Designers Accord: A Conversation with Valerie Casey" (http:// www.core77.com/blog/featured_items/the_designers_accord_a_conversation_ with_valerie_casey_9401.asp)。

48. "The Designers Accord: In Review, 2007-2012" (http://www.designersaccord.org). 凱鵬華盈設計合夥人前田約翰主持 eBay 設計諮詢委員會（eBay Design Advisory Council）：

技術已經成熟，我們現在買東西不是因為它們有更好的技術，而是因為設計得更好。技術界的人通常不明白設計是什麼。我認為設計師有機會、也有責任在經濟發展和領導上發揮更大的作用。我稱之為從小寫的 design 變成大寫 D 的 Design，再變成含金的 De$ign。設計在技術經濟中發揮更大的作用，將會是一個很重要的課題。

蒂娜・艾絲瑪可（Tina Essmaker）採訪，The Great Discontent (https://thegreatdiscontent .com/interview/john-maeda)。

Conclusion

結語

> 「物化，是變成物體的過程。」
> ——海德格（Martin Heidegger），一九四九

　　矽谷設計文化，影響最深遠的產品，並非行動電話、醫療設備或是行動電話的軟體應用程式。事實上均與產品無關；正如諸多外來的新構想，在舊金山南灣地區，這 101 號公路與 280 號公路間狹長的房地產地帶中開花結果，事實上，它們很多並不是當地發明的產品（矽谷工程主管們常掛在嘴邊非議的口頭禪）。儘管如此，設計思考——設計師所用的方法與工具，能夠應用於解決人類整體生活問題的想法——亦即矽谷生態系統的核心，正如推文（Tweet）或按「讚」，將會很快在全球被擴散開來。[1]

　　設計思考的發揚光大，很適合用來總結矽谷設計史，因為它完全體現出那樣做有多麼困難。一九六八年，司馬賀（Herbert Simon）在康普頓講堂（Compton Lectures）發表了如下名言：「想辦法改善現況，好讓自己更滿意的人，都是在做設計。」司馬賀這樣說的用意，是把一個以前被技師、工匠、形形色色的專業人士所把持的領域，開放成一種科學探索。從司馬賀的廣義定義，我們可以推知這個設計新科學的目標：相較於自然科學家（主題是固定不變的宇宙），設計師的領域是人創的「人造」世界，「自然科學家關心的是事物怎麼樣。另一方面，設計關心的是事物該怎麼樣」[2]。

　　司馬賀提議大幅擴張「設計」的範圍：不再只是把技術上有效率的功能，塑造成賞心悅目的形式（「怎麼把六磅重的鬼東西塞進兩磅重的盒子裡」），而是對整個人類體驗做全方位的考量。這種看法雖

Foreword by
John Maeda

Acknowledgments

Introduction

The Valley of
Heart's Delight

Research and
Development

Sea
Change

The Genealogy of
Design

Designing
Designers

The Shape of
Things to Come

Conclusion

然令人振奮，但也留給大家一個明顯的困惑：我們怎麼為這個新的「人造科學」定義界線？怎麼思考一個涵蓋各種藝術與技藝的學科？什麼通用的邏輯可以同時套用在八萬美元的電動車和八十美元的義膝上？什麼通用的邏輯可以套用在自造者運動由下而上的民粹主義，也可以套用在委託製造廠由上而下的專業？什麼通用的邏輯可以套用在消費性電子產品、專業服務、藥劑試驗、教育課程的設計上？在設計思考的旗幟下，矽谷已經把持了整個「該怎麼樣」的領域。

在聖塔克拉拉還滿是櫻花，史丹佛仍是富家子弟的學府那個古老年代，紐約和米蘭的設計師大膽以藝術大師的身分自我宣傳，他們設計的產品「從口紅到火車頭」無一不包（一九五一年工業設計師雷蒙德·洛威這麼說），他們設計的規模「從湯匙到城市」無限延伸（一九五二年建築師恩內斯托·納森·羅傑斯〔 Ernesto Nathan Rogers 〕如此標榜）。[3] 然而，相較於當今設計師那些抱負遠大的專案（貧富差距、城市暴力、環境正義、政治改革），當時他們那種虛張聲勢的誇口顯得狹隘又尷尬。

不少觀察家指出，設計思考宣告了黃金時代即將結束：技術嫻熟的專業人士將拱手讓位給「T 型」通才，那些通才有無限的慾望及旺盛的信心，他們深信設計可以實現大規模的改變。[4] 不過，對其他人來說，這正是設計行業企盼已久的徹底改變，也是等待百年的美夢成真。現在大家不僅延攬設計師來設計物品，也設計系統，還邀請設計師加入企業和非政府組織的內部殿堂。冰島、新加坡、哥倫比亞的政府請設計師把創意方法應用在整個國家上。以前設計師大聲疾呼，要求進入核心；如今他們受託主辦或規畫整個計畫，常被奉為上賓。本來設計師已經認命地接受自己頂多只是鏈條中的一個環節，如今他們成為輪軸，掌握了整個運轉。

總之，這讓我們回到了司馬賀那句「事物該怎麼樣」的挑釁建

議。過去六十年來，矽谷的設計業從一九五○年代 HP 廠房後面的貨物裝卸口，搬到「市場南」區的樓房及一些全球最強大企業在灣區打造的龐大園區。設計的實務領域從獨立的機電裝置，擴大到整合的社會經濟體系，並催生了一群新學科來解決那些問題。矽谷的設計師把他們的方法帶到了中學的操場、管理高層的會議、納瓦荷的印第安人保留地。他們看著自己的創作發射進入太空，也進入人體。他們的創作可能受到時間、預算、技術的限制，但那些都只是細節罷了，只有設計想像力才是唯一的限制。

注釋

1. 「設計思考」的家系傳承在學術界儼然已經變成一個小領域。它是源自於霍斯特·瑞特爾和設計學院同仁所開發的烏爾姆模式，並於一九六○年代初期由瑞特爾引進加州大學柏克萊分校設計方法小組（Design Methods Group）。這方面的權威文獻包括 Horst Rittel and Melvin Webber, "Dilemmas in a General Theory of Planning, *Policy Sciences* 4 (1973): 155–69; Alexander, *Notes on the Synthesis of Form*, and *A Pattern Language: Towns, Buildings, Construction* (Oxford: Oxford University Press, 1977); John Chris Jones, *Design Methods: Seeds of Human Futures* (New York: Wiley, 1970); and Peter Rowe, *Design Thinking* (Cambridge, MA: MIT Press, 1987)。

2. Herbert Simon, *The Sciences of the Artificial* (Cambridge, MA: MIT Press, 1969), pp. 55–59.

3. Raymond Loewy, *Never Leave Well Enough Alone: The Personal Record of an Industrial Designer from Lipsticks to Locomotives* (New York: Simon & Schuster, 1951). 一九五二年，恩內斯托·納森·羅傑斯呼籲建築師對「從湯匙到城市」的一切負責。

4. 例如，參見加迪·阿米特的部落格，他認為設計思考是欠缺新產品的設計顧問所想出來的模糊行銷口號（*Fast Company*: November 28, 2009）；唐納·諾曼覺得設計思考雖然無害，卻是一種「實用迷思」（*Core 77*, June 25, 2010）。

藝術叢書　FI2026

設計聖殿

從HP、Apple、Amazon、Google到Facebook，翻轉創意思維和科技未來的矽谷設計史

作　　　者　貝瑞・凱茲（Barry M. Katz）
譯　　　者　洪慧芳
副 總 編 輯　劉麗真
主　　　編　陳逸瑛、顧立平
封 面 設 計　廖韡

發　行　人　涂玉雲
出　　　版　臉譜出版
　　　　　　城邦文化事業股份有限公司
　　　　　　台北市中山區民生東路二段141號5樓
　　　　　　電話：886-2-25007696　傳真：886-2-25001952
發　　　行　英屬蓋曼群島商家庭傳媒股份有限公司城邦分公司
　　　　　　台北市中山區民生東路二段141號11樓
　　　　　　客服服務專線：886-2-25007718；25007719
　　　　　　24小時傳真專線：886-2-25001990；25001991
　　　　　　服務時間：週一至週五上午09:30-12:00；下午13:30-17:00
　　　　　　劃撥帳號：19863813　戶名：書虫股份有限公司
　　　　　　讀者服務信箱：service@readingclub.com.tw
香港發行所　城邦（香港）出版集團有限公司
　　　　　　香港灣仔駱克道193號東超商業中心1樓
　　　　　　電話：852-25086231　傳真：852-25789337
　　　　　　E-mail：hkcite@biznetvigator.com
馬新發行所　城邦（馬新）出版集團 Cité (M) Sdn Bhd
　　　　　　41, Jalan Radin Anum, Bandar Baru Sri Petaling, 57000 Kuala Lumpur, Malaysia
　　　　　　電話：603-90578822　傳真：603-90576622
　　　　　　E-mail: cite@cite.com.my

城邦讀書花園
www.cite.com.tw

初 版 一 刷　2018年9月27日

版權所有・翻印必究（Printed in Taiwan）
ISBN 978-986-235-705-7

定價：580元　　　　　　　　　　（本書如有缺頁、破損、倒裝，請寄回更換）

國家圖書館出版品預行編目資料

設計聖殿：從HP、Apple、Amazon、Google到Facebook，翻轉創意思維和科技未來的矽谷設計史／貝瑞·凱茲（Barry M. Katz）著；洪慧芳譯.--初版.--臺北市：臉譜, 城邦文化出版：家庭傳媒城邦分公司發行, 2018.09
　面；　公分. --（藝術叢書；FI2026）

譯自：Make It New: The History of Silicon Valley Design

ISBN 978-986-235-705-7（平裝）

1. 工業設計

440.8　　　　　　　　　　　　　　　　　　107015948